湛庐 CHEERS

与最聪明的人共同进化

HERE COMES EVERYBODY

人体的故事

[美]丹尼尔·利伯曼
（Daniel E. Lieberman）著
蔡晓峰 译

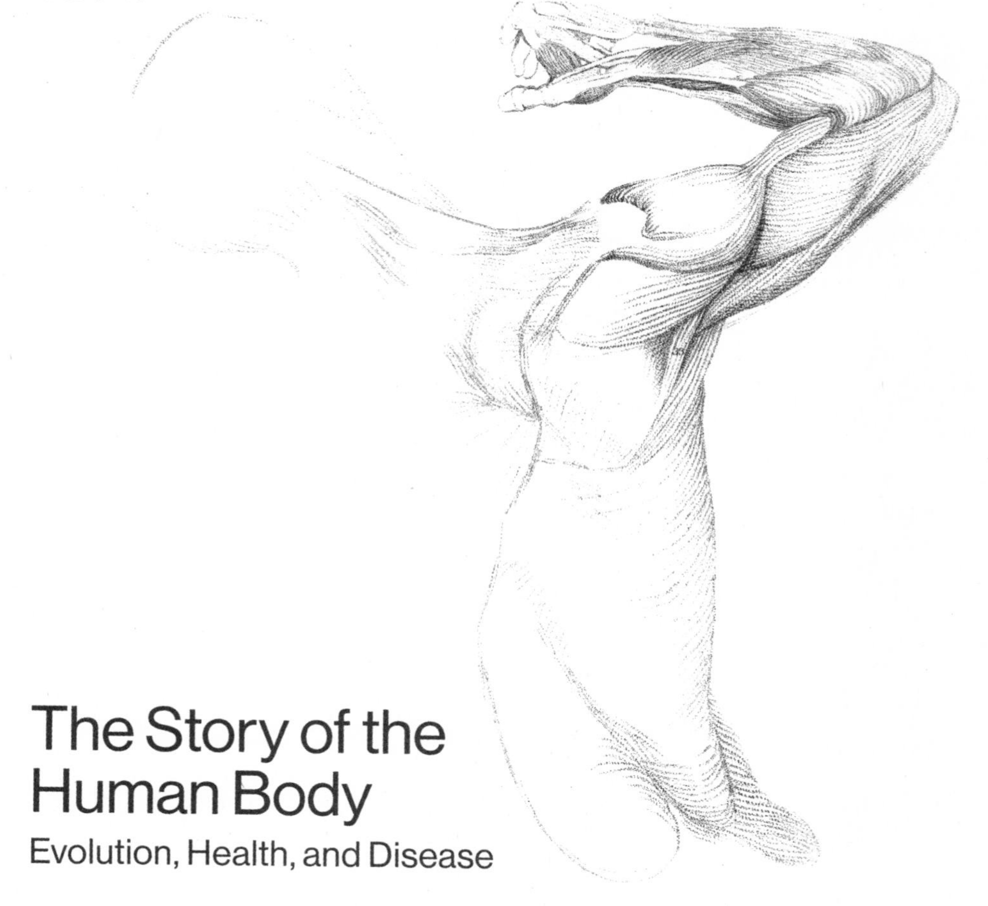

The Story of the Human Body
Evolution, Health, and Disease

浙江科学技术出版社

你了解人类的起源和进化吗?

扫码激活这本书
获取你的专属福利

- 人类对身体的哪些部位的脂肪没有完全适应?（ ）

  A. 腰部

  B. 下颏

  C. 腹部

  D. 臀部、腿部和下颏

扫码获取
全部测试题及答案，
一起了解人类发展的
历史进程

- 如果一个人将要生活在一个极其炎热的环境中，那么他的身体将会发育出更多汗腺，这是真的吗?（ ）

  A. 真

  B. 假

- 现代人运动健身主要是出于必要，而不是出于兴趣。这是对的吗?（ ）

  A. 对

  B. 错

扫描左侧二维码查看本书更多测试题

Daniel
E. Lieberman

丹尼尔·利伯曼

哈佛大学进化生物学家
美国艺术与科学院院士

哈佛大学进化生物学家 美国艺术与科学院院士

1964 年，丹尼尔·利伯曼出生于美国马萨诸塞州。

1993 年，利伯曼获得哈佛大学人类学博士学位；2001 年，被哈佛大学人类学系聘为进化生物学教授，并逐渐成为哈佛大学人类进化生物学的权威，目前担任哈佛大学人类进化生物学系主任、骨骼生物学实验室负责人。同时，利伯曼还是世界上最古老的人类学博物馆之一的“哈佛大学皮博迪考古与人类学博物馆”策展委员会成员。

2009 年，利伯曼因参与研究“孕妇不会摔倒的原因”获得了当年的搞笑诺贝尔物理学奖。同年，他又获得门德尔松卓越导师奖。由于成就突出，利伯曼荣获了 2010 一 2015 年“哈佛学院教授”称号，并于 2020 年当选美国艺术与科学院院士。

研究人体进化与人类健康的国际权威

利伯曼从人类进化史入手，研究人体是如何以及为什么会变成现在这个样子的。

利伯曼认为，尽管农业革命和工业革命给人类带来了诸多好处，但众多的文化变化也改变了人类的基因与环境的相互作用，诱发了许多健康问题。最为突出的就是所谓的“失配性疾病”，即人类现有的旧石器时代的身体尚且不能适应或不能充分适应某些现代行为和环境条件所导致的疾病。

利伯曼结合古生物学、解剖学、生理学、实验生物力学等多个学科进行研究，主要研究方向集中在人类活动的进化上，比如人类的头部是如何进化的、古人类是否为两足动物、为什么人类会进化为两足动物等，尤其是关于跑步的进化，比如长距离奔跑的进化，以及运动鞋对人体的损伤等。

利伯曼主要依靠三种方法对这些问题进行研究：在实验室中做实验；在肯尼亚和墨西哥等国家进行实地调查；分析古人类的化石。

利伯曼认为，赤足跑者的着地方式与典型的穿鞋跑者有很大不同。跑鞋往往都有着宽厚的鞋跟，目的是使脚跟着地时不会出现疼痛，所以一般穿鞋跑者是脚跟先着地，然后才是整个脚掌着地。当脚跟先着地时，身体会经历骤停，这一瞬间会产生一股巨大的冲击力，就如同有人用一个锤子以跑者两至三倍体重的力量击打他的脚跟。而赤足跑者总是前脚掌先着地，脚跟后着地，这种方式实际上改变了冲击力的方向，从而避免骤停时，来自腿部的巨大冲击力全部作用在脚部。

利伯曼不仅研究赤足跑，他还是一位马拉松跑者，并且采用的是赤足跑方式，这为他赢得了“赤足教授”（Barefoot Professor）的雅号。

跑圈赫赫有名的“赤足教授”

2009 年，畅销书《天生就会跑》中提到了跑鞋引起损伤的问题，引起人们对“赤足跑”的关注。这本书也点燃了丹尼尔 · 利伯曼对这个话题的兴趣。

一年后，利伯曼和他的同事在《自然》杂志上发表了关于人类赤足跑的研究报告：通过一种避免冲击的着地方式跑步，人们就可以不需要借助鞋子提供的缓冲进行运动，还可以避免跑鞋引起损伤的问题。这一研究在美国引起了巨大反响。

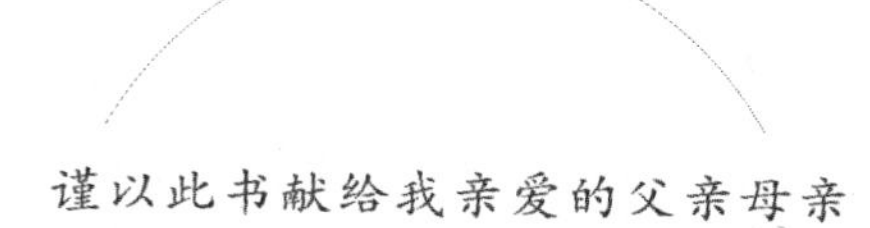

谨以此书献给我亲爱的父亲母亲

THE STORY OF

THE HUMAN BODY

人体的进化

和大多数人一样，我对人体充满了好奇，但与大多数人不同的是，他们理所当然把对人体的兴趣放在了夜晚和周末，我却把研究人体作为自己的事业。事实上，我对自己成为哈佛大学的一名教授感到十分幸运，我在这里教学和研究的内容就是人体为什么以及怎样成了现在这个样子。我的工作和兴趣使我有条件成为一只三脚猫。除了和学生一起工作以外，我还喜欢研究化石，喜欢到地球上的一些有意思的角落去旅行，观察人们如何使用他们的身体。除此之外，我还会在实验室里做有关人类和动物身体运行机制的实验。

像大多数教授一样，我也爱表达，喜欢别人问我问题。但在经常被问到的问题中，我最害怕人们问我“人类将来会长成什么样”，我讨厌这个问题！我是人类进化生物学教授，我研究的是人类的过去，而不是未来。我不是预言家，这个问题只会让我想起一些艳俗的科幻电影，里面那些未来的人类往往有着硕大的脑袋、苍白纤细的身体，还穿着亮闪闪的衣服。第一次听到这个问题时，我近乎直觉地回答道：“由于文化的因素，人类的进化变慢了。”以至于后来我的许多同事被问到这类问题时，也都采用了这类答案。

不过我现在对这个问题的看法已经改变了，我认为人体的未来是我们能够考虑的最重要问题之一。我们生活在充满矛盾的时代，对我们的身体来说尤其如此。一方面，这个时代可能是人类历史上最健康的阶段。如果你生活在一个发达国家，你大可以预计到：你所有的后代都能度过童年，活到老年，并顺利成为父母和祖父母。我们已经征服或控制了许多杀人盈野的疾病：天花、麻疹、脊髓灰质炎和鼠疫等。人类长得更高了，诸如阑尾炎、痢疾、骨折或贫血之类以前可能会危及生命的情况也变得很容易救治。虽然有些国家仍然存在很多营养不良和受疾病困扰的人，但这些不幸往往是政府失职和社会不公的结果，而不是缺乏食物或医学知识造成的。

另一方面，我们做得还不够好，远远不够。肥胖、慢性可预防疾病和失能的浪潮正在席卷全球。慢性可预防疾病包括某些恶性肿瘤、2 型糖尿病、骨质疏松、心脏病、中风、肾脏疾病、某些过敏症、神经退行病变、抑郁、焦虑、失眠等。还有数十亿人罹患腰背痛、足弓下陷、足底筋膜炎、近视、关节炎、便秘、胃酸反流和肠易激综合征等疾病。这些问题中有些很古老，但许多是新近出现的，或是近年来爆发的。从某种程度上来说，由于人的寿命越来越长，这些疾病的出现频率也越来越高，但其中绝大多数都是从中年时开始出现的。这个流行病学上的转变不但会给患者造成痛苦，还会造成经济衰退。随着婴儿潮一代退休，他们患上的慢性疾病将给卫生保健系统带来压力，阻碍经济增长。此外，我们从水晶球里看到的未来景象似乎也越来越糟，因为随着整个星球的发展，这些疾病的患病率也越来越高。

我们面临的健康挑战在全球范围内引起了激烈讨论，参与讨论的人包括父母、医生、病患、政客、记者和研究人员等。肥胖引起广泛关注：为什么人们会变胖？我们应该怎样减肥，怎样改变我们的饮食习惯？我们要怎样防止我们的孩子变得超重？我们应该如何鼓励他们参加运动？由于生病的人迫切需要帮助，为日益常见的非传染性疾病设计新疗法也因此而令人瞩目。对于癌症、心脏病、糖尿病、骨质疏松，以及其他一些最有可能害死我们自己和我们所爱的人的疾病，我们又该如何去治疗并治愈它们呢？

医生、病患、父母和研究人员经常会讨论和研究这些问题，但是我怀疑他们很少会把思路回溯到非洲大陆的原始森林，那个我们的祖先从猿类分化出来并开始直立行走的地方。他们很少会想到露西或尼安德特人，即使他们会考虑到进化，通常就是那些承认“我们曾经是穴居人（无论这代表什么意思）”的明显事实，但这其实或许意味着我们的身体并不能很好地适应现代生活方式。当前心脏病发作的患者需要立即就医，但在人类进化过程中可没有这样的旧例。

如果我自己心脏病发作，我也希望医生把重点放在对我的紧急治疗上，而不是去研究人类的进化。不过，对于那些可以预防的疾病，我们也没有预防成功，我认为我们应该把人类进化过程当作一个主要原因。我们的身体有一个进化的故事，这个故事极其重要。进化解释了为什么我们的身体是现在这个样子，从而使我们获得如何避免生病的线索。为什么我们那么容易变胖？为什么我们有时吃东西会呛噎？为什么我们的足弓会变得扁平？为什么我们的背会疼？为什么要思考人体进化的故事？答案之一是为了帮助了解我们的身体适应于什么，以及不适应于什么。这个答案并不直观，但对于搞清健康和疾病的促进因素，并理解为什么我们的身体有时天然会生病，都具有深远的影响。而我认为研究人体进化故事的最紧迫的理由是：这个进化进程还没有结束,我们仍在不断进化。不过当前最有力的进化形式不是达尔文描述的那种生物学进化，而是文化进化，通过这种进化，我们发展出了新的思想和行为，并传递给我们的孩子、朋友和其他人。这些新行为中的一部分会使我们生病，特别是我们吃的食物和我们进行或不进行的活动。

人类的进化好玩又有趣，还可以给我们以启发，本书的许多部分都探讨了我们身体的形成所经历的奇妙旅程。我也试图强调农业、工业、医学和其他领域所取得的进步，正是这些成就使得这个时代成为人类有史以来最好的时代。但我不是伏尔泰笔下那位盲目乐观的潘格洛斯（Pangloss），我们面临的挑战是要做得更好，书中最后几章重点讨论了我们为什么会生病，以及是如何生病的。如果这本书是由托尔斯泰写的，他可能会写：“健康的身体人人相似；不健康的身体各有各的不同。”

本书的核心“人体的进化”是个巨大和复杂的主题。我已尽我所能来尝试把一些事实、说明和观点写得简单明晰，同时极力避免堕于肤浅，我也没有回避那些关键性的问题，特别是乳腺癌和糖尿病这样的严重疾病。我还引用了很多参考资料，包括一些网站，你们还可以去那里探个究竟。对于如何在广度和深度之间寻找到适当的平衡，我也经历了一番挣扎。因为要说清楚我们的身体为什么是现在这个样子，这个话题实在太大，难以面面俱到。人体实在是太复杂了，因此，我主要讲述了人体进化过程中与饮食和体力活动有关的几个方面。即便是这样，每一个主题背后都至少有十个主题是我没有谈到的。最后几章中我选择了以几个疾病为例来说明更大的问题。而这些领域的研究一直在迅速变化着，我所谈及的一些内容不可避免会过时，我对此表示歉意。

本书最后，我用了自己的一些想法来匆匆结束，这些想法都是关于如何从人体过去的故事中吸取经验教训，并将其应用到未来的。现在我要来剧透一下，用以总结我的核心论点。人体在进化过程中并没有变得更健康，相反，自然选择要求我们在艰难的环境下尽可能拥有更多后代。因此，进化不会让我们在富足和舒适的条件下在吃什么和怎么运动上做出理性选择。更重要的是，我们继承下来的身体和我们创造出来的环境发生相互作用，再加上我们有时做出的决定，就会启动一个不良的反馈回路。我们在身体未能良好适应的条件下做进化让我们做的事情，就会患上慢性疾病，而我们把这些同样的条件传给孩子，于是他们也会生病。如果想要制止这种恶性循环，我们就需要搞明白如何顺应本心而又合乎理性地助推、促使，有时甚至是强迫自己去吃有益健康的食物，并更积极地锻炼身体。这，也算是进化而来的生存之道吧。

THE
STORY OF
THE HUMAN
BODY
目录

第一部分

人类进化的五个阶段

03 最早的狩猎采集者

大约 250 万年前，当首选食物变得稀少时，南方古猿每天要花费几小时费力地咀嚼。幸运的是，自然选择似乎更倾向于另一种革命性的解决办法以应对栖息地的不断变化：狩猎和采集。正是这一变化，让南方古猿逐渐进化为人属。为了适应这种巧妙的生活方式，被自然选择所选中的适应不是较大的脑容量，而是接近现代人的身体。

04 冰河时期的古人类

从 100 多万年前的冰河时期开始，直立人开始向温带栖息地迁移。这些狩猎采集者的后裔分别进化成海德堡人、尼安德特人和现代人类。现代人类大约在 4 万年前来到欧洲，并取代了脑容量接近 1 500 立方厘米的狩猎采集达人尼安德特人。此外，直立人于 80 万年前来到印度尼西亚弗洛勒斯岛，在自然选择的驱动下，进化出了脑容量较小的霍比特人。

05 有文化创造力的智人

从大约 5 万年前开始的文化和科技革命，帮助人类扩散到整个星球。自那以后，文化的演变成为进化的引擎，这个引擎非常强大、速度越来越快，逐步占据了主导地位。那么，是什么使智人变得特别的呢？为什么我们是唯一幸存的人属物种？关于这些问题的最佳答案是：我们的硬件中进化出了一些细微的变化，这些变化引发了一场软件革命，这场革命仍在加速行进着。

第二部分

农业革命与工业革命

06 进步、失配和不良进化

农业革命和工业革命给人类带来了许多好处，地球上的

海默病患病率迅速提升。我们的体型更大了、寿命更长了，而失配性疾病却呈现出蔓延趋势。这些变化有些是有益的，有些则是对尚待进化以适应新环境的人体产生的负面影响。

第三部分

当下与未来

09 能量太多的恶性循环

为什么人类如此容易变胖？如果储存脂肪是人类的进化适应的话，为什么肥胖又会使人易患某些疾病呢？问题的关键在于，人体对源源不断的过量能量供应适应不足，引发了许多我们现在面临的最严重的失配性疾病，如2型糖尿病、动脉硬化和某些恶性肿瘤。我们治疗这些能量富余所致失配性疾病的方式，有时又会造成恶性反馈回路，使问题更加复杂。

10 用进废退

如果人体接受不到自然选择给它匹配好的足够压力，许多失配性疾病就会发生。导致骨质疏松最重要的因素是年轻时的体力活动不足，雌激素和钙摄入不足也起着推波助澜的作用。如果你不通过咀嚼食物来给你的面部提供足够压力，那么你的颌骨就不会长得足够大，也就无法给你的智齿提供足够的空间。哮喘等过敏类失配性疾病，则与我们跟微生物的接触越来越少密切相关。

11 新奇和舒适背后的隐患

畅销书《天生就会跑》引起了人们对“赤脚跑”的关注。实际上，赤脚跑能更好地保护我们的脚；青少年时期缺乏足够强烈和多种多样的视觉刺激，是导致近视的重要原因，眼镜的普及化和时尚化，让自然选择对近视患者的作用发生了缓冲；腰背痛也是一种进化失配，因为我们总是贪恋舒适的椅子和柔软的床榻。

THE STORY OF THE HUMAN BODY

引言

适应意味着什么

“神秘猴子”带来的困惑

只要你认同变异、遗传、繁殖成功率差异的存在，那么你就一定会接受自然选择的存在。我们不难接受狮子适应非洲大草原，那么难道人类不适应狩猎采集生活吗？事实上，人体的许多特征都适应我们进化所经历的环境，但不适应我们通过文化创造的现代环境。越来越多的失配性疾病，就是我们的身体对这些新环境适应不良或适应不足的结果。

> 如果我们对过去和现在纠缠不休，那么我们就会发现，我们丧失了未来。
>
> ——温斯顿 · 丘吉尔

你听说过2012年在佛罗里达州坦帕市举行的共和党全国代表大会上的“神秘猴子”吗？那是一只出逃的猕猴，当时它已经在这座城市的街头生活了三年多。它从垃圾箱或垃圾桶里搜捡食物，会躲避汽车，并且聪明地避开了野生动物保护机构官员的抓捕，使他们无可奈何。这只猴子成了当地的传奇。当时，因为有大批政客和记者在那里参加会议，所以这只“神秘猴子”一下子就在国际上出了名。

政客们很快就开始以猴子的故事为契机来推广他们的政见。古典自由主义者和自由主义者都对这只不断逃避抓捕的猴子表示赞赏，认为它象征着自由的本能，象征着人类以及猴子对自由受到不公正侵犯的反抗。保守派将多年来抓捕猴子的失败努力解释为象征着无能、浪费的政府。记者则大篇幅地讲述着这只“神秘猴子”及其追捕者的故事，以此来隐喻正在城市里其他地方上演的政治大戏。而大多数人只是想知道这只猕猴在佛罗里达州的郊区干了些什么，它显然不属于这个地方。

作为一个生物学家和人类学家，我是从另外一个角度来看“神秘猴子”和它引发的系列反应的：它们象征着人类对自己在自然界地位的看法，这种看法自相矛盾，表现出在进化方面的天真无知。从表面上看，这只猴子集中反映了一些动物在它们最初不适应的环境中如何良好地生存下来。猕猴从亚洲南部进化而来，在那里，它们拥有的采集不同食物的能力使它们能够在草原、林地甚至山区定居下来。它们在村庄、城镇和城市中也能繁衍得很好。猕猴还是常用的实验室动物。考虑到这一点，“神秘猴子”能在坦帕市的垃圾堆里生活下来，也就谈不上什么惊人的才能了。然而，人们一般认为，自由自在的猕猴不属于佛罗里达州内的城市，这显示了我们是多么不擅长把同样的逻辑用于自身。从进化的角度来看，猴子出现在坦帕市，与绝大多数人出现并生活在城市、郊区和其他现代环境中相比，并没有多么离谱。

我们和“神秘猴子”一样，都远离了最初生活的自然环境。在 600 多代人以前，任何地方的人类都是狩猎采集者。在相对较近的年代之前，我们的祖先都生活在不足 50 人的小群体中。他们定期从一个营地转移到下一个营地，以采集植物、狩猎、打鱼为生。即使在大约 10 000 年前农业出现后，大多数农民仍然住在小村庄里，每天辛苦劳作，以生产出足够的粮食，他们从未想象过如今在佛罗里达州坦帕市这类地方出现的司空见惯的景象：汽车、厕所、空调、手机以及大量经过高度加工、富含热量的食物。

我很遗憾地报告一下，“神秘猴子”最终于 2012 年 10 月被抓获，但绝大多数现代人类仍然像曾经的“神秘猴子”一样，生活在他们最初并不适应的环境中，对此我们是否有必要担心？在许多方面，这个问题的答案都是“几乎不用”，因为 21 世纪初的生活对普通人来说还是相当不错的。总体来看，人类这个物种相当繁盛，这在很大程度上归功于最近几代人取得的社会、医疗和技术方面的进步。如今地球上的人口超过了 70 亿，其中很大比例的人以及他们的子女、孙辈，都有望活到 70 岁以上。即使普遍存在贫穷问题的国家和地区也取得了长足的进步：印度人的平均期望寿命在 20 世纪 70 年代不到 50 岁，但今天已经超过了 65 岁。数十亿人比他们的祖辈活得更久、长得更高，并且能享受到比过去大多数国王和王后更舒适的生活。

尽管情况已然相当不错，但还可以更好，因为我们有充分的理由担心人类的未来。除了气候变化造成的潜在威胁，我们还面临着人口激增以及疾病流行方式转变的挑战。随着长寿者越来越多，因感染或食物不足所致疾病而英年早逝者越来越少，患慢性非感染性疾病的中老年人却呈指数式增长。而这些疾病过去很罕见，或者根本不为人所知。富裕带来的并不全都是好事，美国、英国等发达国家的成年人多数超重，健康状况不佳，而儿童肥胖症的患病率在全球范围内也在飙升，这预示着未来几十年将有数十亿不健康的胖子。

伴随健康状况不佳和体重超重出现的是心脏病、中风、各种癌症，以及许多代价高昂的慢性疾病，如 2 型糖尿病和骨质疏松。工作生活能力丧失的原因也在发生着令人不安的改变，因为全世界有更多的人患有过敏、哮喘、近视、失眠、扁平足以及其他问题。简单来说就是，人们的死亡率降低了，但是疾病的发生率却升高了，健康状况出现了下降。在某种程度上，这种转变发生的原因在于年轻时死于传染病的人减少了，但我们千万不要把老年人中较为常见的疾病与年龄自然增长引起的疾病相混淆。每个年龄段的发病率和死亡率都受到生活方式的显著影响。在 45 ～ 79 岁的男性和女性中，积极参加体力活动、摄入大量水果和蔬菜、不吸烟、饮酒适度的人，在某一年份的平均死亡风险仅为生活习惯不健康者的 1/4。

慢性疾病的发生率如此之高，预示着患者病痛的增加，同时也意味着巨额的医疗费用。在美国，每人每年花在医疗保健上的费用超过 8 000 美元，占国民生产总值的近 18%。这笔钱中有很大比例是用于治疗可以预防的疾病，如 2 型糖尿病和心脏病。其他国家在医疗保健上的开支较少，但随着慢性疾病的增加，相关费用也都在以令人担忧的速度上升，例如法国现在的医疗费用占其国民生产总值的约 12%。随着中国、印度和其他发展中国家富裕起来，他们又将如何应对这些疾病及其费用呢？显然，我们需要降低医疗费用，并为数十亿现在和将来的病人开发廉价的新疗法。但如果我们能够事先预防这些疾病岂不是更好吗？又要怎么预防呢？

这里我们需要回顾一下“神秘猴子”的故事。如果人们认为有必要把猴子从坦帕市郊清除出去，因为它并不属于那里，那么也许我们也应该让猴子过去的邻居——人类，回到生物学上更正常的自然状态。即使人类像猕猴一样，可以在许多不同的环境中生存和繁衍，包括郊区和实验室，但是如果我们改吃那些自己所适应的食物，并且像我们的祖先那样锻炼，那么我们岂不是能拥有更健康的身体？进化主要是使人类适应了狩猎采集者的生存和繁殖方式，而不是农民、工人、办公室白领的生存方式，这一逻辑鼓舞着日益兴起的现代洞穴人运动。有人希望通过这种方式追求健康的生活，他们认为，如果像石器时代的祖先那样饮食和运动，就会变得更加健康和幸福。我们可以从采用“原始人饮食法”开始，食用大量的肉（当然是用草喂养的动物）、坚果、水果、种子、多叶植物，拒绝所有用糖和简单淀粉加工的食物。

如果你是真的在认真实践这种饮食方法，还要在食谱中加上虫子，而且从不吃谷物、乳制品和任何油炸食物。你也可以在日常生活中融入更多旧石器时代的人类活动。每天赤足步行或奔跑 10 千米、爬几棵树、在公园里追逐松鼠、扔石头、不坐椅子，还要睡在石板上，而不是睡在床垫上。为了公平起见，原始生活方式的倡导者并不提倡人们辞掉工作，迁居到卡拉哈里沙漠，并放弃所有现代生活中最佳的便利设施，如厕所、汽车和互联网 ，因为要发博客把石器时代的生活体验分享给其他有同样想法的人，网络是必不可少的。

现代洞穴人运动倡导者主要是建议人们思考一下如何使用自己的身体，尤其是吃什么和怎么锻炼。但这是否正确呢？如果越接近旧石器时代的生活方式明显越健康，那为什么没有更多的人那样生活？那种生活方式有什么缺点？哪些食物和活动是我们应该放弃或采用的？很明显，人类不怎么适应食用太多垃圾食品，并整天坐在椅子上，但我们的祖先也没有进化到适应吃驯化的植物和动物、看书、使用抗生素、喝咖啡、在有玻璃碎屑的街道上赤足奔跑。

上述问题其实都预设了一个根本问题的答案，这个问题正是本书的核心：人体适应什么？

这是一个极具挑战性的问题，它需要从多个方面来解答，其中之一就是探索人体进化的故事。我们的身体是如何进化成现在这样的,为什么会这样进化？我们进化适应于吃什么食物？我们进化适应于从事什么活动？我们为什么要有很大的脑容量、少量的毛发、拱形的足弓以及其他一些明显特征？我们将会看到,这些问题的答案非常令人着迷,经常是假设性的,有时甚至有悖常理。然而，我们的第一要务是要考虑“适应”意味着什么，这是一个更深刻、更棘手的问题。坦白地说，适应的概念难以定义和明确使用，这是众所周知的。因为我们进化适应于吃某些食物或从事某些活动，并不意味着它们对我们有好处，或没有其他更好的食物和活动了。因此，在我们讲述人体进化史之前，让我们先思考一下适应的概念是如何从自然选择理论中衍生出来的，这个术语的实际含义是什么，以及适应可能与我们今天的身体有什么关系。

自然选择是如何起作用的

进化和性一样，是一个有争议的话题，在两派人中会引起同样强烈的反应，一派是从事专业研究的人士，另一派则是那些认为进化是一种危险的错误理论，不应该把它教给孩子们的人。不过，尽管进化是个充满争议的话题，并且许多人对它表现出了充满激情的无知，但对“进化的确存在”这一点不应该有争议。进化就是随着时间而发生变化。即使是铁杆的神创论者也认识到，地球及其物种并不是一成不变的。当达尔文于 1859 年发表《物种起源》时，科学家们已经意识到，一些布满贝壳和海洋生物化石的海底地质层，不知通过何种方式被推挤进入了山区高地。猛犸象和其他已灭绝的生物化石证明，这个世界发生过沧海桑田的变化。达尔文理论的激进之处在于，它惊人地全面解释了进化如何通过自然选择发生，而不需要任何有意识的行为。

自然选择是一个非常简单的过程，本质上是三种常见现象的结果。第一种是变异：每个个体都不同于其物种中的其他成员。一个人的家人、邻居以及其他陌生人，在体重、腿长、鼻子形状、个性等方面都有很大不同。第二种现象是遗传可能性：每个人群所表现出来的一些变异可以遗传，因为父母会把他们的基因传给后代。身高的遗传度高于性格，而讲哪种语言则根本没有遗传基础。第三种现象是繁殖成功率差异：所有生物，包括人类，所产生的具有自我生存繁殖能力的后代数量都是不同的。繁殖成功率的差异往往看起来很小，无足轻重（我兄弟比我多生一个孩子），但当个体必须为生存和繁殖而拼搏和竞争时，这些差异可能是巨大且重要的。每到冬季，我家附近的松鼠有 30% ～ 40% 会死亡，人类在大饥荒和大瘟疫时的死亡比例与此相似。黑死病在 1348 年至 1350 年间造成至少 1/3 的欧洲人死亡。

如果你认同变异、遗传、繁殖成功率差异的存在，那么你就必然接受自然选择的存在，因为这些现象组合起来的必然结果就是自然选择。无论你是否喜欢，自然选择都会发生。用比较正式的话来说，即只要具有可遗传变异的个体，相比族群中的其他个体，产生的存活后代数不同，即后代的相对适合度不同，那么自然选择就会发生。自然选择最常见于个体遗传了罕见的有害变异，如血友病，当该变异损害个体的生存和繁殖能力时，其作用也最强烈。这种性状不太可能会传递给下一代，从而使此类个体在族群中减少或消失。这种过滤被称为负选择，它往往会导致族群在一段时间内缺乏变化，维持现状。不过，当个体偶然继承了一种适应，这种可遗传的新特征能帮助其比其他竞争者生存和繁殖得更好时，那么正选择偶尔也会发生。适应性特征本质上倾向于发生频率一代比一代高，从而导致随时间而发生变化。

从表面上看，适应似乎是一个直截了当的概念，它应该能同样直截了当地适用于人类、“神秘猴子”以及其他生物。如果一个物种经过进化而来，并且被认为“适应”于某种特定的饮食或栖息地，那么这一物种的成员食用那些特定的食物、生活在那种特定的环境下，应该是最成功的。例如，我们不难接受狮子适应于非洲大草原，而不是温带森林、荒岛或动物园这一事实。按照同样的逻辑，如果狮子适应于非洲的塞伦盖蒂大草原，并因此最适合那里，那么难道人类不是适应于狩猎采集生活，并因此最适合那种生活吗？基于很多原因，答案是“未必”，对这种情况的原因和过程加以思考，对于理解人体进化的历程与现在和未来的关系有着深远的影响。

棘手的进化适应概念

人类的身体带有上千种明显的适应。汗腺帮助你散热，大脑帮助你思考，肠道的酶帮助你消化。这些属性就是适应，因为它们继承的有用特征，是由自然选择塑造，并能促进个体生存和繁殖的。你往往对这些适应习以为常，但只有在它们的功能不能正常发挥时，它们的价值才会让人明显地感受到。例如，你可能会认为耳垢是一种令人讨厌的废物，但这些分泌物实际上是有益的，因为它们有助于预防耳部感染。然而，并不是我们所有的身体特征都是适应的结果，并且许多适应的作用方式是有悖常理或不可预知的，我实在想不出酒窝、鼻毛，还有打哈欠的行为有什么用处。要了解我们适应于什么，就要求我们能够识别哪些是真正的适应，并解释它们的意义。但是，这些总是说起来容易做起来难。

第一个问题是要识别哪些特征是适应，以及它们为什么是适应。人体的基因组是由大约 30 亿个碱基对组成的序列，这些分子编码了两万多个基因。每一刻，人体内都有数千个细胞在复制着这数十亿个碱基对，每次都达到了几乎完美的准确度。按逻辑，我们可以认为这数十亿行编码都是重要的适应，但事实上，基因组中有将近 1/3 没有明显的功能，但这些编码仍然存在，因为它们在亿万年间不知为什么加入了进来或丢失了功能。人体的表型，比如眼睛的颜色或阑尾的大小，也充满了过去曾经有用但现在不再起作用的特征，或者仅仅是人体发育过程中的附加产物。智齿（如果你还有智齿的话）存在是因为人体遗传了它们，但它们对人们的生存和繁殖能力的影响微乎其微，不会超过人们可能拥有的类似其他特征，比如双关节拇指、附着在脸颊皮肤上的下耳垂以及男性乳头。因此，假定所有特征都是适应是不正确的。此外，尽管给每个特征的进化适应价值编造一个假设的故事并不难，举一个荒谬的例子来说，鼻子是为了戴眼镜而进化出来的,但是严谨的科学需要验证某种特征是否确实是适应。

虽然进化适应不像人们可能设想的那么广泛而易于识别，但它们确实大量存在于人体中。然而，真正使得适应具有进化适应价值，即提高个体的生存和繁殖能力，往往取决于环境。事实上，这种认识是达尔文从他那次著名的搭乘贝格尔号的环球旅行中获得的重要见解之一。达尔文回到伦敦后推测，加拉帕戈斯群岛上的地雀拥有不同形状的喙，是由于它们吃不同的食物形成的适应。在雨季，较细长的喙能帮助地雀吃到它们喜欢的食物，如仙人掌果和蜱虫，但在干旱期，较粗短的喙能帮助它们吃到不太理想的食物，如较坚硬且营养也不太丰富的种子。喙形可通过基因遗传，并且会在种群内发生变异，因此加拉帕戈斯群岛上的地雀的喙形会受到自然选择的作用。

由于每个季节和每年的雨季有波动，喙较长的地雀在旱季繁殖的后代相对较少，而喙较短的地雀在雨季繁殖的后代相对较少，这就导致长短喙的比例发生了变化。同样的过程也适用于其他物种，包括人类。人类的很多变异都是可遗传的，如身高、鼻子的形状、消化牛奶等食物的能力，并因特定的环境条件而在某些人群中发生进化。例如，白皙的皮肤不能抵御晒伤，但是对冬季紫外线辐射水平低的温带地区居住者来说，这种适应可以帮助皮肤表面下方的细胞合成足够的维生素 D。

如果适应依赖于环境条件，那么何种条件最重要呢？关于这一点，追溯前因后果可能使问题变得更加复杂。因为根据定义，适应是指能帮助个体比本族群中其他个体拥有更多后代的特征，所以当个体拥有的存活后代数最有可能发生变化时，适应的自然选择作用就会最强大。笼统地讲，当环境艰难时，适应进化最强烈。举例来说，人类的祖先在大约600万年前主要吃的是水果，但这并不意味着他们的牙齿只是适应于咀嚼无花果和葡萄。如果罕见但严重的干旱使水果稀缺,而由于较粗大的臼齿有助于咀嚼其他非首选食物,如坚韧的叶、茎、根类，那么拥有这种臼齿的个体就会有很强的选择优势。同样的道理，对蛋糕和芝士汉堡这些高热量食物的喜爱和存储多余热量的倾向近乎普遍，在今天食物无比丰富的情况下，这种倾向并不利于进化适应，但在过去食物稀缺且热量较低的情况下，贪恋高热量食物这种倾向肯定非常具有优势。

适应也是有代价的，代价会抵消它们带来的好处。如同我们每次做某些事情时，就不能同时做其他事情。此外，随着条件不可避免地发生变化，变异的相对代价和好处也会不可避免地跟随条件而变化。在加拉帕戈斯群岛上的地雀中，粗喙不便于吃仙人掌果，细喙不便于吃坚硬的种子，不粗不细的喙吃这两种食物都不方便。在人类身上，短腿有利于在寒冷气候下保存热量，但不利于长距离高效行走或奔跑。妥协的一个后果是，自然选择很少会达到完美或根本不会达到完美，因为环境总是在不断发生变化。随着降雨、温度、食物、猎食者、猎物和其他因素在每季、每年，以及在更长时间跨度内发生着大小幅度不同的变化，每种特征的进化适应价值也会改变。因此，每个个体的适应都是不完美的产品，来自一系列连续不断变化着的妥协。自然选择不断推动生物向着最优进化，但最优几乎总是不可能达到的。

完美可能达不到，但进化会把身体内的适应积累起来，就像你可能会积累新的厨房用具、书籍或衣物一样，这样身体就能在各种不同环境中发挥相当不错的功能。人类的身体是由一堆杂乱的适应组成的，这些适应经过了数百万年的积累。这种大杂烩式的效果好比一份重写手稿①。像重写手稿一样，身体含

① 一种古代的手稿页，被人书写了不止一次，因此包含多层文本。随着时间的推移，多层文本会混合起来，较浅的文本就会消逝。

有多个相关的适应，它们有时会互相冲突，有时又会互相配合，帮助身体在各种不同的环境条件下有效地发挥功能。以饮食为例，人类的牙齿极其适合咀嚼水果，因为我们是从主要吃水果的猿类进化而来的，但我们的牙齿非常不利于咀嚼生肉，尤其是难嚼的野味。后来，人们又进化出了其他适应，例如把石头制成工具的能力、烹煮的能力等，有了这些能力，我们就能咀嚼肉类、椰子、荨麻以及其他任何无毒的东西。不过，多种相互作用的适应有时也会导致互相制约。如后续的章节将探讨的那样，人类进化出直立行走和奔跑适应，但这些适应限制了我们快速冲刺和敏捷攀爬的能力。

必须指出的最后也是最重要的一点是：关于适应，没有一种生物的进化适应是为了健康、长寿、幸福或者达到生物努力想要实现的许多其他目标。提醒一下，适应是自然选择形成的、促进相对繁殖成功率（适合度）的一种特征。因此，适应经过进化后能促进健康、长寿和幸福，是仅限于这些属性能使个体产生更多存活后代的情况下。回到较早的主题，人类经过进化后容易肥胖，不是因为过多的脂肪能促进我们身体健康，而是因为脂肪有利于提升生育能力。同样，我们这个物种容易担心、焦虑和产生压力，这会带来痛苦和不快，但这些都是古老的适应，可以帮助我们的祖先避免危险或应对危险。我们不但进化出了合作、创新、交流和培养后代的能力，还进化出了欺骗、偷窃、撒谎或谋杀的能力。底线在于，人类的许多适应进化出来并不一定是为了促进身体或精神上的健康幸福。

总而言之，试图回答“人类适应于什么”这个问题，虽然简单，却不切实际。一方面，最根本的答案是，人类适应的事情就是：拥有尽可能多的子女、孙辈和曾孙辈！另一方面，我们的身体实际上如何把自己传给下一代完全不是一件简单的事。由于复杂的人类进化史，因此人体并不是适应于任何单一的饮食、栖息地、社会环境和运动方法。从进化的角度看，最佳健康状态是不存在的。因此，人类与我们的朋友“神秘猴子”一样，不但能在新的环境中生存下来，如佛罗里达州郊区，有时甚至还能蓬勃发展。

如果进化没有提供易于遵循的指南来让我们优化健康或预防疾病，那么为什么没有一个对自己健康幸福感兴趣的人来想想人类进化过程中发生了什么？猿类、尼安德特人、新石器时代早期的农民，这些跟人们的身体有什么关系？我能想到两个非常重要的答案，其中一个涉及进化的过去，另一个涉及进化的现在和未来。

为什么人类进化史很重要

每个人以及每个人的身体都是有故事的。你的身体实际上不止有一个故事。其中一个是关于你人生的故事，那是你的自传：你的父母是谁？他们如何相遇？你在哪里长大？生活的变迁如何塑造你的身体？另一个故事是关于进化的：数百万年间一长串事件使你的祖先的身体一代代发生着改变，以至于你的身体不同于直立人、鱼和果蝇。这两个故事都值得了解，并且它们拥有某些共同的元素：人物（包括假定的英雄和坏蛋）、环境、偶然事件、胜利和苦难。这两个故事也都可以用科学的方法来分析，用假说来表达，这些假说部分还可以被质疑和否认。

人体进化史是个有趣的故事。其最宝贵的教训之一是，人类不是一种必然会出现的物种：如果在不同的环境下，哪怕环境因素稍有不同，我们就会成为完全不同的生物，甚至我们完全有可能根本不存在。然而，对许多人来说，讲述并验证人体故事的主要目的是揭示为什么我们会以现在的方式生活。我们为什么要有很大的脑容量、长腿、明显可见的肚脐以及其他特征？为什么我们只用两条腿走路？为什么我们会用语言交流？为什么我们有这么多合作？为什么我们会烹煮食物？思考人体进化方式的一个迫切而实用的理由是，为了评估我们适应于什么、不适应于什么，从而了解我们患病的原因。进一步说，即评估我们生病的原因对防治疾病至关重要。

为了理解这种逻辑，可以看一下 2 型糖尿病这个例子。这是一种几乎完全可以预防的疾病，但是其发病率却在世界各地不断攀升。这种疾病发生在全身细胞对胰岛素[①]不起反应的情况下。当身体开始对胰岛素不起反应时，就会表现得像一个崩坏的供热系统：系统不能把热量从火炉运送到房子的其他地方，导致火炉过热，而房子却暖不起来。患糖尿病时，病人体内的血糖水平持续上升，这会刺激胰腺产生更多的胰岛素，但结果却徒劳无功。几年后，当疲劳的胰腺不能分泌足够的胰岛素时，血糖水平就会过高。血糖过多是有毒的，会造成可怕的健康问题，最终导致患者死亡。幸运的是，医学在发现和治疗早期糖尿病症状方面已相当成熟，这使得数以百万计的糖尿病患者能够继续生存几十年。

从表面上看，人体进化史似乎与 2 型糖尿病患者无关。因为这些患者迫切需要代价昂贵的医疗救治。现在有成千上万的科学家在研究这种疾病的因果机制，如肥胖如何使某些细胞对胰岛素产生抵抗，胰腺中分泌胰岛素的细胞在劳累过度后如何停止工作，以及某些基因如何导致某些人易患这种疾病，而另一些人则不会。为了使患者获得更好的治疗，这种研究必不可少。但是如何预防这种疾病呢？要预防一种疾病或任何其他复杂问题，不仅需要了解其直接的因果机制，而且需要了解其更深层次的潜在根源。这种疾病为什么会发生？以 2 型糖尿病为例，为什么人类如此容易患上这种疾病？为什么我们的身体有时不能很好地应对现代生活方式，最终导致罹患 2 型糖尿病？为什么有些人的患病风险更高？为什么我们不能采取更好的方式，通过鼓励人们食用更健康的食物、更注意锻炼身体来预防这种疾病？

对于这些和其他一些“为什么”的问题，对其答案的寻求促使我们思考人体进化史。至于这一做法的必要性，没有人表达得比开拓性的遗传学家西奥多修斯 • 杜布赞斯基（Theodosius Dobzhansky）更加清楚，他有一句名言：“不以进化论，无以理解生物学。”为什么？因为生命本质上是由生命有机体利用

① 胰岛素是一种激素，它可以指挥细胞将糖从血液中运出，并将其存储为脂肪。

能量来产生更多生命有机体的过程。因此，如果你想知道为什么人们的外表、生理机能、所患疾病不同于他们的祖辈、邻居或“神秘猴子”时，那么你就需要知道生物的历史，正是经过这样的进化史，人类个体与他们的邻居和猴子才会变得如此不同。

此外，这个故事的重要细节要回溯到很多很多代以前。人们身体中的各种进化适应经过自然选择的作用，帮助无数的祖先在遥远的年代生存和繁衍下来，不仅仅是狩猎采集者，还有鱼、猴子、猿类、南方古猿以及较近时期的一些农民都是如此。这些适应解释并限定了身体如何正常执行消化、思维、繁殖、睡眠、行走、奔跑等功能。因此，探讨身体的漫长进化史有助于解释为什么当你和其他人应对适应不佳或适应不足的条件时，就会得病或受伤。

回到人类为什么会患 2 型糖尿病的问题：答案并不仅仅在于促进疾病的细胞和遗传机制。从更深层的意义上说，糖尿病成为一个日益严重的问题主要是因为人类的身体与圈养的灵长类动物一样，主要适应于那些非常不同的条件，这使我们在应对现代饮食和体力活动缺乏时适应不足。在数百万年的进化中，那些嗜爱能量丰富食物的祖先占据了优势，这些食物包括简单的碳水化合物，如糖这种曾经的稀罕物，以及能高效储存热量的东西，如脂肪。此外，我们的远祖很少有机会因为体力活动少、大量喝碳酸饮料、大吃甜甜圈而患糖尿病。显然，我们的祖先也没有经历过强选择以适应造成其他疾病和残障的原因，这些疾病包括动脉硬化、骨质疏松和近视。为什么现在这么多人患上了以前罕见的疾病，这个问题的根本答案在于，**人体的许多特征适应于进化所经历的环境，但不适应于我们创造的现代环境，这种观点被称为失配假说，**是新兴的进化医学领域的核心观点，而进化医学是将进化生物学应用于健康和疾病的学科。

这个失配假说是本书的重点，但要弄清哪些疾病是而哪些疾病不是由进化失配所引起的，所需要的不仅仅是对人类进化的肤浅认识。有人将失配假说进行了简单化的应用，他们提出，既然人类进化成为狩猎采集者，那么我们就最适应于狩猎采集者的生活方式。这种看法会导致下面这种情况：观察卡拉哈里沙漠的布须曼人或阿拉斯加的因纽特人吃什么、做什么，并据此开出一些天真的处方。然而，一个问题是，狩猎采集者本身并不总是健康的，他们身体状况的变数很大，很大程度上是因为他们的居住环境变化范围很大，包括了沙漠、雨林、林地和北极苔原。理想的、典型的狩猎采集者的生活方式是不存在的。

更重要的是，如前所述，自然选择不一定会让狩猎采集者或任何生物经过适应变得健康，而是让他们生育尽可能多的孩子，并让这些孩子也尽可能存活到生育年龄。另一个值得重视的问题是：人体，包括狩猎采集者的身体，就像重写手稿一样汇集了很多进化适应，这些进化适应经过了无数代人的积累和修饰。我们的祖先在成为狩猎采集者之前，是类猿两足动物，再之前是猴子、小型哺乳动物等。而自那以后，一些种群进化出了新的适应，成为农民。人体的进化和适应不存在一种单一的环境。因此，要回答“我们适应于什么”这个问题，我们不仅需要从现实角度考虑狩猎采集者，还要看看导致狩猎和采集进化的一长串事件，以及自人类从事耕种食物以来所发生的事情。打个比方来说，试图通过仅聚焦于狩猎采集者就了解人体适应于什么，就像只看美式橄榄球比赛第四节的一部分就试图看懂比赛结果一样。

如果我们想要理解人类适应于什么以及不适应于什么，那么对于人体如何进化以及为何进化的故事，就需要有一个不限于表面深度的探讨，那样才能从中获益。像每一个家庭的故事一样，人类物种的进化史非常值得研究，但它本身却是一团乱麻，充满未知。如果想要搞清人类祖先的家谱，工作量之大，可以让描绘《战争与和平》中的人物关系图这种事情看起来像小儿科一样。不过，经过一个多世纪的充分研究，关于人类物种如何从非洲森林中的猿类进化成为遍布地球大部分地区的现代人类，人们已取得了一致和公认的理解。撇开家谱的精确细节，人体的故事可以归结为五个重大转变。这五大转变都并非不可避免，但每一次转变都添加了一些新的进化适应，并去除了另一些进化适应，从而以不同的方式改变了人类祖先的身体。

※ **转变之一：**最早的人类祖先从猿类分化出来，进化成为直立的两足动物。

※ **转变之二：**这些最古老的祖先的后代是南方古猿，他们进化出采集并摄入除主要水果外多种其他食物的适应。

※ **转变之三：**大约 200 万年前，人属最早的成员进化出接近现代人类的身体，脑容量也开始变大，这使他们能够成为最早的狩猎采集者。

※ **转变之四：**随着古代人类狩猎采集者的蓬勃发展，并扩散到旧大陆的大部分地区，他们进化出了更大的脑容量，身材也变得更高大，但生长变得更缓慢了。

※ **转变之五：**现代人类进化出特殊的语言、文化和合作能力，使人类得以迅速扩散到全球各地，并成为人属在这个星球上唯一幸存的物种。

为什么进化对现在和将来也很重要

你认为进化只研究过去吗？我过去对进化的定义是：“不同生物在地球历史中从较早期形态发展和多样化的过程。”词典上的定义也是这样的。我对这一定义并不满意，因为进化是一个动态的过程，直至今天仍然在发生，我更愿意将其定义为随时间推移而变化。与有些人的假设相反，我认为旧石器时代结束后，人体并没有停止进化。相反，自然选择的列车仍然在不停地隆隆前进着，并且只要人类能继承变异，影响存活并再生育的后代，即使只是轻微影响，这辆列车就会继续开下去。因此，我们的身体与几百代前的祖先并不完全相同。同样的道理，我们数百代后的后代也会不同于我们。

此外，进化并不只是生物学上的进化。基因和身体如何随时间而改变，这一话题极其重要。另一个需要解决的重要动力是文化进化，这是现在地球上最强大的变革力量，它正在从根本上改变我们自己的身体。文化从本质上说是人们学到的东西，因而文化也会进化。不过，文化进化和生物进化的重要区别在于，文化不会仅仅因变化而变化，而且会因人的意图而变化，这种变化的来源可以来自任何人，不只是父母。因此，文化的进化能够以令人惊叹的速度和程度发生。人类的文化进化开始于数百万年前，但在约 20 万年前，现代人类首次出现进化明显加速，到现在已达到令人目眩的速度。回首过去几百代人的发展，有两次文化转型对人类的身体至关重要，需要将其添加到上述进化转变列表中：

※ **转变之六：** 农业革命，此时人们开始耕种食物，以此取代狩猎和采集。

※ **转变之七：** 工业革命，始于人们开始用机器来代替人力工作。

虽然后两次转变没有产生新的物种，但它们在人体的故事中的重要性再怎么强调也不为过，因为它们从根本上改变了人们的饮食、工作、睡眠、体温调节、交互，甚至是排便方式。虽然我们身体所处的环境发生了这样和那样的变化，这些变化激发了一些自然选择，但这些选择与我们所继承的身体主要的相互作用方式我们现在还不能领会。这些相互作用有些是有益的，尤其是让我们有了更多的孩子。但另一些却是有害的，包括一系列由传染、营养不良、缺乏体力活动所引起的新型失配性疾病。在过去的几代人中，我们已经学会了如何征服或抑制这些疾病中的一些种类，但其他慢性非传染性的失配性疾病——很多与肥胖有关，现在的患病率和严重程度却在迅速攀升。以任何标准来衡量，我们关于快速文化变革对人体进化作用的认识都是远远不够的。

因此，我认为，杜布赞斯基“不以进化论，无以理解生物学”这句精彩的名言，在涉及人类时，不仅适用于自然选择的进化，而且适用于文化进化。进一步说，由于文化进化现在是作用于人体进化改变中的主导力量，因此通过研究文化进化与我们所继承的仍处于进化中的身体之间的相互作用，我们可以进一步弄清楚这一问题：为什么越来越多人患上非传染性失配性疾病，如何预防这些疾病？这些相互作用有时会启动一种不幸的动态变化，通常以如下方式运行：首先，我们患上非传染性失配性疾病，是因为我们的身体对我们通过文化所创造的新环境适应不良或适应不足。然后，由于种种原因，我们有时不能预防这些失配性疾病。

在某些情况下，是因为我们对一种疾病的诱因了解得不够清楚，所以不能预防它。而通常情况下，预防工作失败的原因在于，很难或根本不可能改变那些造成失配的新环境因素。有时，我们甚至因太有效地治疗了失配性疾病的症状，以至于无意中使得其病因得以继续维持下去。不过，在所有情况下，由于不能解决造成失配性疾病的这些新型环境性病因，我们只能坐视恶性循环的发生，这个恶性循环使得该类疾病继续盛行，有时甚至会变得更常见或更严重。这种反馈循环不是一种生物学进化，因为我们不会直接把失配性疾病传给我们的孩子。相反，它是一种文化进化，因为我们传递下去的是导致失配性疾病的环境和行为。

当然，我在这里草草地讲了太多问题，超出了人体故事的范围。在我们思考生物进化和文化进化如何相互作用之前，我们首先需要了解进化史的漫长轨迹，讨论我们如何进化出文化，以及人体真正适应的是什么。这种探索需要将时钟倒转 600 万年左右，到非洲某处的森林中去一探究竟……

THE

第一部分

人类进化的五个阶段

STORY

OF THE HUMAN BODY

THE STORY OF THE HUMAN BODY

01

直立猿

我们是如何成为两足动物的

最早的古人类是600万年前的乍得沙赫人、图根原人和卡达巴地猿，他们的显著特征是适应了直立行走。许多证据显示，重大气候变化所导致的食物短缺，将人类带上了一条不同于猿类表亲的进化道路。两足动物的优势在于更有效率地采集食物，并减少行走时的能量消耗。不过，直立行走是以牺牲速度为代价的，也不利于怀孕的准妈妈。

> 打起架来，你的手比我的快得多，但我的腿比你长些，逃起来你追不上我。
>
> ——威廉·莎士比亚，《仲夏夜之梦》

THE STORY OF THE HUMAN BODY

森林像往常一样安静，除了一些轻微的声音：沙沙作响的树叶、嗡嗡叫的昆虫和几只啁啾的小鸟。突然，一场混战爆发了：三只黑猩猩从远处的树顶上一闪而过，令人咋舌地从一根树枝上跳到另一根树枝上，它们毛发竖立，发狂尖叫，以惊人的速度追逐着一群疣猴。不到一分钟后，经验丰富的年长黑猩猩做出一个华丽的跳跃，抓住了吓得一路狂奔的猴子，把它的脑袋往一棵树上猛撞，撞得脑瓜迸裂。这场狩猎突然结束，正如它的开始一样突然。胜利者将它的猎物撕成碎片，并开始大啖其肉，其他黑猩猩则兴奋得大叫。但是，如果有人在旁观看的话，恐怕这个人会感到震惊。观察黑猩猩狩猎可能令人不安，不仅仅是因为暴力，还因为我们更愿意相信它们是温顺聪明的人类表亲。有时它们似乎映照出人类较为美好的一面，但是在狩猎时，黑猩猩对肉食的渴求、使用暴力的能力以及它们利用团队合作和策略杀死对手的手段，也反映出人性的阴暗面。

刚才这个狩猎的场景还突显了人类与黑猩猩在身体上的本质差异。除了明显的解剖学差异之外，如皮毛、口鼻部以及四肢行走，黑猩猩令人叹为观止的狩猎技巧在很多方面都反衬出人类在运动方面是多么笨拙。人类狩猎几乎总是使用武器，因为适应现代生活的人类，没有谁能在速度、力量和灵活性上与黑猩猩匹敌，特别是在树上。尽管我希望像人猿泰山一样灵活，但我爬树时还是很笨拙，即使是训练有素的人在树上爬上爬下时也必须蹑手蹑脚，小心翼翼。像黑猩猩一样把树干当作梯子纵跃而上，在高高的树枝之间跳来跳去，飞身在空中抓住逃窜的猴子，并安全地落在或粗或细的树枝上，这种能力即使是最为训练有素的体操运动员也望尘莫及。尽管观察黑猩猩狩猎让人感到不舒服，但我却非常艳羡这些黑猩猩非人所能及的杂技技巧，要知道，我们和它们有超过98% 的基因编码是相同的。

在地面上，人类的运动技能也比不上其他动物。世界上速度最快的人能以约每小时 37 千米的速度飞奔不到半分钟。对我们这些脚步沉重的普罗大众来说，这样的速度已经近乎超人，但像黑猩猩和山羊这样的哺乳动物，却能轻松地以两倍于这个速度奔跑数分钟，而且还不需要教练的帮助和多年高强度训练。我甚至跑不过松鼠。人类在跑步时也显得笨拙和不稳定，无法做出快速转身。即使最轻微的碰撞或推动，也会使奔跑中的人摔倒。我们还缺乏力量。一只成年的雄性黑猩猩体重在 56 ～ 80 千克之间，比大多数人类男性都要轻，不过对它们的力量测定却表明，一般的黑猩猩可以运用的肌肉力量，比最强壮的人类精英运动员还要强一倍。

当我们开始探索人体的故事以了解人类适应什么样的生活时，第一个关键问题是：为什么人类变得如此不适应在树上的生活，变得这么虚弱、缓慢和笨拙？这是怎样的一个过程？

答案要从直立行走说起，显然这是人类进化史上的第一次重大转变。如果存在一种关键的初始改变，使得人类这一支走上不同于其他灵长类的单独进化过程，那么就是人类成为两足动物，获得了双脚站立和行走的能力。达尔文以他特有的先见之明，于 1871 年首次提出这一观点。由于缺乏化石记录，达尔文通过推理提出，人类最早的祖先从猿类进化而来，进而提出这一假说；直立使人类的双手从行走中解放出来，用于制造和使用工具，这有利于较大的大脑、语言和其他人类特点的进化：

> 只有人变成了两足行走的动物。我认为，我们可以部分了解到，人类如何取得了构成其最显著特征之一的直立姿势。人类的双手能如此适应于人的意志，达到手随意动、举止自如的状态，如果不靠这双手，人类不可能获得今天在世界上的主导地位……但是，只要双手和双臂习惯于行走，习惯于支撑整个身体的重量，或者如前所述，双手和双臂特别适合爬树，那么它们就几乎不可能成为完美的工具，来制造武器或者对准目标投掷石块或长矛……如果人类生存斗争中取得的卓越成就证明双脚站稳、双手双臂自由活动是一大便利（这毫无疑问），那么人类祖先变得越来越靠双脚直立行走，我就看不出有什么理由不成为优势了。从此，他们能更好地使用石头或棍棒自卫，攻击猎物或以其他方式来获取食物。长期来看，身体结构最适宜的那些人最成功，存活下来的数量也较多。

一个半世纪后的今天，我们已经有了足够的证据证明达尔文很可能是正确的。由于一系列特殊的偶发事件反应——其中许多是由于气候变化引起的，已知最早的人类发生了一些适应性改变，比其他猿类更容易、更频繁地使用双脚站立和行走。今天，我们是如此彻底地对两足方式习以为常，以至于几乎不会考虑用其他方式站立、行走和奔跑了。

但看看我们周围的其他生物，除了鸟以外，如果你住在澳大利亚就将袋鼠也除外，有多少动物是仅靠两条腿蹒跚行走或跳来跳去的呢？有证据显示，过去几百万年人体发生的重大改变中，两足行走这种适应性转变是最重要的，不仅仅因为它的优点，也因为它的缺点。因此，了解我们的早期祖先如何适应性地转变为直立行走，这是讲述人体进化旅程的重要起点。作为第一步，就从我们与猿类最后的共同祖先开始吧。

“缺失的一环”

“缺失的一环”这个术语可追溯到维多利亚时代，这是一个经常被误用的词，一般指的是生命进化历史中那些关键的过渡物种。虽然许多化石被堂而皇之地称为“缺失的一环”，但是人类进化史中有一个特别重要的种类恰恰是真正地缺失了：人类和其他灵长类动物最后的共同祖先（Last Common Ancestor，简称 LCA）。令我们大失所望的是，这一重要的种类到目前为止仍然完全是未知的。

根据达尔文的推断，最后的共同祖先最有可能同黑猩猩和大猩猩一样，生活在非洲雨林里，那里的环境不易于保存遗骨，因此不能形成化石记录。落在森林地面的骨头会很快腐烂分解，能提供丰富信息的黑猩猩和大猩猩残余化石非常罕见，发现最后的共同祖先化石遗迹的机会也希望渺茫。

尽管不能把证据不存在当作事实不存在的证据，但这确实导致了大量的猜测。最后的共同祖先所属的这部分谱系缺乏化石证据，引起了许多有关这个神秘的“缺失的一环”的猜测和争论。尽管如此，我们仍可以通过对人类和猿类的异同点进行仔细比较，结合我们对人类进化谱系的了解，来对最后的共同祖先生活的时间和地点以及它的外形，做出一些合理的推断。

如图 1-1 所示，这棵进化树显示有三种现存的非洲猿类，其中，相较于大猩猩，人类与两种黑猩猩的亲缘关系更近，即普通黑猩猩和倭黑猩猩（又名波诺波猿）。图 1-1 是基于大量的基因数据得出的结论，该图还显示，人类和黑猩猩这两支的分道扬镳时间在距今 800 万～ 500 万年前（确切时间仍存在争议）。严格地说，人类是被称为“人科”的猿类家族中的一个特殊子类，是指与现存人类亲缘关系比黑猩猩或其他猿类更近的所有物种。

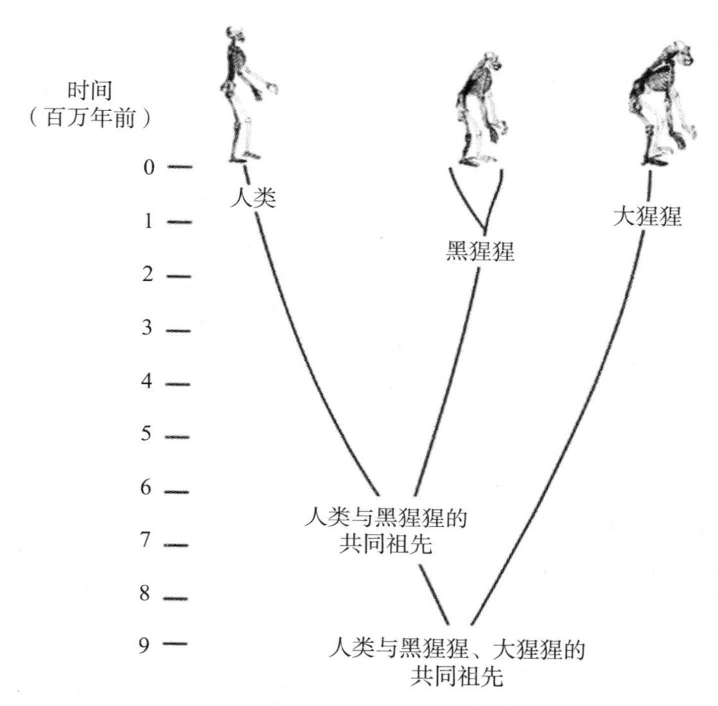

图 1-1　人类、黑猩猩、大猩猩的进化树

这棵进化树显示了两种黑猩猩（波诺波猿和普通黑猩猩）；一些专家将大猩猩分成了多个物种。

破解这棵进化树所必需的分子学证据于 20 世纪 80 年代被发现，科学家惊奇地发现，人类与黑猩猩在进化上关系特别近。在此之前，大多数专家认为，黑猩猩和大猩猩之间的亲缘关系比它们与人类的关系更近，因为黑猩猩和大猩猩看上去太像了。然而，有悖常理的事实是，人类才是黑猩猩在进化上的一级近亲，而不是大猩猩。这个事实为重新构建最后的共同祖先的形象提供了宝贵线索，因为尽管人类和黑猩猩共同拥有独一无二的最后的共同祖先，但普通黑猩猩、倭黑猩猩和大猩猩彼此之间的相似程度都远远超过它们与人的相似程度。虽然大猩猩的体重是普通黑猩猩的 2 ～ 4 倍，但是如果你把一只普通黑猩猩养到大猩猩那么大，你会发现它非常像大猩猩，尽管不完全是。成年倭黑猩猩的外形也与生长期普通黑猩猩相似，甚至行为也是。此外，大猩猩和黑猩猩都以同一种奇特的方式行走和奔跑，这种方式被称为“指背行走”，即用手指的中部支撑它们的前肢。因此，除非不同种非洲大猿之间的许多相似点都是独立进化出来的，当然这种可能性很小，否则，黑猩猩和大猩猩的最后的共同祖先肯定在解剖上具有黑猩猩或大猩猩的特点。按照同样的逻辑，黑猩猩和人类的最后的共同祖先很可能在解剖上也有许多地方与黑猩猩或大猩猩相似。

不客气地说，当你看着一只黑猩猩或大猩猩时，很有可能你正在看着的这只动物隐约有点像距你几十万代以前的非常遥远的祖先——那个非常重要的“缺失的一环”。然而，我必须强调，在没有直接化石证据的情况下，这种假设不可能得到确切的证实，这种现实情况给各种不同观点留下了足够的空间。一些古人类学家认为，人类直立站立和行走的方式是长臂猿在树上摇荡和在枝端行走方式的残留。而长臂猿是一种与人类亲缘关系较远的猿类。

事实上，100 多年来，当黑猩猩和大猩猩被认为是人类的一级近亲时，也有许多学者推测，人类是从某种类似长臂猿的物种进化而来的。另外，一些古人类学家推测，最后的共同祖先是一种像猴子一样的生物，行走在树枝顶端，用全部四个肢体爬树。尽管有诸多观点，但综合考虑各方证据显示，人类谱系中最初的物种，是从一种与今天的黑猩猩和大猩猩没有太大差异的祖先进化而来的。事实证明，这个推论对于理解最早的古人类何以进化为直立行走的原因和过程有着重要意义。幸运的是，与至今不知所踪的最后的共同祖先不同，我们掌握了关于这些古老的祖先的确凿证据。

谁是最早的古人类

当我还是一名学生时，人类学界还没有发现有用的化石记录可以反映人类进化最初上百万年间发生的事情。由于缺乏数据，许多专家别无选择，只能假设当时已知的最古老化石可以代替缺乏证据支持的较早古人类，比如生活在约 320 万年前的露西化石，而有时这种假设是轻率的。然而，自 20 世纪 90 年代中期以来，我们有幸发现了许多人类出现在最初百万年间的化石证据。这些原始人有着深奥、拗口的名字，他们得以让我们重新思考最后的共同祖先是什么样子。更重要的是，他们揭示了很多关于两足行走和其他特征的起源信息，这些特征使得最早的古人类区别于其他灵长类。目前，已发现的早期古人类有四种，其中两种如图 1-2 所示。在讨论这些早期古人类的外形、他们所适应的环境、他们与人类进化史后来发生的事件之间的相关性之前，我们先了解一些关于他们是谁和他们来自哪里的事实。

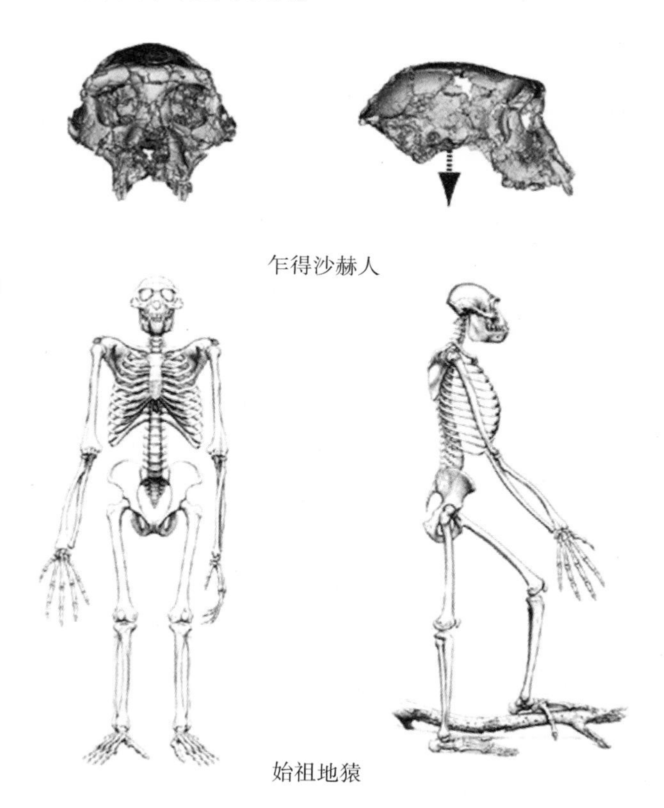

图 1-2　两种早期古人类

上图为乍得沙赫人（图迈）的颅骨；下图为始祖地猿（阿尔迪）的重建模型图迈的枕骨大孔的角度提示，其上颈部是垂直的，这是两足动物的一个明显标志。部分地猿骨骼的重建模型提示，她（阿尔迪）既适应攀爬树木，也适应两足行走。

已知最古老的古人类是乍得沙赫人（sahelanthropus tchadensis），是由米歇尔·布吕内（Michel Brunet）领导的英勇的法国团队于2001年在乍得发现的。发掘这种化石需要多年艰苦、危险的野外工作，因为科学家是从撒哈拉大沙漠南部的沙子中把它们挖出来的。今天，那个地方贫瘠而荒凉，但数百万年前，那里是有树木覆盖的栖息地，附近还有一片大湖。我们对乍得沙赫人的了解大多来自一个单个的、近乎完整的颅骨（见图1–2，昵称为"图迈"，当地语言意指"生命的希望"），以及一些牙齿、颌骨残片和一些其他骨骼。布吕内及其同事推测，乍得沙赫人生活在至少距今600万年前，甚至是720万年前。

另一种早期古人类来自肯尼亚，名为图根原人（orrorin tugenensis），约生活在距今600万年前。不幸的是，这个神秘物种如今只剩下一些零星的化石：一块下颌骨残片、一些牙齿和一些肢骨残片。我们对图根原人还知之甚少，部分是因为没有太多材料可供研究，部分是因为这些化石还没有得到全面分析。

早期古人类化石的最大宝库是由加利福尼亚大学伯克利分校的蒂姆·怀特（Tim White）及其同事在埃塞俄比亚发现的。这些化石分属于另一个地猿属的两个不同种。较老的一个种为卡达巴地猿（ardipithecus kadabba），生活在距今580万～520万年前，我们对他们的了解来自一些骨骼和牙齿。较新的一个种为始祖地猿（ardipithecus ramidus），生活在450万～430万年前，这类化石蕴藏量要大得多，其中包括一具明显的女性部分骨骼，昵称为"阿尔迪"，如图1–2所示。这个种还有其他十几个个体的一些残片（大多是牙齿）。阿尔迪的骨骼是研究的焦点，因为它给了我们一个令人兴奋的罕见机会，来研究阿尔迪和其他早期古人类是如何站立、行走和攀爬的。

你只要用一个购物袋就可以装下地猿、乍得沙赫人、图根原人的全部化石。即便如此，它们还是让我们有机会一窥人类从最后的共同祖先分化出来之后最初上百万年间的早期进化阶段。一个不怎么令人吃惊的发现是，这些早期古人类外表一般与猿类相似。正如根据我们与非洲大猿的近亲关系预测的那样，他们在牙齿、颅骨、下颌，以及双臂、双腿、双手和双脚的细节方面，与黑猩猩和大猩猩有很多相似之处。例如，他们头骨中的大脑较小，与黑猩猩在同一范围，眼睛上方有粗大的眉弓，有大门牙和长而突出的鼻子。阿尔迪的双脚、双臂、双手和双腿有许多特征也与非洲大猿相似，尤其是与黑猩猩相似。事实上，一些专家提出，这些古老的物种太像猿类，实际上不能算是人类。然而，我认为他们确实是古人类，原因有几条，其中最重要的一条是，他们的特征显示，他们已经适应了双腿直立行走。

最早的古人类站得起来吗

作为一种以自我为中心的生物，人类往往错误地认为自己的优点是独一无二的，但事实上这些优点只不过是不同寻常而已。两足行走这个特点也不例外。如同很多父母一样，我满怀喜悦地记得我女儿成功学会走路的那些时刻，学会走路让我们突然觉得她长大成人了，与家里的宠物狗有了明显的区别。一种常见的观念是，直立行走特别具有挑战性，特别困难，尤其见于那些自豪的父母。这也许是因为人类的后代需要很多年才能学会正常走路，也因为几乎没有其他动物习惯于两足行走。

事实上，孩子们之所以要到 1 岁左右才开始蹒跚学步，并且要跌跌撞撞地走上几年，是因为他们的神经肌肉技能还需要相当长的时间才能发育成熟。正如脑容量大于其他动物的人类后代需要很多年才能学会正常走路一样，他们从牙牙学语到口齿流利、学会控制排便、熟练操作工具都同样需要很多年。此外，习惯性的两足动物很罕见，但偶尔用两足行走的动物却并不稀奇。猿类有时也会用两条腿站立和行走，许多其他哺乳动物也能做到，包括我的宠物狗。但是人类与猿类的两足行走最关键的不同之处在于：人类习惯性地高效站立和行走，是因为我们牺牲了四足动物具备的能力。每当黑猩猩和其他猿类直立行走时，它们只能以笨拙而费力的步态蹒跚行走，因为它们缺少几个关键性的改变（见

图 1-3), 正因为有了这些改变, 人类才能健步如飞。关于早期古人类的发现中，尤其令人兴奋的是，他们也拥有那些关键改变中的一部分，这意味着他们在某种程度上也已经成了直立两足动物。

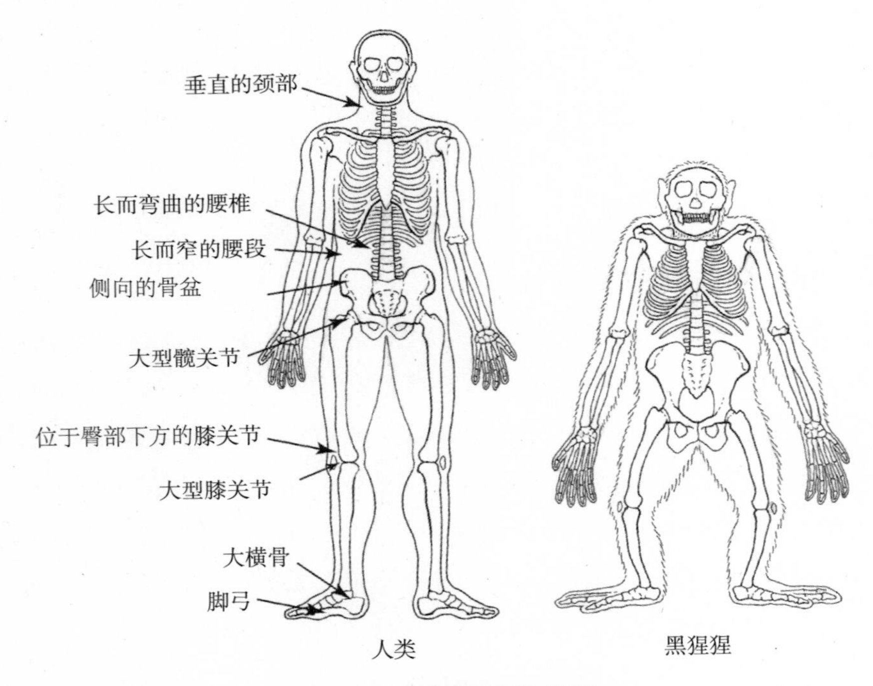

图 1-3　人类与黑猩猩的对比图

由人类与黑猩猩的对比图可以看出人类在直立站立和行走方面的一些改变。

然而，如果阿尔迪在这些古人类中具有代表性的话，那么他们仍然保留了许多用于爬树的古老特征。我们正在努力试图准确重现阿尔迪和其他早期古人类不爬树的行走方式，但毫无疑问的是，他们行走的方式与你我有很大不同，更像是某种猿类。这种类型的早期两足动物可能采用了关键性的中间形态直立行走方式，为后来更现代的步态奠定了基础，这种方式的形成可能是通过至今还留在我们身体中的一些改变达到的。

在两足动物的这些关键改变中，首先是髋部形状的变化。如果观察直立行走的黑猩猩，可以看到它的两腿分得很开，上身左右摇晃，就像一个走路不稳的醉汉。相比之下，清醒的人行走时，躯干的晃动几乎是不可察觉的，这意味着我们可以把大部分能量用来向前移动，而不是用来稳定上身。

我们的步态比黑猩猩更稳定，主要是因为骨盆的形状发生了一个简单的改变。如图 1–3 所示，在猿类中，构成骨盆的宽大髂骨很高，且面向后方，而在人体中，髋部的这一部分很短，且面向侧方。这种侧向的位置对两足动物来说是一种关键性的改变，因为这样一来，在行走时只有一条腿支撑的情况下，髋部侧面的臀小肌也能使上身在一条腿的支撑下保持稳定。你可以用一条腿站立尽可能长的时间，同时还能保持躯干直立，这就能证明这种改变的存在。你可以马上试一试！一两分钟后，你就会感觉到这些肌肉的疲劳。黑猩猩不能通过这种方式站立或行走，因为它们的髋部面向后方，于是同样的肌肉只会把它们的腿往后拉伸。当黑猩猩的一条腿着地时，它只有把它的躯干向这条腿倾斜，才能避免向侧方跌倒。但阿尔迪不是这样的。虽然阿尔迪的骨盆已经被严重破坏，需要大面积重建，但看起来她的髂骨比较短，而且面向侧方，就像人一样。另外，图根原人的股骨具有特别粗大的髋关节，股骨颈很长，股骨干上半部很宽，这些特征使其臀部的肌肉能在行走时高效地稳定躯干，承受行走动作带来的较大的侧向弯曲力。这些特征告诉我们，最早的古人类行走时已经不会左右摇晃了。

两足动物的另一个重要改变是 S 形脊柱的形成。像其他四足动物一样，猿类的脊柱略微向前弯曲（前面略凹），因此当它们直立站立时，躯干会自然前倾。其结果是，猿类的躯干位于髋部前方，不够稳定。与此相反，人类的脊柱有两对曲线。人类的腰椎比猿类多，猿类通常有三个或四个，而人类通常有五个，其中有几个为顶面与底面并不平行的楔形。正如楔形的石头使得建筑师能够建造出桥梁这样的拱形结构，楔形的脊椎使得脊柱下段在骨盆之上向内弯曲，把躯干稳定在了髋部之上。人类的胸椎和颈椎在脊柱上段另外形成更柔和的弯曲，使得上颈部从颅骨向下，而不是向后延伸。

尽管我们还没有找到任何早期古人类的腰椎，但阿尔迪的骨盆形状显示，她的脊柱腰段较长。乍得沙赫人的颅骨形状提供了更有说服力的线索，显示他们拥有了适合两足行走的S形脊柱。黑猩猩和其他猿类的颈部与头部相接的部位接近其颅骨的后部，角度接近水平，而图迈的颅骨（见图1-2）完整程度让我们有足够的信心来推测，当他站立或行走时，他的上颈部是接近垂直的。只有图迈的脊柱在脊柱下段、颈部，或两个位置都有向后的弯曲时，这种结构才有可能出现。

然而，在早期古人类中出现的对直立行走使人体发生的更关键的改变在脚部。人类行走时通常先是用脚跟着地，当脚的其他部分与地面接触时，我们的脚弓会绷紧，使我们能够在每一步结束时，用大脚趾将身体向上向前推进。人类足弓的形状是由脚部骨骼的形状以及许多韧带和肌肉的性状决定的，这些韧带和肌肉像吊桥的缆绳一样负责固定骨骼，并在脚跟离开地面时收缩，但每个人的收缩程度不同。此外，人类脚趾和脚的其余部分之间的关节面非常圆滑，并且略微向上，得以帮助我们在蹬离地面时把脚趾弯曲成一个极端的角度。黑猩猩和其他猿类的脚没有足弓，使它们无法绷紧脚部蹬离地面，它们的脚趾也不能像人类一样伸展。

更重要的是，阿尔迪的脚部保留着中间部分绷紧的一些痕迹，她的脚趾关节能在每一步结束时向上弯曲。阿尔迪的化石旁边还有一个较年轻的脚骨残片，可能属于同一属。这些特征说明，阿尔迪的脚与黑猩猩不同，而与人类相似，在直立行走时能够形成有效的推进。

我刚刚总结的早期古人类两足行走的证据确实令人震撼，但坦率地说，这些证据还远远不够。关于这些物种如何站立、行走和奔跑的问题，还有很多我们不知道的事实。关于阿尔迪的骨骼我们获得的还太少，而关于乍得沙赫人和图根原人我们几乎一无所知。尽管如此，已有足够的证据显示，这些古老物种的站立和行走方式很大程度上与你我不同，因为他们仍然保留了一些适合爬树的古老特征。例如，阿尔迪脚部的大脚趾肌肉发达，且向侧方分开，非常适合抓握树枝或树干。她的其他脚趾长而弯曲，踝关节略向内倾斜。这些适合于攀爬的特点，使她的脚在功能上与现代人的脚有着明显的区别。行走时，她使用脚的方式更像是一只黑猩猩，体重落在脚的外侧，而不是像人一样滚动式推进。阿尔迪的腿也比较短，如果她用脚的外侧行走，那么她的步幅可能比今天的人要宽。也许她的膝盖也会略微弯曲。正如你可能想到的那样，有很多阿尔迪的上半身的证据显示其拥有爬树的能力，比如前臂修长、肌肉发达、手指长而弯曲。

撇开细节不谈，最早的古人类出现时的整体画面是这样的：当他们在地面上时，他们肯定不是四足动物；当他们不爬树时，他们是偶然性的两足动物，虽然也能直立站立和行走，但方式与现代人类不同。他们迈步的效率不如现代人类，但他们直立行走的效率和稳定性可能比黑猩猩或大猩猩要高。这些古代的祖先也善于攀爬，他们的大部分时间可能是在树上度过的。

如果我们能观察到他们爬树的样子，我们很可能会惊叹于他们在大树枝上奔跑以及从一根树枝上跳到另一根树枝上的能力，但他们可能已经不如黑猩猩那么敏捷了。如果我们能观察到他们行走的样子，可能会觉得他们的步态略显奇怪，因为他们都长着长而稍微内倾的脚，迈着短小的步伐在走路。人们很容易想象他们的姿态像直立的黑猩猩或醉酒的人那样，双腿不稳，左右摇晃，但其实很可能不是这样的。我推测他们可能很擅长行走和攀爬，只不过他们行走和攀爬的方式自成一派，不同于现存的任何动物。

饮食差异

动物四处活动有很多原因，其中包括躲避捕食者和战斗，但它们行走或奔跑的一个更主要的原因是觅食。因此，在考虑为什么会进化出两足动物之前，我们需要重点探讨另外一系列特点，这些特点都与食物有关，使早期古人类与其他灵长类区别开来的正是食物。

在大多数情况下，最早的古人类，如图迈和阿尔迪，都长着类似猿类的面孔和牙齿，这说明他们吃的食物与猿类类似，以成熟的果实为主。例如，他们有着铲子形状的宽门牙，非常适合咬果子，就像我们吃苹果那样。他们的臼齿齿尖很低，形状极其适合研磨富含纤维的果肉。然而，有几个微妙的细节显示，人类谱系的这些早期成员与黑猩猩相比，对于吃果实以外的低质量食物，要稍微适应得好一点。其中有一个区别是，古人类的臼齿比黑猩猩和大猩猩这些猿类的要大一些，还要厚一些。

更大、更厚的臼齿能更好地咬碎更坚硬、更紧实的食物，如植物的茎和叶。其次，阿尔迪和图迈的口鼻没有那么突出，因为他们的颧骨稍微靠前，面部也更垂直。这样的结构使得咀嚼肌在其位置上可以产生更强的咬合力，咬碎更紧实、更坚硬的食物。最后，早期男性古人类的犬齿（尖牙）与雄性黑猩猩的相比，更小、更短，而且不那么像匕首的形状。虽然有些研究者认为，男性犬齿较小说明男性之间互相战斗的机会较少，但另一种解释显然更令人信服：较小的犬齿是为了帮助他们咀嚼更紧实、更富含纤维的食物而发生的改变。

综合考虑所有证据，我们可以颇为自信地推测：早期古人类可能会尽他们所能去吃果实，但自然选择倾向于将那些不那么讨人喜欢的、紧实的、富含纤维的食物保存在人类的食物结构中，如植物的木质茎部，需要多次用力咀嚼才能咬碎。这些与饮食相关的差异非常微妙。然而，当我们考虑这些与饮食相关的特征时，再结合我们所知的运动特征和生活环境，我们就能假设：为什么早期古人类会变成两足行走，从而把人类谱系引上一条不同于猿类表亲的进化道路？

为什么会两足行走

柏拉图曾经把人类定义为无毛的两足动物，估计是因为他还不知道恐龙、袋鼠和猫鼬。事实上，人类是仅存的跨步行走、无毛、无尾的两足动物。用两条腿摇晃着行走的特征只在几种动物身上表现了出来，并且再没有其他两足动物与人类相近，这就很难评价古人类直立行走的习性有何相对的优点和缺点。如果古人类的两足行走很特殊，那为什么会进化出来呢？这种奇怪的站立和行走方式如何影响了古人类身体的后续进化和改变呢？

至于自然选择为什么偏爱两足动物的那些改变，我们可能永远不会知道确切的答案，但我认为，现有的证据最能够支持这样一种观点：在人类和黑猩猩的谱系分化时，出现了重大的气候变化，为了帮助早期古人类更有效地采摘和获取食物，直立站立和行走才作为一种常规特征被自然选择保留了下来。

在今天，气候变化是一个能引起强烈兴趣的话题，因为有证据显示，人类燃烧大量化石燃料使得地球变暖了，而气候变化在人类的进化过程中始终是一个重要的影响因素，在人类从猿类中分化出来的那段时期亦然。图 1-4 显示了过去 1 000 万年中地球上的海洋温度变化情况。可以看到，距今 1 000 万～ 500 万年前，整个地球气候变冷的幅度相当大。这种变冷过程历时上百万年，其间不断伴随着变暖和变冷的波动，导致非洲地区雨林萎缩和林地栖息地扩大。

现在想象你自己是这一时期最后的共同祖先，即体型大、以果实为食的猿类。如果你生活在雨林的中心，那你可能不会注意到有太大区别，但是如果你住在森林的边缘，那么很不幸，这种变化肯定会给你带来巨大压力。因为你周围的森林在萎缩，变成了小树林；你爱吃的成熟果实不那么丰富了，而是变得更分散，更具季节性。这些变化有时会让你不得不走到更远的地方，才能获得与以前数量相同的食物；你会更多地食用后备食物，这些食物数量丰富，但质量却不如成熟果实那样的首选食物。黑猩猩的典型后备食物包括富含纤维的植物茎叶以及各种草类。气候变化的证据表明，最早的古人类比黑猩猩更经常、更强烈地需要寻找并食用这些后备食物。也许他们与红毛猩猩更相似，后者的栖息地不像黑猩猩的栖息地那样富饶，这就迫使它们不得不去吃较紧实的茎，甚至在找不到果实时还要吃树皮。

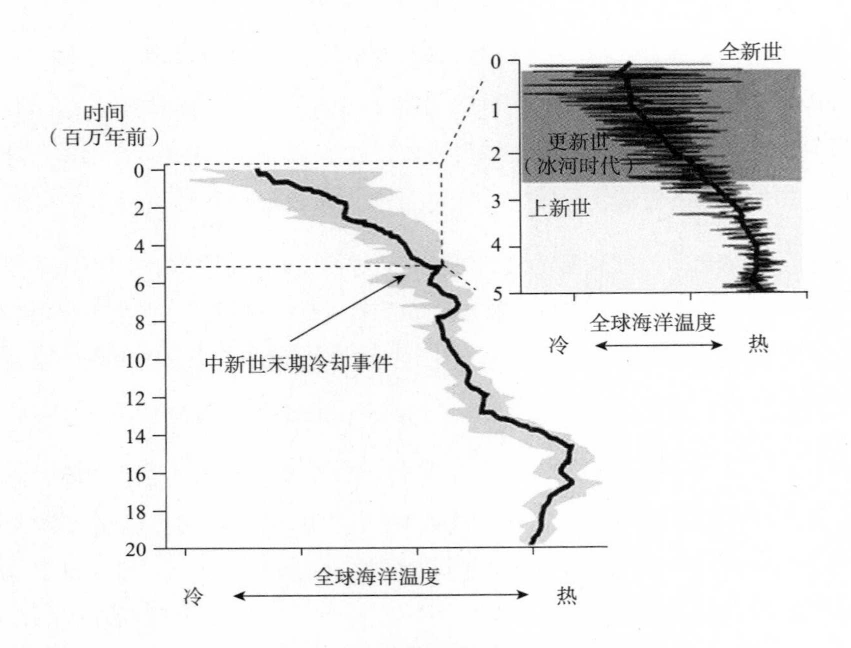

图 1-4 人类进化过程中的气候变化

左图描述了过去 2 000 万年来全球海洋温度下降的情况，在人类与黑猩猩谱系分化的时候发生了一次显著的变冷事件。右侧将此图放大，突出了最近 500 万年的情况。中间线显示的是平均温度，是许多大幅度快速波动（由图中的锯齿状线表示）的平均值，尤其值得注意的是冰河时期开始时的显著变冷。

俗话说，“艰难之路，唯坚强者行之”，自然选择作用最强的时候不是在物质丰富之时，而是在物质缺乏、压力陡增之时。如果像我们认为的那样，最后的共同祖先是一种生活在雨林中，主要以果实为食的猿类，那么自然选择就会倾向于保存我们在图迈和阿尔迪这些极早期古人类身上见到的两种主要变化。第一个变化是古人类的臼齿较大、较厚，能更用力地咀嚼，这样就能更好地消化紧实而富含纤维的后备食物。第二个变化更大，即两足行走；两足行走作为对气候变化的适应可能有点让人难以理解，但基于几点理由，它可能从长期来说更加重要，其中一个理由可能会令你吃惊。

两足行走的第一个明显优势是，双脚站立可以更易于采摘某些果实。以红毛猩猩为例，它们在树上吃东西时，有时是近乎直立地站在树枝上，膝盖伸直，一手至少抓住一根树枝，另一手则用于摘取晃晃悠悠垂下来的食物。黑猩猩和一些猴子在吃低垂下来的浆果和果子时，也会以相似的方式站立。因此，两足行走最初可能是一种姿势的适应。可能是由于在食物获取方面存在激烈竞争，能够更好地直立站立的早期古人类在食物贫乏的季节能采摘到比较多的食物。在这种情况下，早期古人类由于髋关节更面向侧方以及其他有助于保持直立的特征，可能使他们在直立时比其他种系更具优势，因为他们消耗的能量较少，能节省更多体力，并且站得更稳。同样，能更有效地直立站立和行走，可能有助于古人类携带更多的果实，就像黑猩猩在竞争激烈时所做的那样。

两足行走的第二个优势更令人惊讶，可能也更重要，那就是用两条腿走路可以帮助早期古人类在迁徙时节约能量。最后的共同祖先可能是用指背行走的，指背行走绝对是一种奇特的四肢行走方式，并且也是一种很消耗能量的方式。在实验室研究中，研究人员引诱黑猩猩戴着氧气面罩在跑步机上行走，发现这些猿类行走同样距离所消耗的能量是人类的 4 倍。4 倍！如此显著的差异，是因为黑猩猩腿短，并且它们行走时会左右摇摆，髋关节和膝关节都是弯曲的。其结果是，黑猩猩需要不断耗费大量能量来收缩其背部、髋部及大腿肌肉，以防止栽跟头或摔倒在地。

不足为奇的是，黑猩猩行走的距离相对较短，一天只走 2 ～ 3 千米。消耗等量能量的情况下，人类可以行走 8 ～ 12 千米。因此，如果早期古人类两足行走时姿态稳定，并且髋关节和膝关节较直，那么与其他用指背行走的表亲相比，就会在能量上获得优势。当雨林面积萎缩，分布零散，且对外更为开放，导致猿类喜欢的食物变得越来越稀少和分散时，能够用等量的能量走得更远就成了一个非常有益的适应。不过请记住，虽然人类两条腿走路的方式比黑猩猩的指背行走经济得多，但是最早的古人类的行走效率可能只比黑猩猩高一点，与后期的古人类相比优势并不明显。

还有假说认为，其他选择压力也有利于最早的古人类进化为两足行走。根据假设，直立行走的其他优势包括：提高制作和使用工具的能力；在较高的草丛中一览无余；可以涉水过溪，甚至还可以游泳。这些假设无一经得起仔细推敲。在两足行走进化出来之后又过了数百万年,最古老的石制工具才开始出现。此外，猿类也有能力站立起来涉水和张望，并且它们也的确会这样做；而要让我们相信人类能够很好地适应游泳，无论是能量消耗方面还是速度方面，都需要很强的想象力。在非洲的一些湖泊或河流中待上一段时间只能保证我们会成为鳄鱼口中的美食。

另外一种长期存在的观点是，进化过程最初选择两足行走是为了便于古人类携带食物，也许这样男性就能供养女性，就像现在的原始狩猎采集部族的男性所做的那样。事实上，这种观点的其中一种表述是：两足行走的进化是为了让男性能用食物向女性换取性关系。这个观点看起来很刺激，尤其是考虑到人类女性与雌性黑猩猩不同，在排卵时不会发出明显的信号。

但是有几个原因使得这个假说并不是那么令人信服，其中相当重要的一个原因是，人类女性经常供养男性。此外，我们还不知道早期古人类男性身材比女性高大多少，但是在后期的古人类中，男性身材约比女性高大 50%。这种两性之间的身材差异与男性彼此之间的激烈竞争有很强的相关性，男性通过这种竞争来获得针对女性的性权利，而不是以合作和食物分享的方式来拉拢女性。

简而言之，许多证据显示，气候变化促使两足行走成为自然选择青睐的特征，这样才能在吃不到果实的时候，提高早期古人类获取备用食物的能力。我们还需要更多的证据来完全验证这种假说，但无论其原因如何，转变为直立站立和行走，是人类进化过程中的第一次重大变革。但是为什么说两足行走对于人类进化过程中后来发生的事情有着重大的意义呢？是什么使它成为一种在根本上如此重要的适应呢？

两足行走为什么重要

我们周围的有形世界通常表现得如此正常、如此自然，因而那种认为“我们所感觉到的万事皆有目的，万事皆由设计，万事本该如此”的假设甚是诱人，有时甚至令人感到欣慰。这种思维方式会让人相信，人类就像天空中的月亮和万有引力定律一样具有确定性。虽然两足行走的选择在人类进化的第一阶段发挥了初始的、根本性的作用，但它所出现的偶然性环境则突显出其产生不是必然的。如果早期的人类没有成为两足动物，那么就不会有后来那样的进化过程，你也很可能不会读到这段文字了。此外，最初进化出两足行走是由于一系列不太可能的事件促成的，所有这些事件都取决于较早些的环境，是因为世界气候的偶然变化而改变的。如果指背行走、吃果实为生的猿类祖先没有进化到在非洲雨林里生活，那么两足行走的古人类就既不能也不会进化出来。此外，如果数百万年前地球没有明显变冷，那么倾向于这些猿类出现两足行走的条件可能就不复存在。人类的出现是掷了很多轮骰子的结果。

无论结果如何，惯于双腿站立和行走是不是点燃了人类进化过程中后期发展的火花呢？在某些方面，我们在阿尔迪及其伙伴身上看到的中间状态的两足行走，似乎不太可能导致其后的发展。正如我们看到的那样，最早的古人类在许多方面与他们的非洲猿类表亲相似，主要的不同就是直立站立在地面上。如果现在我们发现了一支活着的极早期古人类遗族，我们更有可能把他们送去动物园，而不是寄宿学校，因为他们的脑容量太小，仅和黑猩猩差不多。

达尔文在这方面有着先见之明，他在 1871 年推测，在使人类不同于其他动物的所有特征中，首先使人类谱系脱离其他猿类而走上独立进化之路的，正是两足行走，而不是较大的脑容量、使用语言或工具。达尔文的理由是，两足行走首先将双手从行走中解放了出来，使得自然选择能进一步筛选出其他能力，如制造和使用工具。反过来，这些功能选择了更大的脑容量、语言和其他认知技能，这些特征使得人类变得如此出众，尽管在速度、力量和运动技能方面表现得并不出色。

达尔文似乎是正确的，但他的假说有一个问题，那就是他没有解释自然选择一开始如何选中了两足行走以及为什么这样选择，他也没能解释为什么在解放双手后又选择了工具制造、认知功能及语言。毕竟，袋鼠和恐龙的双手也没有被占用，但它们并没有进化出较大的脑容量和制造工具的能力。这种观点导致达尔文的许多后继者认为，引领人类进化的是较大的脑容量，而不是两足行走。

100 多年后的今天，对于两足行走最初是如何进化的及其进化原因，以及为什么这种转变如此重要并导致了重大的后果，我们有了更好的理解。正如我们看到的那样，最早的两足动物用双足站立并不是为了解放双手；相反，他们转变为直立行走可能是为了更有效率地采集食物并减少行走时的能量消耗，前提是如果最后的共同祖先是用指背行走的话。从这方面来看，两足行走可能是在非洲气候变冷时，热爱果实的猿类为了在较开放的栖息地更好地生存而采取的一种权宜性适应。此外，习惯性两足行走的进化并不需要身体立即发生急剧的转变。

尽管哺乳动物很少有惯于用双腿站立的，但是那些使古人类有效地用两足行走的解剖特征实际上只是一些轻微的改变，这显然是受到了自然选择的作用。以腰部为例，在任何黑猩猩群体中，你都会发现其中大约一半有三截腰椎、另一半有四截腰椎，由于遗传基因变异，极少数有五截。如果拥有五截腰椎使得几百万年前的一些猿类在站立和行走时更有优势，那么它们就更有可能将这种变异传给后代。同样的选择过程必然也适用于改善最后的共同祖先两足行走能力的其他有利特征，比如腰椎的楔形特征、髋部的方向以及脚部绷紧的特征。我们并不知道最后的共同祖先群体转变为最早的两足古人类花了多少时间，但只有当早期的中间阶段物种获得了某种好处，这种转变才有可能发生。换句话说，最早的古人类肯定是由于在直立站立或行走方面取得了一些进步，才稍微获得了一些生殖优势。

改变总是会产生新的可能性和新的挑战。两足行走的特征一旦进化出来，它就为进一步进化改变的发生创造了新的条件。达尔文当然理解这种逻辑，但他对两足动物如何引发进一步进化改变的思考主要关注的是优势，而不是其劣势。是的，两足行走的确解放了双手，为基于工具制造的进一步自然选择奠定了基础。但这些后来的选择性变化放在数百万年的时间尺度中来说似乎并不重要，并且它们也不是解放了一对肢体之后的必然结果。达尔文没有多加考虑的问题是，两足行走也给古人类带来了新的重大挑战。我们已经如此习惯于两足行走，这看起来是如此正常，以至于我们有时会忘记这可能是一种颇有问题的运动模式。最终，这些挑战对于人类进化过程中后来发生的事件来说，与其优势具有同等的重要性。

两足行走的一个主要缺点出现于应对怀孕时。无论是有着四条腿还是两条腿的怀孕的哺乳动物，都必须负担不少额外体重，这些体重不但来自胎儿，也来自胎盘和额外的液体。足月妊娠时，人类孕妇的体重增加多达七千克。但不同于怀孕的四足动物，这个额外的重量使得人类孕妇有了摔倒的倾向，因为她的重心落在了髋部和脚的前方。任何怀孕的准妈妈都会告诉你，她怀孕期间走路不太稳，也不太舒服，她的背部肌肉必须更多地收缩，这种状态也很疲劳，或者必须使身体向后，把重心移回到髋部上方。

尽管这种特征性的姿势可以节约能量，但它给下背部的腰椎带来了额外的剪应力，因为腰椎要极力避免彼此之间的滑动。因此，腰背痛是折磨人类母亲的一个常见问题。然而我们也可以看到，自然选择帮助了古人类来应对这额外的负担，其方式是增加楔形椎体的数量：女性有三截，男性有两截，女性的腰椎下段呈现弧形。这个额外的弯曲减轻了脊椎的剪应力。自然选择也青睐于腰椎关节得到加强的女性，以便承受这些压力。如你所料，为了应对怀孕两足动物面临的独特问题而产生的这些改变非常古老，可见于目前为止发现的最古老的古人类脊柱中。

两足行走带来的另一个劣势是速度的损失。当早期古人类采用两足行走时，他们就放弃了四足驰骋的能力。根据一些保守的估计，不能四足奔跑使我们的早期祖先快跑时的速度大约只有一般猿类的一半。此外，双肢远不如四肢稳定，因此奔跑时也很难快速转身。食肉动物，如狮子、豹和剑齿虎很可能会大肆猎食古人类，这使得我们的祖先进入开阔的栖息地要冒着极大的风险，风险大到甚至有可能全部被灭绝，也就谈不上我们这些后代了。两足行走可能也限制了早期古人类敏捷爬树的能力。尽管很难肯定，但早期两足动物很可能无法像黑猩猩那样，在树林中蹿跃猎食。放弃了速度、力量和敏捷性，也为自然选择提供了条件，最终在几百万年后使我们的祖先成了工具制造者和耐力跑选手。两足行走也导致了人类常见的其他典型问题，如脚踝扭伤、腰背痛、膝关节问题等。

尽管两足行走有很多劣势，但直立行走和站立的好处一定是在每个进化阶段都超过了其代价的。显而易见的是，早期古人类曾经在非洲的一些地区艰难跋涉，寻找果实和其他食物，尽管他们在地面上缺乏速度和敏捷性。这些古人类可能还相当擅长爬树，而且据我们所知，他们的总体生活方式延续了至少 200 万年。但是接下来发生于约 400 万年前的一次爆发式进化，产生了一些不同的古人类，他们被统称为“南方古猿亚科”。南方古猿亚科的重要性不仅在于他们证明了两足行走的最初成功及其带来的重要意义，还因为他们为以后更具革命性、进一步改变人类身体的变化奠定了基础。

THE STORY OF THE HUMAN BODY

02

南方古猿

如何让我们不再完全依赖野果

最早的古人类可能偶尔才会食用植物叶子、根茎、草本植物或树皮，但这种食物多样化的趋势在400万年前大大加快了，因为随着开阔林地和草原栖息地面积的扩大，可吃的野果越来越少。“果子危机”对这些被称为“南方古猿亚科”的人类祖先产生了强大的选择压力，他们的牙齿和面部为了咀嚼坚硬、有韧性的食物也发生了适应性改变。

> 自夏娃偷食禁果，人们开始更多地靠饭生存。
>
> ——乔治 · 戈登 · 拜伦，《唐璜》

像我一样，你吃的食物可能大多都是经过高度加工的精制食品，水果只占一小部分。如果把你实际花在咀嚼上的时间加起来，每天总计不到半小时。这对猿类来说是非常奇怪的。每一天，从黎明到黄昏，一只黑猩猩清醒的时间中，有将近一半在像一位纯天然素食人士那样咀嚼着。黑猩猩通常会吃森林野果，如野生无花果、野葡萄和棕榈果，虽然那些野果没有一种像你我享用的香蕉、苹果或橙子这些人工种植水果这么香甜且容易咀嚼。相反，它们还略有苦味，甜味还比不上胡萝卜，富含纤维，有着坚硬的外皮。为了从它们整天吃的这些果实中获得足够的热量，黑猩猩的食量非常大，有时一小时内要吃1 000克，然后等上大约两小时，在胃排空后，又开始狼吞虎咽。当食物不那么丰富的时候，黑猩猩和其他猿类有时还必须去吃质量较低的食物，比如叶子和粗糙的茎。我们从何时起，又是出于什么原因不再把一天里的大多数时间用在吃果子上？对不同食物的适应如何影响了我们身体的进化？

对主要果实以外的食物产生适应，是人体进化故事中第二次重大转变的核心。正如我们看到的那样，最早的古人类可能偶然需要吃叶子，但这种食物多样化的趋势在他们的后代中大大加快了（距今约 400 万年）。他们的这些后代是一群令人困惑的物种，被非正式地称为“南方古猿亚科”，这样命名是因为其中许多属于南方古猿属。我们这些种类多样、令人着迷的祖先在人类进化过程中占据着特殊地位，因为他们填饱自己肚子的努力改变了我们对环境的适应，这些改变在我们现在每次照镜子时仍然显而易见。

这些转变中最明显的是牙齿和面部的变化。为了咀嚼坚硬有韧性的食物，古人类的牙齿和面部发生了适应性改变。更重要的是，将采集食物的范围扩大到远处，使得古人类更习惯于高效地长距离行走。而所有这些变化超过了我们在阿尔迪和其他更早的古人类身上见到的。这些适应性改变很大程度上是由气候变化带来的迫切需要推动的，它们的结合具有重要意义。这些改变为几百万年后人属的进化以及人体的许多重要特征奠定了基础。如果没有南方古猿亚科，现代人类的身体将会大不相同，我们很可能会在树上待更长的时间，大多数时候都在大嚼果子。

320 万年前的露西

南方古猿亚科于距今 400 万～ 100 万年之间生活在非洲，因为有关他们遗骸的化石记录比较丰富，所以我们对他们知之甚多。当然，其中最著名的化石是一位名叫露西的充满魅力的女孩，露西是 320 万年前生活在埃塞俄比亚的一位身材矮小的女性。不幸的是，露西死在一片沼泽中，并很快被沼泽淹没，这使得她的骨骼有超过 1/3 的部分被保存了下来，这对我们来说又是幸运的。露西只是名为南方古猿阿法种的物种留下的数百个化石中的一个，这个物种于 400 万～ 300 万年前生活在非洲东部。同样，南方古猿阿法种也只是南方古猿亚科包含的多个不同物种里的其中一种。

现在的人科只有一个现存物种——智人，但曾经有过几个物种生活在同一时期，南方古猿亚科是其中物种特别多的一类。为了让你快速认识这些亲戚，我在表 2-1 中总结了他们的基本细节。

表 2-1　各类早期人种

	物种	时间 /百万年前	发现地	大脑尺寸 /cm^3	体重 /kg
早期	乍得沙赫人	7.2～6.0	乍得湖	360	?
	图根原人	6	肯尼亚	?	?
	地猿始祖	5.8～4.3	埃塞俄比亚	?	?
	拉密达地猿	4.4	埃塞俄比亚	280～350	30～50
纤细型南方古猿	南方古猿湖畔种	4.2～3.9	肯尼亚、埃塞俄比亚	?	?
	南方古猿阿法种	3.9～3.0	坦桑尼亚、肯尼亚、埃塞俄比亚	400～550	25～50
	南方古猿非洲种	3.0～2.0	南非	400～560	30～40
	南方古猿源泉种	2.0～1.8	南非	420～450	?
	格里南方古猿	2.5	埃塞俄比亚	450	?
	肯尼亚平脸人	3.5～3.2	肯尼亚	400～450	?
粗壮型南方古猿	南方古猿庞猪种	2.7～2.3	肯尼亚、埃塞俄比亚	410	?
	南方古猿鲍氏种	2.3～1.3	坦桑尼亚、肯尼亚、埃塞俄比亚	400～550	34～50
	南方古猿粗壮种	2.0～1.5	南非	450～530	32～40

请记住，这些物种中有几种只是通过一些化石标本才为人们所知，因此古生物学家对于如何定义他们并没有完全达成一致意见。由于不确定性和物种之间的差异，认识不同种南方古猿的一个较好办法就是将他们大致划分成两类：牙齿较小的纤细型和牙齿较大的粗壮型。纤细型南方古猿中最著名的是来自非洲东部的南方古猿阿法种以及来自非洲南部的南方古猿非洲种和南方古猿源泉种。粗壮型南方古猿中最著名的是来自非洲东部和南部的南方古猿鲍氏种和南方古猿粗壮种。图 2-1 显示了这些物种其中几个的可能外形。

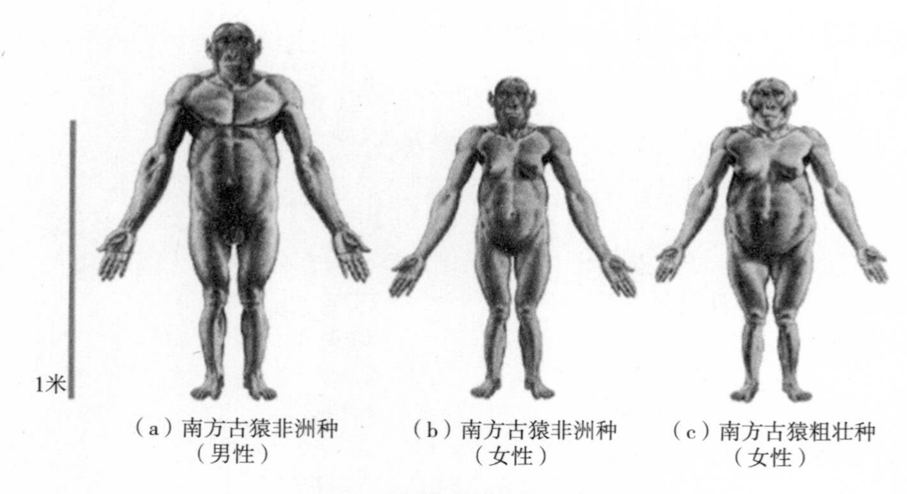

图 2-1　两个南方古猿物种的重建

（a）和（b）分别是男性和女性南方古猿非洲种；（c）是一个女性南方古猿粗壮种。值得注意的是他们相对较长的手臂、较短的腿部、粗壮的腰部和宽大的脸庞。

在这里我们先不去管他们的名称和年代，而是对比一下他们的一般外形以及他们表现出来的一些差异。我们如果有幸看到他们，第一印象可能是：他们是直立行走的猿类。从体型上看，他们更像黑猩猩，而不是更像人类：女性平均身高为 1.1 米，体重在 28 ～ 35 千克之间，而男性平均身高是 1.4 米，体重在 40 ～ 50 千克之间。例如，露西的体重略低于 29 千克，但同一物种中的一名男性（昵称为卡达奴姆，意为“大男人”）的不完全骨骼重约 55 千克。这意味着男性南方古猿的体型要比女性大 50% 左右，这样的体型差异在大猩猩或狒狒这些物种中很常见，它们中的雄性经常需要通过搏斗才能获得亲近雌性的机会。

南方古猿的头部也与猿类相似，脑容量小，仅比黑猩猩略大，并保留了口鼻部较长和眉脊粗大的特点。像黑猩猩一样，南方古猿的腿相对较短，手臂相对较长，但他们的脚趾和手指既不像黑猩猩那么长而弯曲，也不像人类那样短而直。他们的手臂和肩膀很强壮，适合爬树。最后，如果能像珍·古道尔（Jane Coodall）那样对他们观察上几年，我们就会发现，南方古猿的生长和繁殖速度也与猿类相近:他们进入成年期需要大约 12 年时间，女性每 5 ～ 6 年生育一次。

然而，南方古猿在其他方面不仅不同于猿类，而且与前文讨论的最早的人族也不完全相同。一个非常明显而重要的差异是，他们吃的东西不同。虽然个体之间差异非常大，但南方古猿总体上吃的水果可能要少得多，相反更加依赖植物块茎、种子、茎秆，以及其他坚硬有韧性的食物。这一推断的关键证据是他们的身体上存在许多适应大量咀嚼的适应性改变。

与推测的祖先相比，如地猿，南方古猿的牙齿更大，下颌更宽，面部也更宽更长，颧骨前突非常明显，并有粗大的咀嚼肌。但这些特点在不同物种之间存在很大差异，在三种粗壮型南方古猿中特别突出：南方古猿鲍氏种、南方古猿粗壮种、南方古猿庞猪种。大致来说，这些粗壮型的物种相当于人族中的牛。例如，最具特征性的粗壮型南方古猿——南方古猿鲍氏种，他们的臼齿是现代人的两倍大，颧骨又宽又高，向前突出，使他们的脸看上去像个汤盘，他们的咀嚼肌有牛排大小。玛丽·利基（Mary Leakey）和路易斯·利基（Louis Leakey）[①]夫妇二人于 1959 年首次发现这个物种后，人们对他们的“重量级”下颌印象深刻，因此给他们发现的鲍氏种男子起了个绰号叫“胡桃夹男子”。就其他解剖特征而言，这些粗壮型南方古猿与他们那些纤细的表亲看起来差别不大。

南方古猿还有一个独特且存在变异的特征值得我们思考，那就是他们的行走方式。与阿尔迪和其他最早的人族一样，他们是靠两足行走的，但某些类型的南方古猿由于拥有许多与我们相同的特征，比如宽阔的髋部、坚硬且部分呈弓形的脚部、与其他脚趾长度接近一致的短粗的大脚趾，所以走起路来大步流星，更接近现代人类一些。南方古猿两足行走的确凿证据来自“拉多里脚印”，

① “利基”这个姓氏就是人类起源研究的代名词。利基夫妇的儿子理查德·利基作为“古人类学第一家族”的第二代成员，做出了不亚于其父母的伟大成就。由他撰写的《人类的起源》是人类进化史领域不可不读的经典之作，该书中文简体字版已由湛庐引进，浙江人民出版社于 2019 年出版。——编者注

这串脚印是由几个南方古猿约在 360 万年前留下的，包括男人、女人和孩子，当时他们正在穿过坦桑尼亚北部一片潮湿的火山灰平原。这些脚印以及他们的骨骼中保存的一些其他线索显示，如南方古猿阿法种这样的南方古猿物种已经惯于高效地直立行走了。然而，其他南方古猿物种，如南方古猿源泉种，可能更适合爬树，行走时更多依靠脚的外沿，步伐也较小。

南方古猿到底是怎么进化而来的？为什么会有这么多不同的物种？它们之间有什么不同？最重要的是，这些物种在人类身体的进化过程中起了什么作用？这些问题的答案往往与非洲气候不断变化时持续存在的觅食难题有关。

第一次吃垃圾食品

现代人类的生活方式与我们的祖先相比有许多不同寻常的地方，尤其是当我们问“今天吃什么”时，我们拥有大量营养丰富的食物，我们拥有着前所未有的食物选择权。然而，我们的祖先南方古猿像其他动物一样，只能吃他们所能找到的食物。他们不是生活在祖辈乐居的结满果实的森林，而是生活在树木稀疏的开阔地带。更糟的是，在他们生活的地质时期，即距今 530 万～ 260 万年前的上新世，地球开始变冷，非洲变得更加干燥。虽然这些变化是断断续续的（见图 1-4 中的锯齿状曲线），但总体趋势是开阔林地和草原栖息地面积扩大，可以吃的水果越来越少，分布也越来越分散。水果危机无疑对南方古猿造成了强大的选择压力，对那些获取其他食物能力较强的个体则较为有利。

南方古猿（其中一些物种比其他物种更明显）被迫需要经常搜寻次选食物，即在得不到首选食物时可以吃的其他食物。现代人类在罕见的情况下仍然会吃次选食物。在中世纪，整个欧洲都不得不食用橡子；在 1944 年冬季的大饥荒中，很多荷兰人不得不食用郁金香球茎才能避免被饿死。正如我们已经看到的那样，猿类也有次选食物：当找不到成熟水果时，它们只能吃植物叶子、茎秆、草本植物或树皮。次选食物的一个重要特点在于，吃或不吃可能意味着生死之别，因此，自然选择倾向于对那些有助于动物食用次选食物的适应性改变产生强烈影响。我们常说“人如其食”，但按照进化的逻辑，有时候其实是“人如其不食”。

露西和其他南方古猿选的次选食物是什么呢？又有什么证据能证明，这种对食物的自然选择，对他们身体的进化产生了显著影响呢？这些问题不可能得到确切的答案，但我们可以做出一些合理的推断。首先，有证据显示，南方古猿的栖息地有一些果树，他们在能得到水果时很可能就会吃水果，就像今天生活在热带仍通过采集获取食物的人类一样。因此他们的骨骼保留了一些适应于爬树的特点就不令人惊讶了，比如长长的手臂和长而弯曲的手指。他们的牙齿也有很多特点常见于吃水果的猿类，包括宽阔而稍稍前倾的上门齿（有利于剥水果皮）以及宽大的臼齿（臼尖较短，有利于挤碎果浆）。

然而，在林地这样的栖息地中，果树的密度远低于雨林，且水果往往有季节性的特点。几乎可以肯定的是，在一年中的某些时间，南方古猿面临着水果短缺问题，这些短缺在干旱年份会变得极为严重。在这种情况下，他们可能会像巨猿一样，退而求其次，去吃那些他们不那么爱吃但也能消化的其他植物。例如，黑猩猩会吃树叶（比如葡萄的叶子）、植物茎秆（比如没煮过的芦笋），以及草本植物（比如新鲜的月桂叶）。

对南方古猿的牙齿和对他们的栖息地的生态分析显示，南方古猿的食物多样而复杂，不仅包括水果，还包括可食用的叶、茎和种子。极有可能的是，有些南方古猿通过挖掘来寻找食物，从而把一些新的、非常重要且营养丰富的次选食物添加到了他们的食谱中。虽然大多数植物把碳水化合物储存在地上的种子、果实或者茎秆的髓心中，但有些植物如土豆和姜，是把它们的能量储备储存在地下的根、块茎或球茎中的，这样可以避免被草食动物如鸟类和猴子吃掉，也可以防止被太阳晒干。

植物的这些部分被统称为地下贮藏器官。要找到地下贮藏器官很不容易，需要技巧，也需要花些力气，但它们能提供丰富的食物和水，并且一般一年到头都可以找到，即使在干旱季节也可以。在热带地区、沼泽中（莎草科植物，如纸莎草有可食的块茎）以及开阔的栖息地，比如林地和热带草原上，都能找到地下贮藏器官。许多狩猎采集者严重依赖于地下贮藏器官，它有时候占他们的饮食结构的 1/3 以上。我们现在吃的是人工栽培的地下贮藏器官，如土豆、木薯和洋葱。

没有人确切地知道，不同种的南方古猿分别会食用多少地下贮藏器官，但块茎、球茎和根部在他们的热量来源中占了相当大的比例，对某些物种来说，地下贮藏器官甚至变得比水果还要重要。事实上，我们有很充分的理由推测，富含地下贮藏器官的饮食非常有效，我们姑且称之为“露西饮食”，以至于它在一定程度上可能在人族中流传甚广。如果你还记得，黑猩猩吃的植物性食物中 75% 是水果，其余来自叶子、髓心、种子和草类，那么你就更容易领会“露西饮食”的优点。如果黑猩猩吃的水果上贴着营养标签的话，你会发现，它们的纤维含量极高，也含有比较丰富的淀粉和蛋白质，但脂肪含量较低。正如你所料，黑猩猩的次选食物中纤维含量甚至更高，而淀粉和热量较低。而地下贮藏器官的淀粉含量和热量比许多野果要高，而纤维含量是野果的一倍左右。黑猩猩并不经常挖掘地下贮藏器官，因为这些东西在森林里不常见，但是当南方古猿开始挖掘地下贮藏器官并把其作为正餐时，地下贮藏器官就取代了黑猩猩找不到水果时所吃的那些次选食物。

综上所述，南方古猿作为一个整体，属于食物采集者，他们的食物多样，其中包括水果，也有些南方古猿因经常挖掘块茎、球茎和块根而受益匪浅。他们几乎肯定还会搜寻其他植物性次选食物，包括叶、茎和种子，我们可以推断，他们经常像黑猩猩和狒狒一样食用昆虫，如白蚁和蛆虫，并且只要有可能，他们肯定会吃肉，很可能是吃动物的尸体，因为他们是动作缓慢、步履蹒跚的两足动物，猎食的效率并不高。然而，是什么决定了他们的食谱呢？我们有什么证据吗？最重要的是，达尔文所称的“生存竞争”中有很重要的一部分是获取食物，这方面的问题是如何影响人族的身体进化的，他们是怎样得到这些食物并吃到肚子里的呢?

宽大厚实的牙齿

我们的身体中充满着有助于获取、咀嚼和消化食物的适应性改变。在这些适应性改变中，没有什么能比牙齿更能说明问题了。除了牙齿的外观、牙痛或看牙医的费用，你可能很少会想到你的牙齿，但在烹饪和食品加工技术出现之前，失去牙齿就可能意味着被判处死刑。因此，自然选择对牙齿产生了很强的影响，因为每个牙齿的形状和结构在很大程度上决定了动物将食物咬成细小颗粒的能力，食物只有被咬成细小颗粒后才能被身体消化，被消化后才可以从中提取出至关重要的能量和营养素。既然消化较小的食物颗粒能获得更多的能量，那么你可以很容易想到，尽可能有效地咀嚼对南方古猿来说至关重要，他们像猿类一样，把一天中将近一半的时间都花在了咀嚼上。

咀嚼地下贮藏器官是一个特殊的挑战。我们今天所吃的栽培植物的根和球茎经过培育，纤维含量变低，咬起来更柔软，烹饪又使它们变得更加易于咀嚼。与此相反，未经烹饪的野生地下贮藏器官纤维含量极高，对于我们现代人的上颚来说，实在是硬得不好对付。在未经加工的情况下，它们需要很多次的大力咀嚼才能咬碎，有点像你咀嚼生山药或芥菜时的感觉。你需要一遍又一遍地大力咀嚼。

事实上，有些地下贮藏器官的纤维含量太高，以至于狩猎采集者吃起来只能采取一种被称为“嚼吮”的方法：通过长时间的咀嚼来吸取营养成分和汁液，然后将吃剩的纤维浆吐掉。可以试想一下，如果你饿了，但又没什么东西可吃，就只能一小时接一小时地嚼吮食物。如果能够有效地吃坚硬难啃的食物意味着生存，那么自然选择当然会更青睐咬合更有力且能不断重复用力咀嚼的南方古猿。

因此，我们可以从南方古猿和其他人族的牙齿形状和大小来推断他们不得不选择吃的食物种类，尤其是次选食物。最重要的是，如果说南方古猿有一种确定性特征，那就是他们那大而平的臼齿，上面有着厚厚的釉质。纤细型南方古猿的臼齿比黑猩猩大50%，如南方古猿非洲种，他们那岩石一样的釉质牙冠（身体上最坚硬的组织）比黑猩猩的厚一倍。粗壮型南方古猿就更极端了，如南方古猿鲍氏种，他们的臼齿是黑猩猩的两倍大，釉质厚度达到三倍。

让我们深入思考一下这些差异：现代人类的第一臼齿面积大约相当于一个小拇指甲，约120平方毫米，但南方古猿鲍氏种的第一臼齿大小相当于一个大拇指甲，约200平方毫米。南方古猿的牙齿不但变得宽大厚实，而且变得很平，臼尖比黑猩猩少得多。他们的齿根长而宽，用以帮助牙齿固定在下颌上。

研究者们投入了大量时间去研究南方古猿为什么会长出这样宽大、厚实且平坦的牙齿，又是如何长出来的，答案并不令人吃惊，那就是这些特征是咀嚼坚韧甚至是坚硬食物造成的适应性改变。正如厚实宽大的鞋底使登山靴在山径上走起来比薄底运动鞋更具弹性一样，厚实宽大的牙齿能更好地适应较坚韧、较坚硬的食物。厚厚的釉质有助于防止磨损，这种磨损来自巨大的压力以及食物中不可避免混杂着的砂砾。

此外，宽大平坦的齿面也可以把咬合力分散到较大的面积上，这样配合部分横向运动，就能帮助撕开坚韧的纤维，磨碎食物。从大体上看，南方古猿，尤其是粗壮型物种，拥有形如磨盘的巨齿，非常适于在高压下不断研磨和粉碎坚韧的食物。如果你一生中的每一天有一半时间都不得不吃未经烹饪、未经加工的块茎，那么你也会想要拥有这些巨大的牙齿。从某种程度上来说，现代人类的牙齿也多少有点这种特征，这要感谢南方古猿的遗产。虽然人类的臼齿没有南方古猿那么宽大和厚实，但它们实际上比黑猩猩臼齿的还要大一些也厚一些。

生活中的绝大多数事情都有利有弊，牙齿的大小问题也不例外。即使我们的嘴同南方古猿一样长，下巴留给牙齿的空间也只有那么大。拿门齿来说，最早的南方古猿，如南方古猿阿法种，门齿与猿类相似，宽大、突出，非常适合切入水果中。但由于南方古猿的臼齿进化得更大、更厚，他们的门齿就变得更小、更垂直，犬齿也缩小到和门齿同样大小。在某种程度上，较小的门齿意味着水果在这些人族饮食中的重要性下降了，另一方面，臼齿也需要更大的空间。而直到今天，我们的门齿仍然较小，犬齿的大小也与门齿相近。

如果我们每天需要花好几小时来咀嚼坚韧、坚硬且富含纤维的食物，那么不仅需要又大又厚的臼齿，还需要大而强壮的咀嚼肌。不足为奇的是，南方古猿的头骨（见图 2-2）上留下了许多痕迹，表明南方古猿曾经拥有过硕大的咀嚼肌，能产生强大的咬合力。沿着头部侧面呈扇形分布的颞肌，在很多南方古猿身上都很粗大，以至于在头骨上向上、向后长出了骨嵴，为肌肉提供插入的空间。

此外，颞肌的肌腹，即位于颞部和颧骨之间直至插入下颌的部分，非常厚，以至于南方古猿的颧骨（颧弓）必须向外移位，使得他们脸部的宽度和长度相等。南方古猿的宽大颧骨提供了充足的空间来发展另一块重要的咀嚼肌——咬肌，咬肌位于颧骨和下颌底部之间。南方古猿的咀嚼肌不仅粗大，而且它们的配置也能够高效地产生咬合力。

你有没有过长时间用力嚼东西，结果下巴肌肉酸痛的经历？原来，当动物及人类产生强大的咬合力时，下颌和脸部的骨骼会轻微变形，造成微小的损伤。轻度的变形和损伤是正常的，骨骼会自我修复，并且长得更厚。然而，如果较大的变形反复发生，就可能造成严重的骨骼损伤，甚至有可能引起骨折。因此，能够产生强大咀嚼力的物种往往拥有较厚、较高且较宽的上下颚，从而减轻每一次咀嚼带来的压力，南方古猿正是这样的物种。如图 2-2 所示，南方古猿拥有巨大的下颌，他们的大脸有着厚厚的柱状或片状骨骼可给予有力支撑，所以他们能整天咀嚼坚韧、质硬的食物，而不会导致脸部受伤。脸部的这些支撑骨骼在纤细型南方古猿中已经令人印象深刻，而粗壮型南方古猿的脸部和下颌得到的支撑更像是武装坦克。

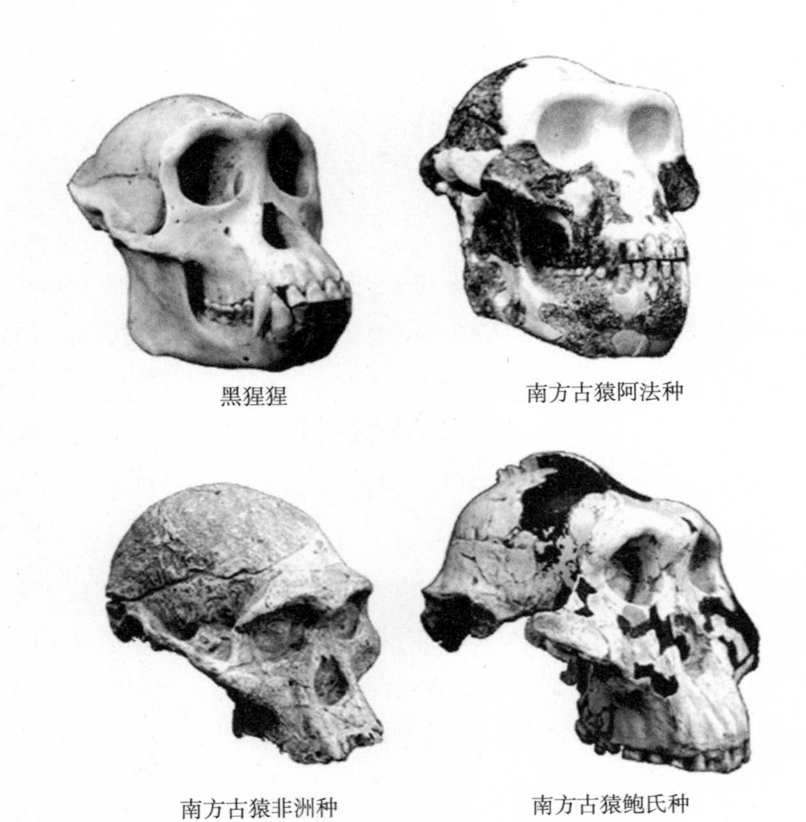

图 2-2　三个南方古猿物种与黑猩猩头骨的比较

南方古猿阿法种和南方古猿非洲种都比较纤细，而南方古猿鲍氏种则比较粗壮，牙齿、咀嚼肌和脸部都比较大。

总之，南方古猿与黑猩猩和大猩猩一样，很可能也喜欢水果，但他们肯定吃过能够拿到手的任何食物。单一的南方古猿饮食是不存在的，据我们所知，南方古猿中大约有五六个物种的饮食是多变的，这反映出他们居住的生态环境的变化多端。但由于气候变化导致水果减少，对于我们的这些近亲来说，难啃的次选食物，尤其是地下贮藏器官，必然成为日益重要的资源。从一定程度上来说，我们仍然保留着这种传统。但南方古猿最初是怎么得到这些食物的呢？

长途跋涉找块茎

如果你在超市里采购食物，那么当你想换一种食谱的时候，你只需要到别的货架上，可能大不了到另一排平时不大逛的货架上去找就行了。而狩猎采集者就不一样了,他们每天要长途跋涉好几小时去寻找食物。与狩猎采集者相比，黑猩猩和其他住在森林里的猿类在这方面更像是现代消费者，因为无论是吃比较喜欢的水果餐，还是吃不那么喜欢的叶子、根茎和草类这些次选食物，它们都很少为了填饱肚子而远行。

一只典型的雌黑猩猩每天大约会走两千米，大多是从一棵果树走到另一棵果树；雄黑猩猩每天要多走约一千米。另外，雌雄黑猩猩每天的时间大多数都花在了进食、消化、打扮或者互相嬉闹上。当水果缺乏时，黑猩猩和其他猿类就不得不去吃次选食物；这些食物遍地都是，因此觅食不需要走太远。几乎可以这样说，猿类是被食物包围着的，只不过它们平时都对这些食物中的大多数视而不见。

饮食习惯从以水果为主转变为以块茎和其他次选食物为主，对南方古猿所需要行走的距离必然会产生巨大的影响。虽然南方古猿有许多物种，但他们多多少少都住在相对开阔的环境中，有的是毗邻河流或湖泊的林地，有的是草原地带。与猿类通常居住的雨林相比，这些栖息地中不仅结满果实的树变少了，而且季节性更强。其结果是，南方古猿必须去采集分布较分散的食物。为了找到足够的食物，他们几乎必然要走更长的距离。有时在一些开阔地带，他们还需要面对危险的掠食者和难耐的酷热。但与此同时，南方古猿也可能仍然必须爬树，这不只是为了食物，也是为了找到安全的地方睡觉。

长途跋涉以找到足够的食物和水，这类需求表现在与行走相关的许多重要的进化适应中，在南方古猿的几个物种中表现得都很明显，在今天的人类中也可以看到。如我们之前看到的那样，像阿尔迪和图迈这样的早期人族在某种程度上确实是两足动物，但阿尔迪（也许图迈也是如此）走起路来与我们并不完全一样，而是迈着小步，主要用脚的外侧来承受她的体重。阿尔迪还保留了许多适宜爬树的特征，比如她的大脚趾与其他脚趾是分开的，利于抓握，但可能会削弱她行走的能力，使她不能像现代人类一样高效地行走。然而，在大约400万年前，在某些南方古猿中最早出现了一些适应性改变，如适应于更习惯、更高效的两足行走，这说明存在着强大的自然选择，至少使得一些南方古猿物种变得更适应于长距离行走。这些适应性改变对今天的人体来说是非常重要的特性，因此值得对它们加以探讨，帮助理解我们是如何像今天这样行走的以及为什么会这样行走的问题。

让我们从效率开始讲起。当猿类行走时，他们无法像人类那样把髋部、膝盖和脚踝伸直；相反，他们在向前挪动步子时，这些关节弯曲成了极端的角度。他们走路的样子活像喜剧演员格劳乔·马克斯（Groucho Marx），看起来滑稽无比，但是根据行走的基本机械学原理，我们知道这种方式很费劲，会消耗很多能量。图2-3说明了在行走时，双腿是如何像钟摆一样绕着旋转中心交替向前的。当腿部向前摆出时，旋转的中心是髋部。但当腿部落到地面上支撑上部的躯干时，它就变成了上下摆动的钟摆，旋转的中心是踝关节。这种转化使得我们和其他哺乳动物得以采用一种巧妙的手段来节省能量。在每一步的前半部分，腿部肌肉收缩将腿部往下推，脚和踝关节把躯干向上支撑。这个支撑的动作抬高了身体的重心，积蓄起势能，正如我们把重物从地面举起时所积蓄的势能一样。然后，在每一步的后半部分，当身体重心下落时，这种积蓄的能量主要转化成了动能的形式，就像放下重物一样。

钟摆式行走的效率非常高。但是，如果你像黑猩猩一样靠极度弯曲的髋部、膝盖和脚踝蹒跚行走时，走路就非常耗费能量了，因为重力总是会把你的身体往下拉，仿佛要把这些关节弯曲得更厉害似的。格劳乔·马克斯的步态需要不断收缩臀部、大腿和小腿的肌肉，并用力使腿部保持僵硬地上下摆动。此外，腿部关节弯曲会使步伐缩短，这样每一步所走的距离就都短了。测定不同行走步态能量消耗的实验显示，髋部、膝关节弯曲的步态行走效率大大低于正常行走：45 千克重的雄性黑猩猩消耗大约 140 大卡[①]能量可走 3 千米，而 65 千克重的人走同样距离消耗的能量只有黑猩猩的 1/3 左右。

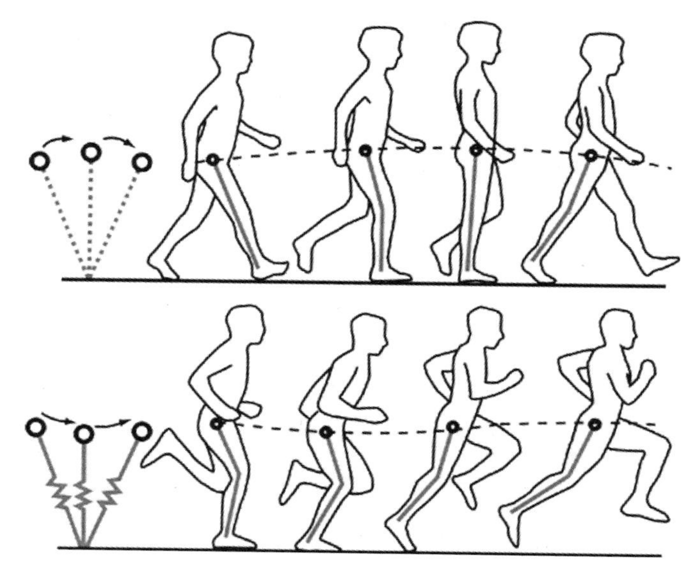

图 2-3 行走和奔跑

行走时，腿部在迈开步子时如同倒置的钟摆，在每一步的前半部分将重心（圆圈）向上抬起，直到后半步才落下。奔跑时，腿部更像一个弹簧，在每一步的前半部分，重心下落时腿部伸长，后半步时腿部弹回，帮助身体向上腾空跃起。

不幸的是，我们永远也看不到南方古猿走路，也无法让南方古猿戴上氧气面罩来测定他们行走时所消耗的能量。一些研究者认为，我们的这些祖先走起路来活像直立的黑猩猩，髋部、膝盖和踝关节都是弯曲的。然而，有几个方面的证据显示，南方古猿的一些物种行走的效率颇高，和你我相似，关节也伸得相对较直。这些线索中有些来自足部，其中他们很多足部的特征我们至今仍然保留着。猿类和阿尔迪的大脚趾又长又向外分开，有利于他们抓握和爬树，而南方古猿阿法种和南方古猿非洲种则不同，他们的大脚趾与现代人类相似，短

① 大卡也叫千卡，1 大卡 =4.186 千焦耳。——编者注

而粗壮，与其他脚趾并在一起。

像我们一样，他们的足部也形成一个部分的纵弓，行走时脚的中间部分绷紧。绷紧的足弓和脚趾根部向上的关节显示，南方古猿与现代人类一样，能够有效地利用自己的脚趾，在每一步结束时将身体向前和向上推动。至关重要的是，一些南方古猿物种，比如南方古猿阿法种，拥有粗大、平坦的跟骨，适于应对足跟落到地面引起的巨大冲击力。这样的足跟也是人类的典型特征，这就告诉我们，当露西行走时，她一定是像现代人类一样腿部伸直向前摆出，跨出大大的步子。然而，南方古猿中至少有一种南方古猿源泉种，他们的足跟较小，欠稳定，走起路来可能呈内八字，足跟着地不明显，步伐也较小。

我们至今仍然保留着一组高效行走的适应性改变，这种改变在许多南方古猿下肢的化石中表现非常明显。南方古猿的股骨向内成角，这就使他们的膝关节靠近身体的中线，所以他们的步子不必向两边跨得很开，不至于像学步的幼童或醉汉那样左右摇晃。他们粗大的髋关节和膝关节形成了良好的支撑，足以应对行走途中一条腿着地带来的强大冲击力。在很大程度上，他们的脚踝几乎和人类的方向一致。与黑猩猩的脚踝相比，南方古猿的稳定性较高，但灵活性不够，这可能有助于避免危险的踝关节扭伤。

最后，南方古猿很明显拥有一些适应性改变，在他们两足行走时来稳定上身。长而弯曲的腰椎将躯干固定在髋部以上，我们不知道最早的人族是否进化出了这种腰椎，但在南方古猿的物种中，比如在南方古猿非洲种和南方古猿源泉种身上，这种腰椎肯定已经出现了。另外，南方古猿还拥有盆状的宽大骨盆，向外侧弯曲。正如我们之前讨论的那样，宽大而面向侧方的髋部使得髋部侧面的肌肉让上身在一条腿的支撑下仍能保持稳定，否则我们就会始终面临向侧方摔倒的危险，并且不得不像黑猩猩那样笨拙地摇摆而行。

总而言之，像南方古猿阿法种这样的南方古猿物种可能在以一种接近现代人类的步态高效行走，著名的坦桑尼亚拉多里足迹就相当充分地证明了这一结论。无论是谁留下了这些足迹，他们迈开大步时，很可能已经能够伸直髋关节和膝关节了，其中最有可能的是南方古猿阿法种。但是，如果就此得出结论，南方古猿行走的方式和我们完全一样，那也是错误的；南方古猿肯定还要爬到树上去采水果、躲避猎食者，晚上可能还会在树上睡觉。毫不奇怪的是，他们的骨骼中保留了一些继承自猿类的特点，这些特点对于爬树很有利。像黑猩猩和大猩猩一样，南方古猿的腿相对较短，而手臂却很长，脚趾和手指略弯曲。许多南方古猿物种的前臂肌肉强壮，肩膀向上，非常适于挂在树上或向上攀爬。适合爬树的适应性改变在南方古猿源泉种的上半身尤为突出。

通过自然选择，今天的人体上也留下了一些南方古猿的大步伐特点。最重要的是，他们这种有效且效率较高的行走能力，在人类进化过程中起到了至关重要的作用，使得人族具有了极佳的行走耐力，十分适合穿越开阔栖息地的长途跋涉。自然选择降低了行走消耗的能量，这对黑猩猩影响很小，因为它们可能一天只需要走一到两千米，并且还需要爬树，在树上跳跃。但如果南方古猿不得不经常长途跋涉去寻找水果或块茎,那么行走时多节省能量就会非常有利。请想象一个典型的南方古猿母亲，体重 30 千克，每天必须步行 6 千米，是雌黑猩猩的两倍。如果她的行走效率像现代人类女性一样，那么她一天能节省约 140 大卡，每周累加起来将近 1 000 大卡。如果她只比黑猩猩节省 50%，她一天仍能节省 70 大卡，每周近 500 大卡。当食物稀缺时，这种差异在面对自然选择时可能具有很大的优势。

正如我们已经讨论过的那样，转变为两足行走对人族的身体来说，还会带来其他重要的优势和缺点。直立行走的最大缺点是不能像马匹那样快速奔跑。南方古猿肯定跑不快。每当南方古猿冒险从树上下来，他们就会成为食肉动物眼中的美食，在开阔的栖息地猎食的狮子、剑齿虎、猎豹和鬣狗都对他们虎视眈眈。也许因为南方古猿的身体能够出汗散热，所以他们能等到中午才出来走动，而此时食肉动物由于不能有效降温所以鲜少出没。在优势方面，直立行走便于携带食物，并且垂直的姿势使得暴露在阳光下的体表面积较小，这意味着两足动物因太阳辐射导致的体温升高幅度小于四足动物。

最后还有一个重要的优势，如达尔文所强调的，直立行走解放了双手，以便从事其他工作，例如挖掘。地下贮藏器官往往藏在地下几十厘米的地方，用棍子把它们挖出来可能要苦干二三十分钟。我猜测挖掘可能对南方古猿来说不成问题。首先，他们的手的形状是介于猿和人类之间的，他们已经能够有效地抓握一根棍子。此外，挑选或修整挖掘用的棍子不需要太多技巧，制作棍子肯定在黑猩猩的能力范围之内，它们还能对棍子进行改造，用来钓白蚁，刺杀小型哺乳动物，还能挑选石头来打开坚果。也许利用棍棒挖掘的自然选择，为日后制造和使用石制工具的自然选择奠定了基础。

你体内的南方古猿

现在的人为什么要了解南方古猿？除了直立行走以外，他们看起来与你我有很大的不同。他们的脑容量只比黑猩猩的脑容量大一点，整天依靠采集紧实难吃的食物度日，而且久已灭绝，他们同我们怎么会有亲缘关系呢？

我认为，有两个很好的理由在促使我们关注南方古猿。首先，这些遥远的祖先在人类进化过程中处于一个关键的中间阶段。进化的发生通常表现为一连串漫长的逐渐变化，其中每一个变化都紧接在前一个事件之后。如果乍得沙赫人和地猿这些早期人族没有转变为两足行走，那么就不会进化出南方古猿；同样，如果南方古猿没有减少待在树上的时间，没有变得更加习惯于两足行走，没有减少对水果的依赖，从而为更显著的气候变化引起的进一步进化奠定基础，那么就不会进化出人属。更重要的是，我们所有人的体内都有着大量南方古猿的痕迹。人是奇怪的灵长类动物，因为我们几乎不再爬树，我们走很多路，三餐都不会只吃水果。

当我们最初从猿类分化出来时，这些趋势可能就已经存在，并在数百万年间明显地增强了，这期间也进化出了多个物种的南方古猿。这些进化实验的许多痕迹至今仍留在我们的身体里。与黑猩猩相比，我们的颊齿又粗又大，大脚趾又短又粗，很不幸，它抓不住树枝。我们的下背部长而灵活，脚部有足弓，还有腰、较大的膝关节以及许多其他有助于长途行走的特征。我们对这些功能习以为常，殊不知它们其实很不寻常，它们存在于我们的体内，恰恰是因为数百万年前采集和食用次选食物所产生的强大的自然选择。

然而，我们不是南方古猿。与露西和她的家人相比，我们的脑容量是他们的三倍，并且我们腿长、臂短，口鼻部也不突出。我们不会食用大量低质量食物，相反，我们依赖的是非常高质量的食物，比如肉，我们还需要工具、烹饪、语言和文化。这些都是冰河时期进化出的其他重要差异，这一进化开始于约 250 万年前。

THE STORY OF THE HUMAN BODY

03

最早的狩猎采集者

人属如何进化出接近现代人的身体

大约 250 万年前，当首选食物变得稀少时，南方古猿每天要花费几小时费力地咀嚼。幸运的是，自然选择似乎更倾向于另一种革命性的解决办法以应对栖息地的不断变化：狩猎和采集。正是这一变化，让南方古猿逐渐进化为人属。为了适应这种巧妙的生活方式，被自然选择所选中的适应不是较大的脑容量，而是接近现代人的身体。

> 有一天，一只兔子嘲笑乌龟腿短、跑得慢，乌龟笑着回答："虽然你跑得快如疾风，但是我能跑赢你。"
>
> ——伊索，《伊索寓言》

你是否担心如今的全球气候发生极速变化？如果没有，你应该关注一下，因为气候变化引起的温度上升、降雨模式改变以及生态环境变化，会严重危及我们的粮食供应。然而，正如我们已经看到的那样，全球气候变化长期以来一直是人类进化的主要推动力，因为它会影响到"拿什么当饭吃"这个古老的问题。在面对全球气候变化时如何获得充足的食物也促使地球进入了人类的时代。

对你我这样的现代人来说，准备早中晚饭可能在日常考虑的主要问题之列，但大多数生物几乎总是饿着肚子，忙于寻求热量和营养物质。可以肯定的是，动物也需要寻找伴侣，并极力避免被捕食，但生存斗争往往就是争夺食物，绝大多数人类也不能免于这个规律，直到最近的时代。试想一下这个场景，当栖息地发生剧烈变化，使得平时吃的食物减少甚至完全消失，这时找东西吃就更是一件苦差事了。正如我们看到的那样，找到足够的食物这个艰巨的挑战引发了人类进化过程中最初的两次重大转变。由于数百万年前非洲的气候变冷，空气干燥，水果的数量减少，分布变得稀疏，那些能够较好地直立站立和行走并采集食物的祖先就显示出了生存优势。其他的进化优势还包括又大又厚的臼齿和宽大的脸庞，使他们适应于食用水果以外的食物，包括块茎、块根、种子和坚果等。尽管这些转变非常重要，但我们仍然很难把露西和其他南方古猿看成人类。他们虽然是两足动物，但他们的脑容量和猿类的脑容量相似，也不会像我们一样说话、思考或吃东西。

我们的身体和行为方式经过进化，直到冰河时期初期，才变得更像是"人类"。冰河时期是地球气候变化的一个极其重要的时期，它开始于二三百万年前全球气候不断变冷的时期。在此期间，地球海洋温度降低了 2℃。温度降低2℃看起来可能微不足道,但作为全球海洋平均温度,它代表着巨大的能量变化。全球变冷是个反复拉锯的过程，但在 260 万年前，地球的温度已经冷得让南北两极的冰帽都扩大了。

我们的祖先并不知道数千千米以外形成了巨大的冰川，但他们肯定经历了数次栖息地的变化。剧烈的地质活动加剧了这些变化，尤其是在非洲东部。这一带存在着庞大的火山热点，整个地区被向上推挤得就像蛋奶酥一样，然后中央部分也像某些蛋奶酥似的坍塌形成了东非大裂谷。东非大裂谷造成了广泛的雨影区，降雨极少，这使得非洲东部大部分地区变得干燥不堪。东非大裂谷地区也有许多湖泊，直到今天仍然时而蓄满，时而干涸，循环不止。虽然非洲东部的气候不断变化，但总的趋势是森林萎缩，同时林地、草原以及其他更干旱的季节性栖息地在扩大。200 万年前，这个地区看起来更像是电影《狮子王》中的环境背景，而不是《人猿泰山》。

想象一下，如果你是生活在大约 250 万年前的一个饥饿的人族，居住在草原和林地夹杂的地带，整天都在想着有什么东西可以吃。当你的首选食物变得稀少时，比如水果，你会怎么办？我们可以从有着大脸巨齿的粗壮型南方古猿身上看到一种解决办法，那就是更多地专注于越来越普遍的坚韧、质硬的食物，如块根、块茎、球茎和种子。这些人族每天肯定要花好几小时费力地咀嚼咀嚼再咀嚼。幸运的是，对我们来说，自然选择似乎更倾向于另一种革命性的解决办法，以应对栖息地的不断变化：狩猎和采集。这种创新性的生活方式不但包括不断采集块茎和其他植物，还结合了一些划时代的新方法，包括吃更多的肉，使用工具提炼和加工食物，并进行密切合作来分享食物以及分担其他任务。

狩猎和采集的演变为人属的进化奠定了基础。此外，为了实现这种巧妙的生活方式，早期人类需要一些关键的进化适应，被自然选择选中的这些适应不是更大的脑容量，而是接近现代人的身体。在促使身体进化成现在这样的过程中，狩猎和采集演变所起的作用是最大的。

谁是最早的人类

冰河时期的到来加速了狩猎和采集的演变，以及早期人属的几个物种在身体上向现代人的进化，其中最重要的是直立人。1890 年，勇敢的荷兰军医尤金·杜波依斯（Eugène Dubois）受达尔文等人的影响，前往印度尼西亚去寻找人类与猿类之间这个真正“缺失的一环”，从那时开始，直立人就在我们对人类进化的理解中占有了突出的地位。在好运的眷顾下，杜波依斯在到达后几个月内就找到了一块头盖骨和一块股骨化石，他马上将这个物种命名为直立人（“直立猿人”）。然后，在 1929 年，人们在中国北京附近的一个山洞里也发现了类似的化石，后被命名为中国猿人北京种。

在随后的几十年中，更多类似性质的化石开始出现在非洲，比如坦桑尼亚的奥杜威峡谷以及北非的摩洛哥和阿尔及利亚等地。如同北京猿人化石一样，在非洲发现的这些化石中有许多也得到了新的物种名称，直到第二次世界大战后学者们才得出结论：这些标本虽然来自相距遥远的不同地方，实际上却属于同一个物种——直立人。根据目前可获得的最佳证据，直立人最早于 190 万年前在非洲进化出来，然后很快开始从非洲分散至欧、亚、非三大洲的其他地方。直立人或一个密切相关的物种于 180 万年前出现在格鲁吉亚的高加索山脉，并于 160 万年前出现在印度尼西亚和中国。在亚洲的部分地区，这个物种一直持续存在，直到数十万年前。

一个物种在三个大洲存在近 200 万年,可以想象他们的外形肯定变化多样。直立人如此，现代人类也一样。表 4-1 总结了一些直立人的基本特征，体重范围为 40 ～ 65 千克，身高范围为 122 ～ 185 厘米。人们在格鲁吉亚一个名叫德玛尼斯的地方发现了一个完整的群落，他们中许多人的身材和现代人类相仿，但女性放到现代人类中则属于体型较小的。如果你在大街上遇到一群直立人，你可能会觉得他们与现代人类非常相似，尤其是颈部以下。

如图 3-1 所示，与南方古猿不同的是，直立人的身体比例与现代人类一样，腿相对较长，而手臂相对较短。他们的腰又高又窄，脚已经完全现代化了，但他们的髋部与我们相比更向两侧突出。与我们一样，他们的肩膀低而宽阔，胸部宽，呈桶状。但他们的头部与我们完全不同。虽然直立人没有突出的口鼻，但他们的脸又长又深，特别是男性的眼睛上方有像栏杆一样的粗大眉骨。直立人的脑容量介于南方古猿和现代人类之间，他们的颅骨顶部长而平坦，枕部有一个突出的角度，而我们的则是圆形的。他们的牙齿和现代人几乎完全相同，只是稍大一点。

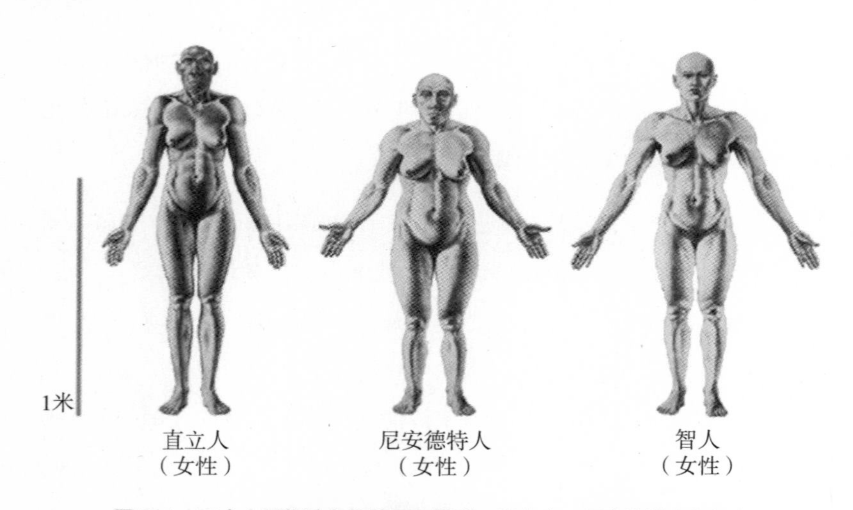

图 3-1　三个人属物种女性的重建模型：直立人、尼安德特人和智人

值得注意的是，他们的身体比例大体相似，但尼安德特人的脑部较大，现代人的脸部较小，头部较圆。

在人类家族谱系的许多物种中，直立人是最重要的一种，但是其进化的起源尚不清楚。在人属中至少有两个其他物种可能是其祖先，表 4-1 对这两个物种也进行了归纳。第一种是能人，意指“能干的人”，这个物种于 1960 年由路易和玛丽·利基夫妇发现，当时人们认为他们是最早制造石制工具的人，所以取了这个名字。能人生的年代不确定，但他们可能于 230 万年前进化出来，并持续至 140 万年前。能人的身体看起来与南方古猿相似：体量较小、长臂、短腿。他们的颊齿硕大，覆有厚厚的釉质。然而，他们的大脑比任何一个南方古猿都要重几百克，头颅呈圆形，没有突出的口鼻部。他们的手与现代人类类似，能很好地适应于制造和使用石制工具。

能人有一种较少为人所知的同期伙伴——鲁道夫人。就我们目前所知，鲁道夫人的脑容量比能人稍大一点，但他们的牙齿和脸较大较平，这与南方古猿更为接近。我们可以合理推测，鲁道夫人是一种脑容量较大的南方古猿，实际上并不属于人属。

无论早期人属有多少个物种以及他们之间的确切关系如何，目前发现的化石所形成的大体轮廓是这样的：与现代人相似的身体结构的进化经历了至少两个阶段。在第一个阶段中，能人脑部略有扩大，脸部不再有突出的口鼻部。在第二个阶段中，直立人进化出了更接近现代人的腿、脚、手、臂以及较小的牙齿和稍大一些的脑部。可以肯定的是，直立人的身体并不完全与我们一样，但这个关键物种的进化标志着现代人类身体结构的大体形态开始出现。同时，现代人类饮食、合作、交流、使用工具以及其他一些行为方式也开始出现。从本质上说，直立人是我们觉得最具有显著现代人类特点的原始祖先。然而，这种转变究竟是如何发生的，因何发生的呢？原始的狩猎和采集如何使早期人属在冰河时期开始时生存下来，我们在他们身体上看到的这些变化以及其中遗留在我们体内的变化，是如何接受这种生活方式的自然选择的呢？

直立人怎样获取食物

排除时间旅行的发明，或是在某个人迹未至的小岛上发现早期人属的孑遗物种，我们必须通过他们的化石以及他们遗留的物品，结合我们对当代狩猎采集者生活方式的了解，才能拼凑出人属最早期成员维持生计的景象。这种重建不可避免地涉及猜测，但你可能会惊讶于我们仅凭推断而获得的可靠信息之多。这是因为狩猎和采集是由四个基本元素构成的综合系统：采集植物食物、猎取肉食、密切合作以及食品加工。最早期的人类到底如何、何时以及为什么要完成这些行为呢？

让我们从采集食物开始吧。在早期人属生活的非洲栖息地，采集来的植物性食物无疑占据食物的大部分比例，可能在 70% 以上。虽然采集食物看上去很容易，但其实并非如此。在雨林中，猿类每天只需要行走 2 ～ 3 千米，就能采集到足够的食物，它们只需要把自己看到的可以吃的水果和叶子采下来就行。相比之下，生活在较开阔的栖息地上的人族每天需要跋涉的路途则要长得多，只有这样才能找到并萃取出可以吃的食物。如果参照现代狩猎采集者的获取方式的话，人族每天至少要走 6 千米。萃取食物需要获取植物富含营养成分的部分，有时它们深藏在地下（如块茎），有时被包裹在坚硬的外壳之中（如许多坚果）或由毒素所保护（如许多浆果和根类）。

此外，由于开阔栖息地中可食用植物的密度低，并且与结满水果的雨林相比，前者的季节性更强，所以最早的狩猎采集者需要许多种萃取食物。非洲地区的狩猎采集通常会采集好几十种不同的植物，其中许多是季节性的，找起来很困难，萃取很麻烦。例如，在许多非洲狩猎采集者的饮食中，地下储藏器官占很大的比例，但单挖掘一个块茎就需要一二十分钟的辛勤劳动，而且常常需要移开牢牢挡在路上的大石块，加之更多辛苦劳作来把它们打碎并煮熟，才能吃得下去。狩猎采集者萃取的另一种高价值食物是蜂蜜，蜂蜜味道香甜、富含热量，但获取困难，有时甚至存在致命性危险。

食用植物的好处是能可靠地预测在哪里能找到它们，且它们的储量往往比较丰富，也不会逃跑。但是植物有一大缺点，尤其是野生植物，它们的不可消化纤维含量高，营养素密度相对较低。粗略的计算就能让我们推断出早期人属要采集到足够的食物来维持生存和生殖是存在问题的，特别是其中的妈妈们。一个体重 50 千克的女性直立人为了满足身体的需求就需要大约 1 800 大卡热量，如果处于怀孕或养育后代的情境下，那么还需要再加 500 大卡，这是最常见的情况。

早期人属的母亲很有可能每天还需要至少 1 000 ～ 2 000 大卡提供给她的稍大一些的后代，他们虽已断奶，但还没成长到足以独立采集食物的程度。把这些加在一起，在通常的一天里，她总计可能需要 3 000 ～ 4 500 大卡热量。然而对当代非洲狩猎采集者的研究显示，母亲每天能够采集到 1 700 ～ 4 000 大卡的植物食物，其中，需要养育后代的母亲由于受幼儿的拖累，采集到的食物处于这个范围内较少的一端。因为直立人女性采集食物的能力不太可能强于现代女性，因此典型的直立人母亲肯定经常无法采集到足够热量的食物来满足自身及后代的热量需求。他们需要其他来源的热量来弥补这个缺口。

这些来源之一就是肉。在至少 260 万年前，甚至是更久以前的考古遗址中，曾发现过带有切割痕迹的动物骨骸，这些切痕是由用于切肉的简单石制工具造成的。其中有些骨骸折断的方式很奇特，这是为了获取里面的骨髓留下的。因此，我们有不可辩驳的证据显示，人族至少从 260 万年前就开始吃肉了。关于他们吃了多少肉只能靠猜想，但肉大约占热带狩猎采集者饮食的 1/3。温带栖息地的狩猎采集者吃的鱼和肉较多。此外，当时的狩猎采集者肯定像现代的黑猩猩和人类一样渴望肉食，这是有充分理由的。吃羚羊排可获得的热量、必要的蛋白质和脂肪是等量胡萝卜的 5 倍。其他的动物器官，如肝脏、心脏、骨髓和脑也能提供重要的营养素，尤其是脂肪，还有盐、锌、铁以及其他营养素。肉类是营养丰富的食物。

从早期人属开始，肉就已经成为人类饮食的重要组成部分，但由于不是专门的食肉动物，因此猎食肉类对现代的狩猎采集者来说意味着非常耗时、偶然性大、危险性高，具有相当高的难度。在旧石器时代早期，抛射性武器远未发明出来，获取肉食肯定更加危险和困难。捕猎和收集肉食主要是男性的工作，怀孕或养育后代的早期人属母亲不太可能经常捕猎或收集肉食，尤其是在照顾幼儿时。因此我们可以推断，食肉的起源正好与两性的劳动分工同时发生：女性主要负责采集植物，男性不但要采集，还要捕猎和收集肉食。

这次古代分工有一个关键性的标志是分享食物，至今也仍是现代狩猎采集者的生存方式。雄性黑猩猩极少分享食物，并且它们从来不会将食物分给他们的后代。但在狩猎采集者结婚后，他们会把大量食物分给妻子和后代。一个现代的男性猎人每天可以获得 3 000 ～ 6 000 大卡，这对于满足他自己的需求并提供给他的家人绰绰有余。虽然狩猎者会把大型猎物的肉与全体族人分享，但他们仍会把自己猎取到的最大份食物留给自己的家人。此外，当妻子需要精心照管、养育幼儿时，父亲会提高出猎的频率。反过来，父亲也常常依赖妻子采集的植物，尤其是当他们经过漫长的追猎，却饿着肚子空手回家时。分享食物给最早的狩猎采集者带来了巨大的好处，很难想象如果男性和女性不是这样互相提供食物以及在其他方面合作的话，他们怎么能够生存下来。

此外，分享食物不仅发生于配偶之间和父母与后代之间，而且还发生于群体成员之间，这突显出密切的社会合作在狩猎采集者中的重要意义。合作的一种基本形式是家庭规模的扩大。关于狩猎采集者的研究显示，有能力、有经验、较年长的采集者，如祖母，往往没有年幼的孩子需要供养，她们能像姐妹、表兄弟姐妹和姨母一样，为母亲提供关键的补充食品。事实上，有人认为祖母是如此重要，以至于自然选择让人类女性的寿命超过当母亲的年龄，于是她们就能帮助供养她们的女儿和孙辈了。祖父、叔伯和其他男性有时也能提供帮助。

分享和其他形式的合作在家庭之外也非常重要。狩猎采集者中的妈妈们依赖彼此来帮忙照看孩子，男性不单单与自己的家人分享肉食，还和其他男性大量分享。当猎人杀死一头大家伙，比如一头重达几百斤的羚羊时，他会把肉分给营地里的每个人。这种分享不仅仅是友善的表示，也是为了避免浪费；这是降低饥饿风险的一种重要策略，因为一天里打死一头大型动物的机会很小。猎人通过在自己狩猎成功的日子里分享肉食，增加了在空手而归的日子里从其他猎人同伴那里得到肉食的机会。男人有时也成群出猎，以增加他们狩猎成功的机会，并互相协助把猎物带回家。毫不奇怪，狩猎采集者都是高度的平等主义者，他们十分看重互惠，确保每个人都能获得足够的粮食。今天我们认为贪婪和自私是罪过，而在狩猎采集者们高度合作的世界中，不分享、不合作就可能意味着生死之别。团队合作成为狩猎采集者的基本生活方式可能已有 200 多万年了。

狩猎和采集的最后一道重要工序是食品加工。狩猎采集者吃的很多植物性食物萃取困难、难以嚼烂、不容易消化，往往是因为这些食物比我们今天大多数人吃的高度驯化的植物含有更多的纤维。典型的野生块茎或根茎比你从超市里买到的生萝卜更难嚼也难消化得多。如果早期人属需要吃大量未加工的野生植物，他们就得像黑猩猩一样进食，花半天时间咀嚼，用富含纤维的食物把胃塞满，再用另外半天等胃排空，以便再次开始这一过程。

肉虽然更有营养，但食肉也不是件容易的事，因为早期人属同猿类和现代人类一样，牙齿低平，很不适于咀嚼肉类。如果你曾经尝试过咀嚼野生的猎物，你很快就会体会到这个问题。我们低平的牙齿无法切开坚韧的肉质纤维，所以不得不咀嚼咀嚼再咀嚼。一只黑猩猩嚼几斤猴子肉要花 11 小时。简而言之，如果最早的狩猎采集者只咀嚼未经加工的生肉食物的话，那他们就没有足够的时间去干狩猎采集的事了。

这个问题的解决办法是加工食品，最初使用的技术非常简单。最古老的石制工具非常原始，其中一些你可能一开始根本认不出它们是工具。这些工具被统称为奥杜威工具（以坦桑尼亚的奥杜威峡谷命名），它们是用一块石头从另一块表面光滑的石头上敲下一块碎片制成的，大多数只是锋利的石片，但也有一些具有长长的刀刃一样的边缘，作为切削的工具。虽然这些古文物与我们今天使用的精密工具相去甚远，但它已经超出了任何一只黑猩猩制造工具的能力，它们虽然简单，但绝非不重要。它们非常锋利，用途广泛。每年春天，我系的学生都会制造奥杜威工具，然后宰杀一只羊，来体验使用这种工具剥动物皮，把肉从骨头上切下来，以及剔除骨髓是多么有效。

虽然生羊肉难以咀嚼，但是如果先把肉切成小片，再咀嚼和消化就容易多了。食品加工对植物性食物也能产生奇妙的作用。最简单的加工形式能破坏细胞壁和其他无法消化的纤维，这样一来即使是紧实的植物也会变得比较容易咀嚼。此外，简单地使用石器工具把生的食物切开和捣碎，如块茎或牛排，可大大增加人们从每一口食物中获得的热量。这是因为食用已经打碎的食物，消化起来效率更高。当研究发现最古老的石制工具中有些用于切肉，而大多数用于切割植物时，我们也就没什么好奇怪的了。最晚从开始狩猎和采集起，人类就已经能够加工食物了。

把这么多证据结合在一起，我们可以得出结论：人属最早的物种通过采取一种全新的策略，在气候发生重大变化的时期，解决了“吃什么”的问题。这些人类祖先变身为狩猎采集者，从而解决了如何获取、加工以及食用高质量食物的问题，而不是继续吃低质量的食物。这种生活方式要求每一天都长途跋涉去采集食物，有时还要收集肉食或狩猎。狩猎和采集还需要高度的合作和简单的技术运用。在已知最古老的考古遗址中，我们发现了可推测出这些行为的痕迹，这些行为可追溯至260万年前。

如果你偶然见到了东部非洲的这些遗址，你可能无法意识到你碰到了些什么。这些痕迹是在干旱的半沙漠地带被发现的，它们散布于火山岩之间，存有大量的化石。但如果仔细看，你可能会发现有一些简单的石制工具稀疏地散布在几平方米的范围内，边上有一些动物的骨骸，其中有些带有屠宰的痕迹。这些石头中有些是从好几千米外的地方采集并运来的，然后在这里被制成工具。这些骨骸中许多带有被鬣狗啮咬的痕迹，这提醒我们，我们的祖先必须与令人讨厌的危险食肉动物竞争，才能享用这些珍贵的食物。这些最早的遗址可能是古老的临时活动地点。想象一下：一群能人或直立人聚集在一片树荫下，匆忙地分享一些肉食，加工从其他地方采集的块茎、水果和其他食物，并制作简单的工具。这些基本行为的组合看似普通，如吃肉、分享、制作工具和加工食物，但实际上是人族所独有的，正是它改变了人属。

狩猎和采集对人体的进化有什么影响呢？这种生活方式选择了哪些适应性改变，从而使得最早的人类成为狩猎采集者？

徒步旅行

猿类通常一天步行少于 3 千米，而人类在长途步行方面的能力却是极强的。有一位耐力极好的人——乔治·米根（George Meegan），他最近从美洲最南端一直走到了最北端的阿拉斯加，平均每天步行 13 千米。虽然米根的旅程超出了常人，但他的每日平均距离其实并没有超出现代狩猎采集者觅食时行走的距离范围。现代狩猎采集者女性每天平均走 9 千米，男性每天平均走 15 千米。由于成年直立人的体型和大多数现代人类中的狩猎采集者相似，需要的热量数相同，栖息地环境也相似，因此他们在炎热、开阔的条件下为了寻找足够的食物而每天行走的距离肯定也相似。正如你可能想到的那样，这种徒步跋涉的能力流传了下来，并印刻在了人体各种起源于早期人属的适应性改变之中，人属在长距离步行方面超越了南方古猿。

在这些适应性改变中最明显的是两条长腿，这一特点从图 3-2 中可以明显看出来。在把体型差异考虑进去后，典型直立人的腿比南方古猿的长

10% ～ 20%。当腿长明显不同的两个人一起行走时，腿长的人每跨一步都会比腿短的人走得多一点。由于移动身体的代价是由步数决定的，因此腿长能减少行走的成本。一些人估计，直立人的长腿能使步行的成本比南方古猿减少近一半。然而，腿长的缺点是使攀爬树木的难度加大了，而短腿和长臂对爬树有利。

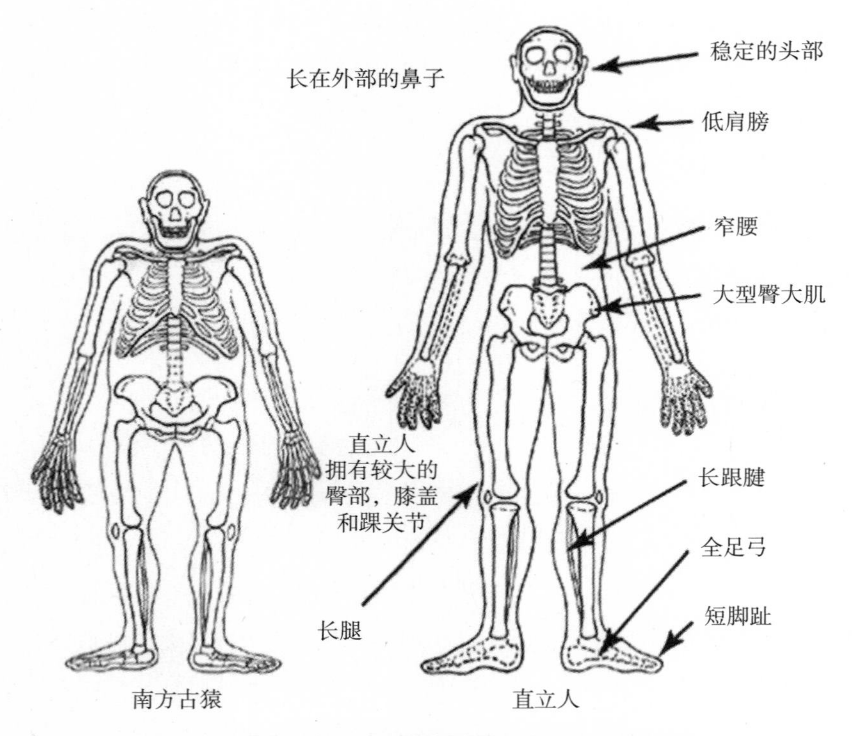

图 3-2　直立人身上的一些有利于步行和奔跑的适应性改变

左侧显示的特征对步行和奔跑都较为有利，但右侧显示的特征主要对奔跑有利。由于残骸中没有保存下来的跟腱，所以它的长度是人们猜测的。

直立人身上发生的另一组重要的适应性改变今天仍然可以在我们的脚上看到。我们已经知道，有些南方古猿物种的脚长得相对比较现代，粗壮的大脚趾几乎与其他脚趾齐平，并且有部分足弓能够使脚的中部绷紧，这样脚趾就能在每一步即将结束时将身体向前上方推进。但是，这些生物行走时似乎稍微有些扁平足。虽然至今还没有人发现过一个完整的直立人脚部化石，但在肯尼亚发现的 150 万年前的脚印极有可能是直立人留下的，这些脚印跟你我在海滩上行走时留下的脚印非常相似。无论留下这些脚印的是谁，他们都有着高大的身材，并利用进化完全的足弓走出了类似现代人的大步伐。

对长距离步行的更多适应性改变明显存在于我们腿骨的骨干和关节上，我们每走一步，它们都会承受很大的压力。自从两足动物用两条腿走路取代四条腿走路以后，每一步所施加于我们双腿的压力都是四足动物的两倍，如人类和鸟类。随着时间的推移，这些压力可能会导致疲劳性骨折，并损害关节软骨。对于如何承受这些较大的压力，大自然给出了一个简单的解决方案，就是把这些骨骼和关节变大。像今天的人类一样，直立人的骨干比南方古猿粗，因为后者所承受的弯曲和扭转的力量较小。此外，直立人的髋部、膝关节和踝关节比较粗大，从而有效降低了这些关节的压力。

最早的狩猎采集者面临着另一个同样重要的挑战，那就是在热带的高温下长途行走需要持续散热，这个挑战对今天的许多人来说也仍然存在。在赤道的阳光下徒步行走，对动物来说就像接受太阳辐射的惩罚一样，并且行走本身也会产生大量体热。在热带地区中午前后的这段时间里，大多数动物，包括食肉动物，都会明智地在树荫下休息。因为两足行走的人族不能非常快速地冲刺，所以拥有在白天长途行走而不会过热的能力对非洲的早期狩猎采集者来说，可能是一种至关重要的适应性改变，这使得他们把自己在觅食时被食肉动物猎杀的可能性降到了最低。英国演员诺埃尔·科沃德（Noël Coward）曾经风趣地说，只有“疯狗和英国人才会在正午的阳光下外出”，但他其实应该写成“疯狗和古人族”。

人类保持冷却的一个简单方法就是两足行走。直立站立和行走大大减少了身体表面暴露于阳光直射的比例，减少了阳光导致体温升高的程度。我们被阳光炙烤的部位主要是头顶和肩膀，但四足动物被炙烤的还有整个背部和颈部。直立人与南方古猿相比，另一个适应性改变是体型较高大、肢体较修长。伸展的体型能帮助我们通过排汗来降温，把水分从皮肤表面分泌出去。汗水蒸发时也可以冷却皮肤以及皮肤下面的血液。为此，在炎热、干旱生境下进化而来的人类种群经过自然选择，拥有较大的体表面积，而这较大的体表面积，是通过较高的身高、修长的肢体以及比适应寒冷栖息地的人群长得更纤瘦来实现的。关于这一点，可以通过对图西族人与因纽特人作比较得出。直立人的臀部为何得以保持纤瘦仍然是一个有争议的论题，但他们的整体体型肯定是为了帮助自己在中午阳光的炙烤下仍然可以把热量消散掉。

在我们从早期智人那里继承的适应性改变中，对在徒步旅行时特别有效的还有一点就是突出的外鼻。南方古猿的面部显示他们的鼻子扁平，跟猿类或任何其他哺乳动物很像，但是能人和直立人的鼻腔出现了向外倾斜的边缘，这说明他们身上存在一个像现代人类一样从面部向外突出的鼻子。除了让我们的外表更有魅力以外，独特的外鼻还可以通过在吸入鼻内的空气中产生湍流，从而在温度调节中发挥重要作用。

当猿或狗通过鼻子呼吸时，气流是呈一条直线通过鼻孔，然后进入内鼻的。但当人类用鼻子吸气时，空气通过鼻孔上升，旋转 90° 后通过另外两个阀门到达内鼻。这些不同寻常的特征会使空气在不规则的涡流中旋转。虽然这种湍流需要肺部略微增加一些工作量，但它增加了空气与内鼻壁上的黏膜之间的接触。黏膜含有大量水分，但是结合不是很强。所以当你通过外鼻吸入干热的空气时，产生的湍流会增强内鼻加湿空气的能力。这种湿化很重要，因为吸入的空气需要用水来使其饱和，以免肺部干燥。同样重要的是，湍流能帮助鼻子重新捕获我们呼出的水分。硕大的外鼻在早期人属中的进化是很强的证据，证明了在干热条件下长距离行走而不脱水的自然选择作用。

奔跑的进化

长距离步行是狩猎采集者的基本能力，但人们有时不得不奔跑。一个强有力的动机是为了在被猎食者追逐时能快速跑到一棵树下或某种其他的避难之处。虽说你在被狮子追逐时，只需要比其他同伴跑得快就行了，但是两条腿的人类相对还是跑得比较慢。世界上跑得最快的人能以 37 千米的时速奔跑一二十秒，而一头普通的狮子能以至少两倍的时速奔跑大约 4 分钟。像我们一样，早期人属在短跑方面肯定很糟糕，他们在惊恐之下的冲刺经常是徒劳的。然而有充分的证据显示，在直立人时期，我们的祖先已经进化出了不凡的能力，能在炎热的条件下以中等速度长距离奔跑。支持这些能力的适应性改变使人体在一些关键方面发生了改变，这同时解释了为什么人类，即使是业余运动员，在哺乳动物世界中也能跻身最好的长跑选手之列。

今天，人们长跑是为了健身、通勤或单纯是出于乐趣，但耐力跑的起源却是为了获取肉食而进行的奋斗。要理解这一推断，请试着想象一下，200 万年前最早的人类捕猎或收集肉食时会是什么样的情景。大多数食肉动物通过速度和力量的结合来杀死猎物。大型食肉动物，例如狮子和豹子，会追逐或扑向猎物，然后用致命的力量将其杀死。这些危险的食肉动物奔跑的时速可达 70 千米，并且它们还有恐怖的天然武器：匕首般的獠牙、剃刀般锋利的爪子和沉重的脚掌，来帮助它们弄伤和杀死猎物。

猎食动物和食腐动物，如鬣狗、秃鹫、豺，也需要奔跑和搏斗，因为对猎物尸体的争夺非常激烈，其他危险的食腐动物也会抓住机会把猎物尸体啃为白骨，这些尸体是激烈搏斗的焦点，稍有延缓就抢不到了。今天的我们使用抛射性的武器来狩猎和自卫，弓箭是在不到 10 万年前才发明出来的，而最简单的石制矛尖在大约 50 万年前就发明出来了。最早的狩猎采集者能使用的最致命武器是削尖的木棍、棒子和石头。以其他动物为食是一个残酷、艰难且危险的营生，对于缓慢、弱小、手无寸铁的人族来说尤其如此。

针对这一问题的一种重要解决方案是耐力跑。也许最初选择奔跑是为了帮助早期人属吃到动物的尸体。今天的狩猎采集者有时通过观察盘旋在天空中的秃鹫来找到动物的尸体，因为这显示下面正在进行一场杀戮。然后他们会跑到动物的尸体前，勇敢地赶跑狮子或其他食肉动物，尽情地享用它们留下的美味。另一个办法是在晚上全神贯注地听狮子猎杀的声音，然后在第二天一早赶在其他食腐者到达之前奔到猎杀现场。这两种食腐的方法都需要长距离奔跑。此外，一旦人族获得了肉食，带着所有能带走的食物跑开，到远离其他食腐动物的安全地带享用，可能也是有利的。

狩猎采集者食腐的历史已有数百万年，但有考古证据表明，190 万年前早期人类就已经可以捕猎角马和捻角羚这样的大型动物了。如果奔跑对于食腐来说非常重要，那么请想象一下，奔跑对于行动迟缓、装备低劣的早期狩猎者将是何等重要。如果你想要用杀伤力不超过木棍或钝木矛的工具来杀死斑马或羚羊这样的大型动物，那你还不如做一个素食主义者。钝矛无法杀死大多数动物，除非近距离刺出。此外，早期人属狩猎者的速度不足以快速冲近猎物，即使他们设法偷偷接近猎物，也会面临被踢或被动物用角顶的危险。

我和我的同事戴维·卡里尔（David Carrier）、丹尼斯·布兰布尔（Dennis Bramble）认为，解决这个问题的办法是一种基于耐久跑的古老狩猎方法——持久性狩猎。持久性狩猎利用了人类奔跑的两个基本特点。首先，人类长距离奔跑的速度对于四足动物来说，得从小跑变成快跑才行。其次，人类奔跑时可以通过出汗来散热，而四足动物是通过喘息来散热的，并且它们不能边跑边喘。因此，即使斑马和角马快跑的速度远远快于人类，但人类可以迫使它们在高温下长时间快跑，使它们因体温过热而倒下，从而猎杀这些比人类跑得快的动物。这就是持久性狩猎者的狩猎方法。

在通常情况下，一个或一群狩猎者会挑选一个大型哺乳动物，往往是成功可能性最大的一个，在中午最热的时候去追逐它。刚开始追逐的时候，动物会快速跑开，找个阴凉的地方躲藏，通过喘息来散热。但是狩猎者们会很快追踪而至，通常是走着来的，然后继续奔跑着追逐猎物，使受惊的动物还没来得及散完热就再次快跑起来。这样一会儿走着追踪，一会儿跑着追逐，反复多次，最终动物的体温会上升到致命的水平，使其因中暑而倒下。这时，狩猎者就可以安全地杀死动物，而无须借助复杂的武器。狩猎者所需要的无非就是长距离奔跑和行走的能力，追踪猎物的智慧，部分开阔的栖息地，以及在狩猎前后能获得饮用水。

自从弓箭、网、驯化狗和枪等其他技术发明后，持久性狩猎变得罕见了，但是近年来在世界上许多地方还是有持久性狩猎的报道，包括非洲南部的布须曼人、北美和南美的印第安人以及澳大利亚的原住民。这种耐久跑的能力保留在了现代人体内，有大量的适应性改变使我们具有独特的长距离奔跑能力，其中许多最早出现于直立人身上。

人类奔跑的最重要适应性改变之一就是我们具有独特的排汗散热能力，而不是通过喘息来散热，这要归功于我们身上数以百万计的汗腺，加上我们没有像动物那样浓密的体毛。大多数哺乳动物只有脚掌上有汗腺，但猿类与欧洲、亚洲和非洲猴子身体的其他部位也有一些汗腺。在人类进化的某一时期，我们的汗腺数目幸运地增加到了 500 万～1 000 万个。当我们热起来时，汗腺可以把以水为主的液体分泌到身体表面；汗水蒸发时可以冷却皮肤、皮肤下面的血液以及全身。人类每小时排汗可能会超过 1 升，这足以使一位在炎热条件下跑步的运动员顺利散热。

虽然 2004 年雅典奥运会女子马拉松项目举行时气温高达 35℃，但正是高出汗率使得获胜者以平均每小时 17.3 千米的速度奔跑了两个多小时，而不至于使体温过高！没有其他哺乳动物可以做到这一点，因为它们缺乏汗腺，而且大多数哺乳动物体表都覆盖着体毛。体毛的用处是可以像帽子一样反射太阳辐射、保护皮肤、吸引异性，然而体毛也限制了皮肤表层的空气流通，阻止了通过出汗蒸发热量。人类的体毛密度其实和黑猩猩一样，但大多数人的体毛非常纤细,就像桃子的纤毛。我们还不知道人类何时进化出大量汗腺并失去了体毛，但我推测这些改变是在人属中最早进化出来的，或是在南方古猿中最初进化出来的，并在人属中变得更加复杂。

虽然体毛和汗腺不会变成化石，但人类的肌肉和骨骼有几十个适应于耐久跑的改变，这些适应性改变的痕迹最早见于直立人化石。这些特性中的大部分允许我们把双腿当作巨大的弹簧一样来使用,高效率地从一条腿跳到另一条腿。奔跑与行走的方式完全不同,后者的腿部运动轨迹更像是钟摆。如图 2-3 所示，当你的脚在奔跑中落地时，你的臀部、膝盖和脚踝在每一步的前半部分时会屈曲，使重心下降，从而拉伸腿部的许多肌肉和肌腱。当这些组织伸长时，它们会储存弹性能量，在每一步的后半部分时缩短，帮助你跳到空中。

事实上，奔跑者的腿部储存和释放能量的效率如此之高，以至于在耐久跑速度范围内，奔跑的能量消耗仅比行走高 30% ～ 50%。更重要的是，这些弹簧是如此有效，使得人类耐久跑（不是冲刺）的能量消耗与速度无关：以每千米 7 分钟或 10 分钟的配速跑 5 千米，消耗的热量是一样的，许多人都觉得这一现象违反直觉。

由于奔跑时双腿起到了弹簧一样的作用，因此我们对于奔跑最重要的适应性改变其实就是“弹簧”。一个关键的弹簧是拱形的足弓，这是在儿童时期开始行走和奔跑时，韧带和肌肉将脚骨结合在一起形成的拱形。如前所述，南方古猿的脚有部分足弓，可帮助他们绷直脚走路，但他们的足弓与我们的相比，既不够凸也不够稳定，这意味着这种足弓所起的作用还不能像弹簧那样有效。

虽然我们缺少早期人属的完整的脚部证据，但据已有的部分脚的脚印显示，直立人有着像现代人一样完全的足弓。完全而有弹性的足弓对于行走不是必需的，但其弹簧似的作用有助于使奔跑时的能量消耗减少大约 17%。人类腿部另一个主要的新出现的弹簧是跟腱。这个肌腱在黑猩猩和大猩猩身上长度小于 1 厘米，但在人类身上长度通常大于 10 厘米，而且非常厚，在奔跑时可以储存和释放人体所产生的机械能的将近 35%。不幸的是，肌腱不会变成化石，但南方古猿跟骨上跟腱附着处较小，这表示南方古猿的跟腱与非洲的猿类一样小，在人属中跟腱才第一次变大。

许多适应性改变显示出人属为奔跑所发生的进化，所起的作用是稳定身体。奔跑本质上是两条腿交换着跳跃，奔跑的步态不如行走稳定；即使轻轻推一下，或落在不平整的地面上，或落在一块香蕉皮上，都能轻易导致跌倒，并使奔跑者受到伤害。虽说像扭伤脚踝这样的伤害在今天也算是问题，但在 200 万年前的大草原上这就可能意味着被判处死刑。因此，自从直立人以来，我们就受益于一系列从头到脚的新特征，使我们奔跑时免于摔倒。

在这些特点中，没有比人体最大的肌肉臀大肌更为突出的了。这块巨大的肌肉在行走时几乎不活动，但在奔跑时每一步的收缩都非常有力，目的是防止躯干向前倾倒。你可以在行走和奔跑时抓住自己的臀部，以此来检测一下：相比于行走，奔跑状态下每一步肌肉的收缩有多么强烈。猿类的臀大肌较小，我们可以根据髋骨化石来判断，南方古猿的这块肌肉相对为中等大小，在直立人身上这块肌肉开始首次变大。较大的臀大肌也有助于攀爬和冲刺，但由于南方古猿从事的这些活动并不比直立人少，因此这块肌肉的增大可能主要是因为长距离奔跑。

最早出现在人属身上的另一组重要的适应性改变，其作用是在我们奔跑时帮助稳定头部。与散步不同，跑步时步态颠簸，会使你的头部来回快速摆动，如果不加以控制的话，足以使你视线模糊。要认识这个问题，可以观察一下扎着马尾辫的跑者：在每跑一步时，作用于头部的力使得马尾辫呈八字形摆动，即使头部不怎么动——这就是看不见的稳定机制起作用的证据。由于人类附着在颅底中央的颈部较短，因此我们不能像四足动物那样通过屈伸颈部来稳定头部。相反，我们进化出了一套新的机制，以使我们的视线保持稳定。这些适应性改变的其中之一是平衡感觉器官内耳半规管增大。这些管子的作用就像陀螺仪，主要负责感知头部俯仰、摇晃、摆动的速度并触发反射，促使眼睛和颈部的肌肉对抗这些运动，甚至在闭眼时也能发挥作用。

由于半规管越大越敏感，所以，相比于那些比较安静的动物，像狗和兔这样头部晃动频繁的动物体内的半规管就比较大。幸运的是，颅骨会保留这些管子的尺寸，因此我们知道，直立人和现代人与猿类和南方古猿相比，他们的半规管经过进化，相对身材来说要大得多。阻止头部晃动的另一种特别的适应性改变是项韧带。这个奇特的解剖结构最早是在早期人属中发现的，在猿类和南方古猿中都没有，这条韧带就像橡皮筋一样沿着颈部的中线把你的头枕部和手臂连接起来。每次你的脚落地，头部就会前倾，同时身体那一侧的肩膀和手臂就会下坠。由于项韧带将头部与手臂相连，这就使得下坠的手臂将头部拉回，使其保持稳定。

正如你可能想到的那样，人体中还有一些其他有助于有效奔跑的特性，它们也是在人属中首次进化出来的。图 3-2 总结了这些特征，其中包括相对较短的脚趾，可稳定脚部；较窄的腰部、低而宽的肩膀，这两点有助于奔跑者的躯干独立于髋部和头部进行扭转；腿部以慢肌纤维为主的作用是牺牲速度，换得耐久力。许多性状都对行走和奔跑有利，但有一些，比如强大的臀大肌、项韧带、较大的半规管以及短脚趾，对行走没有影响，主要是对奔跑有利，这意味着它们是针对奔跑的适应性改变。这些性状显示，发生在人属中的强选择不仅仅针对行走，也针对奔跑，可能是为了食腐和狩猎。我们还要考虑到，这些适应性改变中的一部分，尤其是长腿和短脚趾，是以牺牲爬树能力为代价的。针对奔跑的选择可能使得人属成为灵长类动物中第一批不善于爬树的物种。

总之，通过清理和狩猎获得肉食的好处促成了人体的许多转变，它们首先见于早期人属，使得早期狩猎采集者不但能够行走，还能够长距离奔跑。我们不可能知道直立人是否比今天的人类跑得快，但毫无疑问的是，这些祖先在我们体内各处留下的适应性改变，可以解释人类如何成为以及为什么是能够并确实进行长距离奔跑的少数几种哺乳动物之一，为什么我们是唯一可以在炎热天气条件下跑马拉松的哺乳动物。

使用工具的生活

你的生活离得开工具吗？过去人们曾认为只有人类能够制造工具，但实际上其他一些物种偶尔也能使用简单的工具，比如黑猩猩用石头砸坚果，或者把树枝改进一下用来钓白蚁。然而，自从狩猎和采集行为进化出来后，人类的生存开始严重依赖工具来挖掘植物、狩猎和宰杀动物、加工食物以及从事更多工作。人类制造石制工具的历史至少有 260 万年了，甚至更长，现在地球每个角落的人群中都有各种复杂的工具。制造和使用工具的选择导致人体的一些鲜明特征首先在人属中进化出来，这并不令人惊奇。

如果人体的某一部分最直接地反映了我们对工具的依赖，那无疑就是手了。黑猩猩和其他猿类抓握物体的方式一般就像人类握锤柄那样，用手指把物体夹在手掌中（强握）。有时黑猩猩会用拇指的侧面和食指的侧面夹持较小的物体，但它们不能把铅笔和其他工具精准地握在拇指的指面与其他手指的指端之间。人类可以用这种方式握持，是因为我们的拇指相对较短，其他手指相对较长，并且我们有着极强的拇指肌肉、强壮的指骨和粗大的关节。

如果你曾经尝试制造石制工具并用它们来宰杀动物，那么你很快就会明白，对早期狩猎采集者来说，将精度和强度结合是多么重要的事。制造工具时你需要力量来反复捶打放在一起的石头；从动物尸体上剥皮剔肉时精准握持石制刀片需要超强的手指力量，因为工具用着用着会变钝，沾上脂肪和血液后会变滑。纤细型南方古猿的手介于猿类与人类之间，比如露西。他们肯定能够握持棍子并用它来挖掘，但强而精准的握持能力直到大约 200 万年前才明确出现。事实上，在奥杜威峡谷发现的一只接近现代人的手化石激发了路易・利基及其同事的灵感，他们将人属中最古老的物种命名为“能人”。

还有一种显然是在人属中进化出来，并有助于改变我们身体的与工具相关的技能是投掷。最早的狩猎者缺乏能够在一定距离外杀死动物的利矛，但他们拥有类似标枪的简单武器，用于投掷或猛刺，只有人类才可以这样做。黑猩猩和其他灵长类动物有时会扔石头和树枝，或者粪便之类的脏东西，扔向哪些目标也有其合理性，但它们扔任何东西都不能把速度和准确性结合起来。相反，它们肘部伸直、笨拙地投掷时只用到了上半身。

我们的投掷方式与黑猩猩完全不同，开始时通常是向投掷的方向跨出一步，躯干朝向侧方，肘部弯曲，手臂突出在身体其他部位的后方。然后通过转动腰部继而带动躯干，以一种挥鞭样的方式产生巨大的能量，这些能量推动肩部和肘部，最后是腕部向前运动。虽然腿部和腰部对于用力投掷很重要，但是肘部的能量主要来自肩部，当我们的手臂向头后方伸出时，这种能量就像弹弓一样积蓄起来了。通过在适当的时候释放能量，人类可以把矛、石头和棒球以高达每小时 100 千米的速度掷出，并能准确地命中目标物。正确地进行这一系列动作需要大量的练习以及适当的解剖结构，其中一些解剖结构首先在南方古猿中进化出来，但直到直立人时才全部出现。这些解剖结构包括高度灵活的腰部、又低又宽的肩部、面向侧方而不是较垂直的肩关节，以及高度可伸展的腕关节，直立人中的狩猎者可能是最早的优秀投手。

除了狩猎和屠宰以外，加工食物也需要工具。你可以不用任何工具切割、研磨或者软化生肉，直接吃试试看。你可以吃莴苣、胡萝卜和苹果，但你会发现，那些咬不动的食物实在难以下咽，比如肉或块茎。烹饪技术从发明到现在可能还不到 100 万年，但在最古老的考古遗址中发现的石头和骨头显示，早期人属已经开始在咀嚼前对许多食物进行切割和捶打了。尽管这种加工食物的手段很基础，但也能带来好处。一是减少了消耗在咀嚼和消化上的时间和体力。黑猩猩要在吃东西和消化上花费大半天时间，使用工具的狩猎采集者则与之不同，他们有更多的自由时间觅食、狩猎以及做其他有用的事情。

此外，仅仅在咀嚼前把块茎或牛排捶软就能提高其可消化率，并大大增加所获得的热量。最后，食物加工可以使牙齿和咀嚼肌变小。正如我们前面看到的那样，南方古猿进化出极厚的臼齿和巨大的咀嚼肌，以咬碎大量坚硬难咬的食物。然而，直立人的臼齿缩小了约 25%，与现代人的臼齿大小接近，他们的咀嚼肌也缩小到几乎与现代人相同大小。臼齿和咀嚼肌的缩小使得人属中面部下半部分缩短的选择成为可能。我们是唯一没有长长的口鼻部的灵长类动物，这部分要归功于工具的使用。

肠道和大脑

大多数时候我们是用大脑思考的，但有时消化系统似乎在替我们思考，代表身体的其他部分做出决定。肠道的本能反应实际上不仅仅是提醒或直觉，它们突出显示了大脑与肠道的重要联系。在狩猎和采集开始出现后，这种联系在人属中发生了极其显著的改变。

狩猎和采集如何青睐于我们的大脑和肠道，这两个器官之间到底有怎样的关系？要理解这一问题，只要考虑到这些器官都很“昂贵”，而且它们的生长和维持都需要消耗大量的能量，就会有所帮助。事实上，大脑和肠道每单位质量消耗的能量差不多。在人体基础代谢的能量消耗中，大脑和肠道各占 15%，用于运送氧气和燃料、排出废物所需要的血液供应量也相似。肠道中有大约一亿个神经细胞，比脊髓或整个外周神经系统中的神经细胞数量都要多。这个“第二大脑”在数亿年前就已进化了出来，可监测和调节肠道的复杂活动，其中包括分解食物、吸收营养，并将食物和废物从口腔运送到肛门。

人类有一个奇怪的特点，那就是我们的大脑和排空时的胃肠道大小差不多，都比一千克稍微重一点。在体型相近的大多数哺乳动物中，它们的大脑大约是人类的 1/5，肠道却有人类的两倍大。换句话说，人类的肠道相对较小，而大脑相对较大。在一项里程碑式的研究中，莱斯利·艾洛（Leslie Aiello）和彼得·惠勒（Peter Wheeler）提出，我们的肠道和大脑有着如此独特的大小比例，是始于最早期狩猎采集者的能量转变，这种转变影响深远。在此转变中，早期人属转向较高质量的饮食，从而明显牺牲了硕大的肠道来换得比较大的脑容量。

按照这种逻辑，通过在饮食中加入肉类，并更多依靠食物加工，早期人属可以将较少的能量用于消化食物，投入更多能量用于使大脑长得大一些，并维持它的运作。从实际的数字来看，南方古猿的大脑重 400 ～ 550 克；能人的大脑稍大一点，为 500 ～ 700 克；早期直立人的大脑在 600 ～ 1 000 克。因为直立人的体型也变得更大，所以对体型大小进行调整后，典型直立人的大脑比南方古猿大 33%。虽然肠道不会保留在化石记录中，但有人认为，直立人的肠道小于南方古猿。如果是这样的话，狩猎采集在能量方面带来的好处显然使得进化出较大的大脑成为可能，部分原因是这些最早的人类可以凭借较小的肠道生活。

脑容量变大以后，尽管消耗的能量变多了，但在最早的狩猎采集者中肯定是有优势的。有效的狩猎和采集需要通过分享食物、信息和其他资源来展开密切合作。此外，狩猎采集者之间的合作不仅仅发生在亲属之间，还发生在同一群体中无亲属关系的成员之间。我为人人，人人为我。母亲们互相帮着采集和加工食物，以及照顾彼此的孩子。父亲们互相帮着狩猎，分享他们成功获得的猎物，合作搭建居所、捍卫资源等。但是，这些所有形式的合作都需要超出猿类水平的复杂认知技能。

有效的合作需要良好的心理解读能力（通过直觉猜测其他人在想什么）、语言沟通能力、推理能力以及抑制自身冲动的能力。狩猎和采集还需要好的记忆力，让他们记住什么时候在哪里找到不同的食物，还需要拥有博物学家的头脑来预测哪里会有食物。追踪猎物尤其需要很多复杂的认知技能，包括演绎与归纳思维。可以肯定的是，200 万年前最早的狩猎采集者肯定没有现代人这么发达的认知能力，但他们的大脑比南方古猿的更大、更好，这给他们带来了好处。然后，一旦狩猎和采集取得成功，足以获得更多可用的能量，那么这种生活方式就允许进化的自然选择使得大脑进一步变大。大脑的明显增大发生在狩猎和采集开始出现之后，这不是巧合。

你是否曾经有过担心，你可能会被困在一个荒岛上，不得不成为狩猎采集者才能生存？现实中偶尔真的会有这种事情发生，最著名的是小说《鲁滨孙漂流记》。它的灵感来源于亚历山大·塞尔柯克（Alexander Selkirk），他被滞留在智利以西的一个小岛上，在那里学会了光脚追逐野山羊。另一个例子是玛格丽特·德·拉·罗克（Marguerite de La Rocque），这位法国贵族妇女于 1541 年和她的情人、婢女被放逐到靠近魁北克海岸的一个岛上，此后不久玛格丽特还生了一个孩子。但这倒霉的四个人中，只有玛格丽特活了下来。她住在临时搭建的小屋里，采集可以食用的植物，用简单的武器猎杀野生动物，直到最终获救。这些生存故事展现了一些独特的人类特征：猎取肉食和采集植物的能力、制造和使用工具的能力以及耐久力。这些特征在我们大多数人看来是理所当然的，但事实并非如此。所有这些特质都可追溯到人属的起源，尤其是从直立人开始。

然而，亚历山大和玛格丽特都不是直立人。与他们的古老祖先相比，他们不仅有着大得多的大脑，而且繁殖和生长的方式也大不相同，思维、沟通以及行为方式更是大相径庭。这些差异突出地显示了狩猎和采集进化出来后，这种生存方式如何进一步推动了人体持续的重要变化；在此期间，冰河时期的沧桑巨变频繁反复地改变着人属的栖息地，但人属仍然努力地生存于其间。

THE STORY OF THE HUMAN BODY

04

冰河时期的古人类

随着身体渐趋肥硕、变大，大脑如何进化

从 100 多万年前的冰河时期开始，直立人开始向温带栖息地迁移。这些狩猎采集者的后裔分别进化成海德堡人、尼安德特人和现代人类。现代人类大约在 4 万年前来到欧洲，并取代了脑容量接近 1 500 立方厘米的狩猎采集达人尼安德特人。此外，直立人于 80 万年前来到印度尼西亚弗洛勒斯岛，在自然选择的驱动下，进化出了脑容量较小的霍比特人。

> 我们所必须做的，不过是在我们对能源的需求与迅速萎缩的资源之间取得平衡。现在就采取行动，我们可以控制我们的未来，而不是被未来所控制。
>
> ——吉米·卡特（1977 年）

请想象一下，一个直立人家庭不知何故从 200 万年前被克隆或穿越到了 21 世纪，他们被允许在非洲的塞伦盖蒂平原进行狩猎和采集。如果你在一次旅行中看到他们，你会认为他们的身体从颈部以下跟你的家人有点相像，但你也会感觉到这些原始人在几个关键地方与现代人类明显不同。最明显的是，他们的脑容量要小得多，还有那没有下巴的大脸上突起的硕大眉弓，高悬在斜坡状额头的前方。如果能对他们观察上很多年，你会发现，他们的孩子与现代人类相比，成熟时间要短得多，他们在十二三岁之前就完全成年了，但他们生孩子的频率可能比如今的狩猎采集者要慢。

我还推测他们应该长得骨瘦如柴，身体的脂肪含量比当今最瘦的超级名模还要少得多。这些差异突出地显示出，当人属第一次进化之后，我们的祖先在一些重要方面仍在继续进化，最终成为脑容量大、成熟缓慢、生育周期短的现代人类，并且身体脂肪含量比任何其他灵长类动物都要多。这些转变可能是逐渐发生的，但它们反映出我们的身体在如何使用能量方面发生了具有深远意义的革命，这一革命为我们所属的物种——智人的进化奠定了基础。

你可能没有意识到你的身体正在以一种特殊的方式消耗能量，但事实的确如此。为了弄懂我们获取、存储和消耗能量的独特方式，我们不妨把生命的本质看作用能量来生产更多生命的一种方式。所有的生物，从细菌到鲸，每天的大多数时间都用来从食物中得到能量，然后再把能量用于生长、生存和繁殖。有些适应性改变能帮助生物体比同类生产更多的存活后代，具有这些适应性改变的生物体更受自然选择的青睐，因此进化不可避免地会驱动生物采用能提升后代存活数量的方式去获取和使用能量。

大多数生物，如老鼠、蜘蛛和鲑鱼，达到这个目的的方式是在生长方面尽可能少地消耗能量，而尽可能多地用于繁殖。这些物种成熟速度快，在它们短暂的一生中能产生几十个、上百个甚至上千个卵或幼崽。虽然大部分的后代无法存活，但极少数还是能幸存下来。这种速生、速死、大量繁殖的策略所需的投入极小，当资源状况不可预知且死亡率较高时，这种方式是合理的。如果生命的偶然性太大，那就只能追求快速、低廉的回报。

从许多方面来讲，人类这个物种的个体数量相对较少，并且进化出一种与众不同的策略，即投入较多的能量，以较慢的速度繁殖。与猿类和大象相似，我们成熟的脚步比较悠闲，成熟后的身体比较庞大，生育的孩子比较少，但我们会投入许多时间和精力用于抚育后代。这个不同寻常的策略获得了成功，因为虽然猿类和大象产生的幼崽比老鼠少，但它们的后代在生长到繁殖年龄时拥有较大的存活比例。仅仅 5 周大的家鼠就能产崽，每次产 4 ～ 10 个幼崽，家鼠在大约 12 个月的生命周期中，每隔两个月就能生产一次。然而，绝大多数幼崽都会夭折。与此相反的是，雌性黑猩猩或大象至少要到 12 岁才会产崽，在接下来的大约 30 年的生命中，每隔 5 ～ 6 年才产一胎。这些后代中大约一半能存活至生儿育女阶段。这种缓生、慢死、保守生育的高投入策略，只有在资源状况可预测，并且幼崽死亡率低的情况下才可能进化出来。

与老鼠相比，人类利用能量的方式和繁殖方式显然与黑猩猩更像，但在冰河时期，人属改变了这一策略，这一改变非常显著、令人惊讶，并造成了严重的后果。一方面，我们的祖先经过进化，把更多的时间和能量用于身体生长，从而强化了猿类的策略。黑猩猩在 12 ～ 13 岁成熟，而人类大约到 18 岁才会成熟，并且我们消耗了更多能量用以使身体长得更大，而这样的身体又会消耗更多能量，尤其是我们那个巨大无比的大脑，在日常能量消耗中所占的比例更大了。

换句话说，人类仅仅在身体的生长和维持方面投入的能量就绝对多于猿类。但同时，人类经过进化又加快了繁殖速度。狩猎采集者通常每隔三年生一次孩子，频率几乎是猿类的两倍。此外，由于人类的孩子成熟需要的时间特别长，所以狩猎采集者的母亲在护理和照顾小婴儿的同时，还得继续喂养和照顾那些大一点但还很不成熟的孩子，因为他们还不能自己觅食。而猿类的母亲则不必应对这种育儿挑战。从本质上说，我们的这一进化结果是以一种全新的方式，把猿类和老鼠的策略成功地结合了起来。但做到这一点确实意味着能量利用方面的革命，这一革命对现代人类的健康仍然有着深刻的影响。

人属如何进化出了这种独特的策略，从而能够利用更多的能量，生长出更大、更精巧的身体，获得更长的寿命，而又能以更快的速度繁殖，这是人体的故事中下一个关键性的转型。人体的故事的这一部分大约开始于冰河时期初期，也是在发明狩猎采集的生活方式以及直立人的起源之后。

在冰河时期生存和扩张

上一次提到我们的主人公直立人时，他们才刚刚进化出来。迄今为止，我们出土的最古老的直立人化石来自肯尼亚，时间可追溯至 190 万年前，但该物种或与之密切相关的变种不久之后就在欧洲、亚洲和非洲的其他地方出现了。非洲以外目前发现的最古老直立人化石距今 180 万年，来自德玛尼西，这个地方坐落在里海和黑海之间的格鲁吉亚丘陵地区。如果目前出土的五六具化石真是直立人的，那他们将是至今发现的这个物种最小的化石。这些化石中还包括一位可能需要族人帮助咀嚼食物的无牙老人。其他发现表明，直立人向东散布进入了南亚，可能居住在喜马拉雅山下。他们在 160 多万年前出现在了爪哇，并在差不多的时间出现在了中国。直立人还在至少 120 万年前向西沿着地中海进入了南欧。因此，直立人是第一种跨洲的人族。有人猜测能人也曾走出过非洲，我们将在本章末尾讨论这种观点。

直立人为什么会迅速走向全球，他们是怎么做到的呢？如果让塞西尔·德米尔（Cecil B. DeMille）来把这一幕拍成电影的话，他可能会拍出戏剧性的迁移场面，可能会有一队长长的人族，他们眉弓粗大，邋里邋遢，满面思乡的愁容，一路向北走出了非洲，同时还要配上渐渐增强的管弦乐伴奏。我们甚至可以想象，有一位早期直立人中的摩西分开红海，率领他的族人进入了中东。事实上，这不是一次壮阔的迁移，而是一种渐进式的扩散。人口增长的同时向外扩散，这样就不会增加人口密度，对于最早获得一定成功的狩猎采集者来说，这是可以想见的。

狩猎采集者一般都是以小群体生活的，因此，在广阔的领土内他们的人口密度很低。如果他们与现代的狩猎采集者相近，那么可以估计，他们以 25 人左右（约七八个家庭）的群体生活，居住在 250 ～ 500 平方千米的领土内。这种密度相当于整个曼哈顿岛上只生活着 6 ～ 12 人！此外，一名活过儿童期的直立人女性总计生育 4 ～ 6 个子女，其中只有一半能存活到成年。

如果我们用这些数字来估算，直立人的年平均人口增长率约为 0.4%，那么在 175 年内人口就会翻倍，在短短 1 000 年后就会增长 50 多倍。因为这些狩猎采集者不是住在城镇或城市里，所以保持人口增长而又适当降低密度的唯一途径就是让过于稠密的群体分开，并扩散到新的领土中去。如果最早生活在肯尼亚内罗毕附近的一个直立人采集者群体每隔 500 年会分出一支新的群体向北扩散，并且每支新群体的领土是 500 平方千米，大致呈圆形，那么不到 5 万年，这个物种就能以这种方式向北扩散到尼罗河谷，到达埃及，然后再到约旦河谷，一路到达高加索山脉。即使这些群体每 1 000 年分裂一次，直立人从东非扩散到格鲁吉亚也不会超过 10 万年。

对于直立人快速广泛地扩散到远方,我们不应感到惊讶。更值得注意的是，这些狩猎采集者在冰河时期就开始向温带栖息地迁移。许多人认为，整个冰河时期就是巨大的冰川覆盖着地球的大部分地区，但实际上它的特点是冰川扩张的极冷期和冰川收缩的快速变暖期反复循环，这些循环形成了图 1-4 中的锯齿线。起初，这些循环的强度中等，持续了大约 4 万年。然后，从大约 100 万年前开始，这些循环变得更强烈、更持久，持续了约 10 万年。每个循环对于早期人类试图生存的栖息地都产生了重大影响。在最大的寒流期间（大约 50 万年前开始达到极点），海洋平均温度下降了多度，冰原覆盖着地球表面的 1/3，这些冰原容纳了超过 500 万立方米的水。

冰川使海平面大幅下降，大陆架露出海面。当冰川扩展达到极点时，人们可以从越南走到爪哇和苏门答腊，或从法国出发穿过英吉利海峡到达英国。冰河时期每个周期的气候变化也改变了植物和动物的分布状况。在寒冷期，欧洲中部和北部的大部分成了荒凉的北极苔原，除了苔藓和驯鹿之外，没有什么东西可供食用，而欧洲南部则成为一片熊和野猪横行的松树林。这种情况对早期狩猎采集者来说简直如同地狱,尤其是在火发明前。有证据显示,在这些寒冷期，早期人类根本没有出现在阿尔卑斯山和比利牛斯山以北。然而，在两次冰川期之间，冰原撤退到了南北极两端，富饶的地中海森林重现在了欧洲南部，泰晤士河中还有河马嬉戏。在这些气候较为温和的时期，欧洲、亚洲和非洲的诸多温带地区为人类所占据。

生活在非洲的人们没有直接受到冰川的影响，但是他们也经历了周期性的气候变化。随着湿度和温度水平上下波动，撒哈拉沙漠以及热带稀树草原这样的开阔栖息地，也在相对于森林和林地交替地扩张和收缩。这些周期就像巨大的生态泵。在较湿润的时期，撒哈拉沙漠缩小，狩猎采集者可能会很快增加，从撒哈拉以南的非洲向北扩散到尼罗河谷，越过中东，然后进入欧洲和亚洲。但在较干旱的时期，撒哈拉沙漠扩大，非洲的狩猎采集者就与世界其他地区隔绝了。此外，在较为寒冷干旱的冰川时期，欧洲和亚洲的直立人面临严重的生存困难，他们很可能会走向灭绝或被迫南迁，回到地中海或亚洲南部。

简而言之，直立人很不幸。他们在地球历史强烈动荡和艰难的时期开始时在非洲进化了出来。然而，这个物种没有停留在非洲，而是很快就走向全球，在广袤的非洲和欧亚大陆上继续进化。他们在冰河时期的剧烈波动中不但应付过来了，而且发展壮大了，那么他们到底是什么样的人，又是怎么做到这一切的呢？现在让我们更近距离地看看他们吧。

冰河时期的古人类

当大学室友分手时，彼此之间往往会失去联系，而当物种分散后，物种隔离就会更加强烈,后果也更加严重。不同人群由于相距遥远而产生了生殖隔离，自然选择和其他随机的进化过程使他们随着时间的推移差异逐步增大。前往加拉帕戈斯群岛的游客可以很容易地在海鬣蜥中观察到这种现象，那里的海鬣蜥的大小和颜色差异非常大，专家一看就能够辨别出它们分别来自哪个岛屿。同样的过程也很可能发生在直立人中。由于从事狩猎采集的人群分散在几个大洲，并遭遇了冰河时期的变迁，他们开始发生改变，出现差异，尤其是在体型大小上。

在大多数情况下，他们的体型都变得更大了，但在某些情况下，他们也会变得更小。平均来看，单个直立人的体重在 40 ～ 70 千克之间，身高在 130 ～ 185 厘米之间，但上述来自德玛尼西的人群处于这个范围的低端，他们的身体和脑容量比他们的非洲堂兄弟小 25%。 不过，在该物种身上有一个更普遍的趋势，那就是随着时间推移，他们的脑容量无论是从绝对值来看还是从相对值来看，都变得更大了。

如图 4-1 所示，在该物种存在的时间范围内，他们的脑容量的大小几乎翻了一倍，在 100 万年后几乎达到了现代水平，不过，尽管存在诸多这样或那样的变异，但是不同时期和不同地点的直立人化石始终拥有一系列共同特征，如图 4-2 所示。他们的头骨都长而扁平，额头较低，眉弓较大，在头骨的枕部有另一个水平的嵴。他们的面部都相对较大，方向垂直，有着大眼眶、宽鼻子。其中很多直立人的头骨顶部沿着中线有一条微隆的骨嵴，就像船的龙骨。正如我们讨论过的那样，直立人的整体形态与现代人非常相似，但他们的髋部更宽、更外展，整个身体骨骼也更厚。

到了 60 万年前，一些直立人的后裔经过进化，与祖先的差异已经大到足够把他们归类于另一个物种。最著名的例子是海德堡人（见图 4-2），他们的活动范围从南部非洲延伸到了英国和德国。海德堡人化石最壮观的宝库位于西班牙北部一个名为“骨坑”的遗址，西班牙语称为“Sima de los Huesos”，距今 53 万～ 60 万年前之间。遗址的各类痕迹显示，至少有 30 人经过了长距离的被动拖拽，在穿过一个悬崖深处的一条蜿蜒的自然隧道后，被扔进了一个坑里。据推测他们是在死后被扔进坑里的。他们的遗骸提供了关于这一种群的独特画面。

与直立人相似，他们的头骨长而低平，有着粗大的眉弓，但他们的脑容量更大，在 1 100 ～ 1 400 立方厘米之间。他们的面部也更大，尤其突出的是宽阔的鼻子。他们也都是大个子，体重在 65 ～ 80 千克之间。同时，直立人在亚洲也持续存在着，或可能进化为了另一个与之密切相关的物种，这个物种的脑容量和面部也很大。相关发现中最有特点的是一块保存完好的手指骨，发现于距孟加拉国以北 2 000 千米的西伯利亚阿尔泰山脉的一个山洞。从这块骨头中提取的 DNA 显示，手指骨的主人是目前被称为丹尼索瓦人的后裔。据推测，丹尼索瓦人是直立人的后裔，并与现代人和尼安德特人在 100 万～ 50 万年前拥有最后的共同祖先。丹尼索瓦人是个什么样的种群仍然是个谜，但是当现代人迁移到亚洲后，他们与现代人中的一部分发生了极少量的杂交。

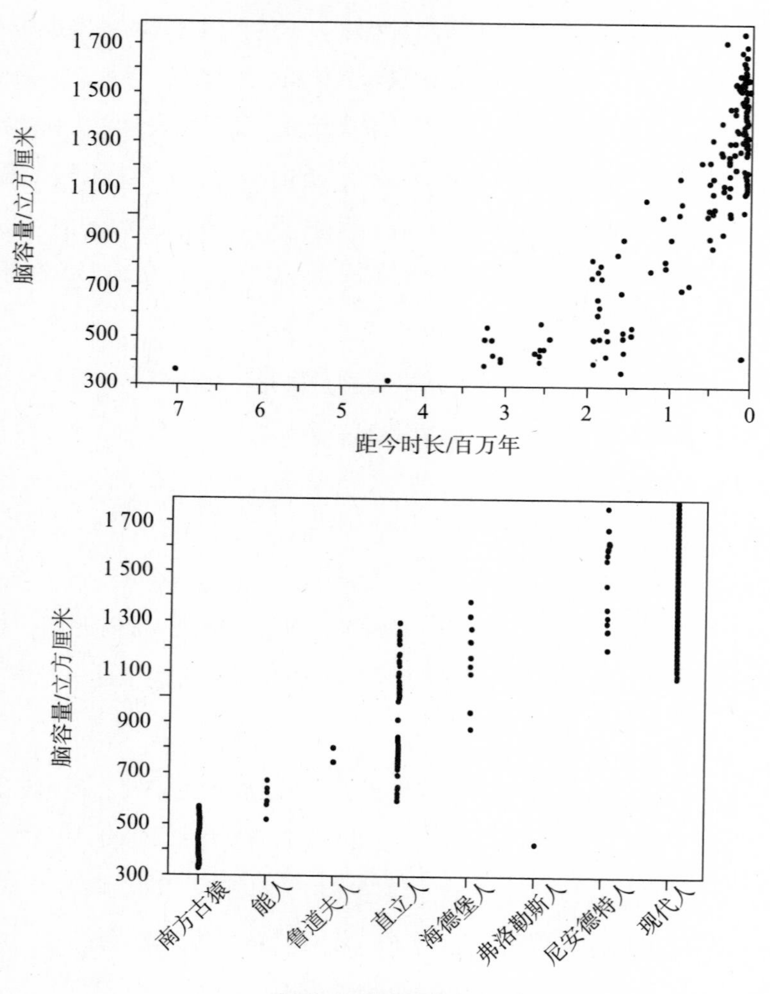

图 4-1　脑容量大小

上图描绘了脑容量随人类进化而增加的情况。下图描绘了人族不同物种的脑容量范围。

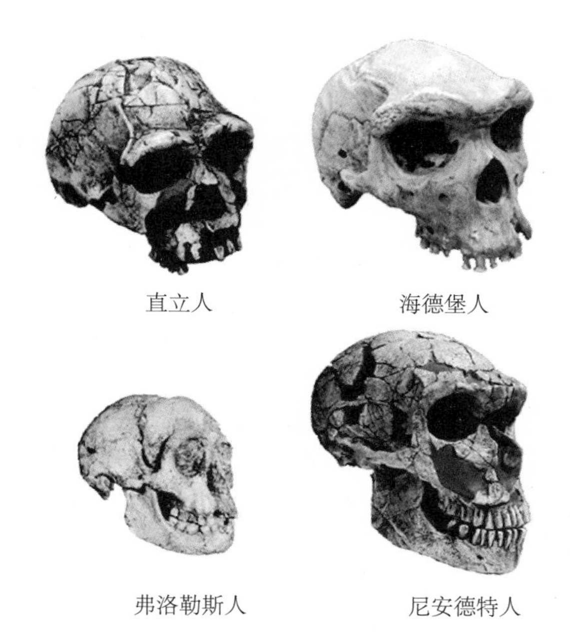

图 4-2　不同种类的古人属比较图

他们中的全部，甚至包括小个子的弗洛勒斯人，都是直立人中明显的一般类型的变种，他们拥有垂直、突出的大脸和长而低平的颅骨。不过，不同人种之间大脑和脸部的大小并不相同，其他一些特征也具有一定程度的差异。

将化石正确地划分为不同的物种通常很困难，因此我们目前对于到底有多少个物种起源于直立人以及谁是谁的祖先这一问题，并没有达成共识。而最重要的一点是，他们的大脑容量本质上都是直立人的变体。在解析人体的进化问题时，把他们统称为“古人属”（口语即古人类）既方便又合理。正如你可能想到的那样，古人属是熟练的狩猎者。他们制造的石制工具比直立人制造的工具还要略微复杂和多样，而他们在武器方面最大的创新是矛尖。无尖刺的矛很有可能是从石器时代初期就被制造出来了，但它们从未被发现过，因为木头很少能保存下来。

不过，在大约 50 万年前，古人属发明了一种巧妙的新方法，用以制造非常薄的石制工具，还能预先计划好形状，包括三角形的矛尖。这种方法通常需要高超的技巧和大量的练习才能掌握，但它彻底改变了抛射技术，因为以这种方式制造的石制矛尖轻巧、锋利，可以用树脂或筋装到矛杆上。想象一下，这些石制矛尖将给狩猎者们带来怎样的巨变！矛突然变得更加锋利了：它们不会再从猎物身上弹开，而是能够穿透坚硬的兽皮，甚至是肋骨，而且一旦扎进去，它们的锯齿状边缘将会造成可怕的撕裂伤。有了尖细的石制矛尖作为武器，狩猎者们就可以远距离杀死猎物，从而降低了受伤的风险，同时增加了狩猎成功的机会。用这种预制石核技术制成的其他工具也能更好地用来剥兽皮和执行其他任务。

而古人属更重要的发明是对火的控制。没有人能够确定人类经常性点火和用火最早出现在什么时候。目前，人类有控制地使用火的最早证据来自南非的一处 100 万年前的遗址和以色列的一处 79 万年前的遗址。然而，使用火的痕迹仍然十分罕见，直到 40 万年前的遗址中才开始经常出现火场和烧焦的骨头，这显示与直立人不同，古人属已经能习惯性地烧煮食物了。烹煮食物的流行，是一个革命性的进步。举例来说，煮熟的食物与未煮过的食物相比，能给人提供更多能量，也能降低致病风险。火还能让古人属在寒冷的栖息地保持温暖，抵御洞穴熊这样危险的掠食者，以及在晚上待到很晚后再入睡。

即便是有时有了火，冰河时期的极端气候对古老的人类而言仍然非常严酷，尤其是居住在欧洲北部和亚洲的人群。例如，在冰川覆盖欧洲北部的时期，海德堡人在地中海边以外的所有地区都消失了，这可能是因为较北方的人群发生了群体灭绝或向南迁移。但当气候改善时，他们会再一次向北扩散。如果这些扩散足够彻底，那么欧洲和非洲的海德堡人彼此之间在遗传上就不是完全隔离的。然而，分子学和化石数据显示，海德堡人在 40 万～ 30 万年前分为了几个部分隔离的支系。非洲支系进化成为现代人类（我们将在第 5 章讨论其起源）。另一支系在亚洲进化成为丹尼索瓦人，在欧洲和西亚地区进化成了最著名的古人属——尼安德特人。

我们的“表亲”尼安德特人

没有哪个古代物种比尼安德特人[①]更能激起我们的热情了。在1859年《物种起源》问世之前，就有一些尼安德特人的化石被发现，但这个物种直到1863年才被承认。之后有关这些原始穴居人的文章和辩论就纷纷涌现，他们已成为某种镜子：对他们的研究有时会揭示出更多关于现代人对自身的认识。起初，尼安德特人被错误地认为是一个缺失的环节：肮脏、野蛮、原始的祖先。

到了第二次世界大战之后，对这些观点有了一种健康但是较为极端的反应，部分是出于对伪科学的纳粹种族主义的普遍反感，部分是因为人们开始正确认识到尼安德特人是现代人类的近亲，他们在严酷的冰川条件下居住在欧洲地区，他们的脑容量与现代人类一样大或还要大一些。从20世纪50年代开始，许多古生物学家将尼安德特人归为人类的一个亚种，一个在地理上隔离的种族，而不是作为一个单独的物种。然而，新近的数据显示，尼安德特人和现代人类的确是不同的物种，在遗传学上，两者至少在80万～40万年前就分离了。虽然这两个物种之间有少量杂交，但他们是近亲的关系，而不是祖先和后代的关系。

关于尼安德特人最重要的事实是，他们是距今20万～3万年前生活在欧洲和西亚之间的古人属物种。他们是有技巧、有智慧的狩猎者，较好地适应于自然选择，他们的智慧支持着他们在冰河时期寒冷的半极地条件下生存了下来。如图4–2所示，尼安德特人头骨的总体结构与我们在海德堡人身上所见的相同：长而低的颅骨，一张巨大的脸、大鼻子、突出的眉弓，并且没有下巴。然而，他们的脑容量很大，平均脑容量接近1 500立方厘米。他们的头骨也有一组独

① 尼安德特人、丹尼索瓦人真的被我们的祖先完全消灭了吗？你知道人类是怎样一步步走出非洲、遍布全球的吗？如果你想弄清楚过去10万年间的人类进化史，哈佛大学医学院教授大卫·赖克的《人类起源的故事》就是你的最佳选择。该书中文简体字版已由湛庐引进，浙江人民出版社于2019年出版。——编者注

特的特征，任何一个没什么实际经验的人都能很容易地辨认出尼安德特人。典型的尼安德特人特征包括：一张大脸，鼻子两侧特别膨大，枕部有个鸡蛋大小的突起和一条浅槽，下颌骨上的下智齿后方有一个空间。他们身体的其余部分与其他古人属非常相似，但他们肌肉发达，身形结实，前臂和小腿都比较短。这种体型在居住于北极附近的人群中很典型，如因纽特人和拉普兰人，有利于帮助他们保持体温。

尼安德特人是成功的狩猎采集达人，如果没有智人的出现，他们可能仍然会存在下去。尼安德特人制造了复杂而精巧的石制工具，并把这些工具打造成种类繁多的工具类型，如刮刀和矛尖。他们能够烹煮食物，猎杀大型动物，如野生原牛、鹿和马。尽管尼安德特人获得了这些成就，但他们的行为方式与现代人类并不完全相同。他们只能用骨头制作少量工具，包括针，他们肯定已经能够用毛皮做衣服了。他们会把死者简单地埋葬，几乎没有留下任何象征性行为的艺术痕迹。他们很少吃鱼或贝类，即使这些动物在尼安德特人居住的一些栖息地很丰富。他们运输原材料的距离很少超过 25 千米。正如我们即将看到的那样，现代人类在大约 4 万年前开始在欧洲出现，且大体上取代了尼安德特人。

巨大的脑容量

在直立人与其古人属后代之间的显著变化中，最明显和最令人印象深刻的是大脑的增大。图 4–1 显示了整个冰河时期人属的大脑容量如何增加了近一倍，并且如尼安德特人这样的物种拥有的脑容量实际上比今天人类的平均脑容量还要略大一些。巨大的大脑进化出来可能是因为它们有助于我们思考、记忆以及执行其他复杂的认知任务，但如果聪明是一件好事，为什么较大的脑容量没有在早些时候进化出来，为什么没有更多的动物拥有像我们一样的大脑呢？正如我刚才所说，答案与能量有关。较大的脑容量对大多数物种来说意味着过高的能量消耗，但直立人和古人属能够生长出的大脑在容量和能量消耗上超越了以前的可能性，这是由于狩猎和采集带来的红利使然。

为了评估大脑在进化中是如何变大的这一问题，我们首先需要考虑的是，如何评估脑容量大小这一棘手的问题。假设你是一个普通的现代人，那你的脑容量大约为 1 350 立方厘米。相比之下，恒河猴的脑容量约为 85 立方厘米，黑猩猩约为 390 立方厘米，成年大猩猩约为 465 立方厘米。因此，人类的大脑与猴子相比实属巨大，与其他大型猿类的大脑相比也大了至少两倍。但考虑到体型差异后，人类的大脑到底大多少呢？这个问题的答案如图 4-3 所示，图中绘制了几个灵长类物种相对于体型的大脑大小。

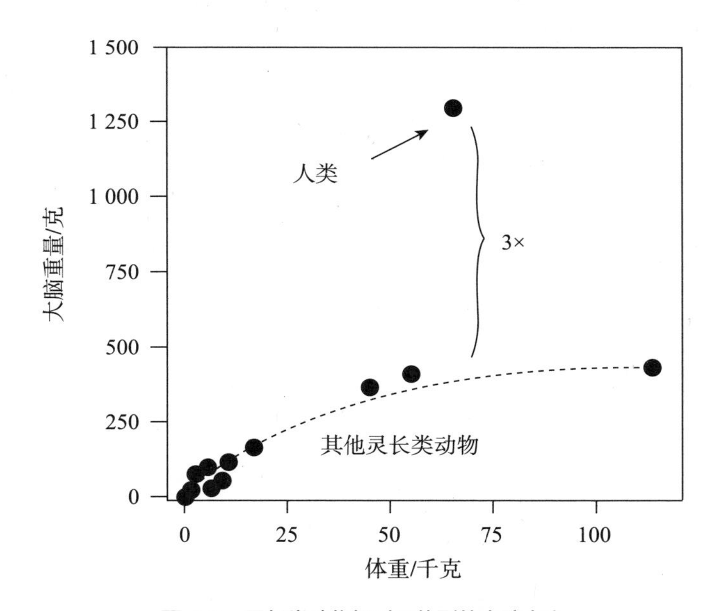

图 4-3　灵长类动物相对于体型的大脑大小

体型较大的物种大脑也较大，但这种关系不是线性的。与猿类相比，人类大脑是根据体型得出的预测值的 3 倍；我们的大脑要比一般哺乳动物大 4 倍。

正如你看到的那样，这种关系是非线性的：当体型变大时，大脑的绝对大小也越大，但相对大小却越小。大脑与体型大小的关系具有高度的相关性和一致性。因此，如果你知道一个物种的平均体重，可以将其大脑的实际大小除以根据其体重得到的预测值，就能计算出其大脑的相对大小。这一比值被称为脑力商数（EQ），黑猩猩的脑力商数为 2.1，人类为 5.1。这些数字意味着黑猩猩大脑的大小为相同体重一般哺乳动物的两倍，而人类大脑的大小为相似体型哺乳动物的 5 倍；与其他灵长类动物相比，人类的大脑是预测值的 3 倍。

现在我们用根据骨骼估算的体重和从颅骨测定的脑容量来重新思考一下脑容量大小是如何进化的。表 4-1 中总结的这些估算值表明，最早的人族的聪明程度与猿类相仿,但早期直立人的绝对和相对脑容量一定程度上变得更大了。150 万年前体重为 60 千克的男性直立人，大脑容量为 890 立方厘米，脑力商数为 3.4，大约比黑猩猩的大 60%。换句话说，人属的最初进化涉及大脑的中等程度增大，但随后大脑相对身体来说出现了加速增大的效应。

表 4-1　人属物种

人种	时间 /百万年前	发现地	脑容量 /cm³	体重 /kg
能人	2.4 ～ 1.4	坦桑尼亚、肯尼亚	510 ～ 690	30 ～ 40
鲁道夫人	1.9 ～ 1.7	肯尼亚、埃塞俄比亚	750 ～ 800	?
直立人	1.9 ～ 0.2	非洲、欧洲、亚洲	600 ～ 1 200	40 ～ 65
海德堡人	0.7 ～ 0.2	非洲、欧洲	900 ～ 1 400	50 ～ 70
尼安德特人	0.2 ～ 0.03	欧洲、亚洲	1 170 ～ 1 740	60 ～ 85
弗洛勒斯人	0.09 ～ 0.02	印度尼西亚	417	25 ～ 30
智人	0.2 ～现在	世界各地	1 100 ～ 1 900	40 ～ 80

在 100 万年前，我们祖先的脑容量超过了 1 000 立方厘米，到 50 万年前，达到了现代人类的脑容量范围之内，如图 4-1 所示。事实上，冰河时期人类的脑容量甚至比现在的更大，因为当时他们的体型也更大。随着世界在过去 12 000 年间逐渐变暖，人类的体型略有缩小，大脑也随之缩小了，这样一来，近代和最早的现代人类的大脑相对大小并没有发生变化。考虑到体重的细微差

异后，其实普通现代人的大脑只是比普通的尼安德特人略大一点。

人属的大脑是如何变得更大的？生长出较大的大脑，主要有两种方法：延长生长时间或加快生长速度。与猿类相比，这两种方法在我们身上都有体现。黑猩猩出生时的大脑是 130 立方厘米，在接下来的 3 年中将增大两倍。人类新生儿的大脑是 330 立方厘米，然后将在未来的 6 ～ 7 年内增大三倍。因此人类的大脑在出生前的生长速度比黑猩猩快一倍，出生后的生长时间更长，生长速度也更快。增加的体积主要来自约有两倍之多的脑细胞，脑细胞的专有名称叫神经元。这些增加的神经元细胞大多位于大脑的外层，这个区域被称为新皮层，几乎所有复杂的认知功能都发生于此，如记忆、思维、语言和意识。即便人类大脑的新皮层只有几毫米厚，但是它展开来的面积却达到了 0.25 平方米。增加的神经元创建了比黑猩猩的大脑多出数百万的连接。大脑是通过其连接网络来工作的，人类的新皮层因其面积更大及创建出的连接更多，因此具有更大的潜能，能够从事复杂的任务，比如记忆、推理和思考。如果大脑越大越聪明，那么尼安德特人和其他脑容量大的古人类就相当聪明了。

然而，更大的大脑也带来了相当大的消耗。尽管现代人类的大脑只占体重的 2%，但它消耗的能量却大约占身体静息能量消耗的 20% ～ 25%，无论你是在睡觉、看电视，还是在看着这句话苦思冥想。以绝对数字而言，你的大脑每天耗能 280 ～ 420 大卡，而黑猩猩的大脑每天耗能 100 ～ 120 大卡。现代世界中遍布着能量丰富的食物，我们每天只需一个甜甜圈就足以提供这一数量的能量，但是狩猎采集者没有甜甜圈可吃，他们需要额外采集 6 ～ 10 个胡萝卜才能得到相同数量的额外能量。此外，如果需要喂养孩子，这些消耗还会增加。假设有一位怀孕的人类母亲，她要照顾一个 3 岁和一个 7 岁的孩子，那么她每天需要约 4 500 大卡来满足自己的能量消耗，同时还要兼顾胎儿和两个孩子。如果孩子的大脑与黑猩猩的大脑相当，那么她每天需要的能量会减少 450 大卡，这一数值在旧石器时代来说并不算小。

拥有较大的大脑还面临着其他重要挑战。人体在任何时刻几乎都离不开血液，大脑的血液占全身总供血量的12% ～ 15%，其作用主要是提供燃料、清除废物，并使大脑保持合适的温度。因此，人类的大脑需要特殊的管道来提供氧合的血液，然后将其返回到心脏、肝脏和肺。大脑还是一个脆弱的器官，它需要足够的保护，在我们摔倒或头部遭到打击时，大脑才不至于受到损伤。想象一下，有两块吉露果冻（Jell-O），形状像大脑一样，其中一个是另一个的两倍大。打破吉露果冻的力量会随体积增加而呈指数式增加，假如果冻样大脑的体积较大，那么在表面附近被剪切开的可能性就会增大。因此，大脑越大就需要越多的保护，以免造成脑震荡。较大的脑容量也使出生变得复杂了。人类新生儿的头部长约125毫米，宽约100毫米，但母亲产道的最小尺寸平均长113毫米，宽122毫米。为了通过产道，人类新生儿会面向侧方进入骨盆，然后再做一个90°大转弯，这样露头时才能面朝下而不是面朝上。即使是在最佳情况下，分娩过程也必然会经历强行挤出，而且人类母亲几乎总是需要有人帮助才能分娩成功。

如果把所有这些成本都叠加起来，那就难怪大多数动物没有硕大的大脑了。更大的大脑可能会让你更聪明，但付出的代价也很大，还会引起许多问题。自直立人最初进化出现后，他们的大脑变大了，这一事实不仅意味着古人类获得了足够的能量，而且意味着智力提高带来的益处超过了成本。不幸的是，除了掌握火以及制作较复杂的工具外，如抛射性尖锐武器，这些古人类的其他智力壮举并没有给我们留下什么直接的痕迹。大脑变大带来的最大好处可能是那些我们无法在考古记录中搜寻到的行为。但可以肯定的一组新增加的技能必然是合作能力的增强。人类异乎寻常地善于集体工作：我们分享食物和其他重要资源，我们相互协助、共同抚养彼此的孩子，我们传递有用的信息，我们有时甚至冒着生命危险去帮助朋友，甚至是帮助需要帮助的陌生人。

不过，合作行为需要复杂的技能，例如，有效沟通的能力、控制自私和攻击冲动的能力、理解他人欲望和意图的能力，以及在群体中保持复杂社交互动的能力。猿类有时也会合作，比如狩猎，但它们在很多情况下并不能非常有效地合作。例如，雌性黑猩猩只与它们的婴儿分享食物，而雄性几乎从来不分享食物。因此大脑变大以后带来的明显好处之一是帮助人类彼此之间进行交互合作，这种行为往往发生在一个大群体中。在一项著名的分析中，罗宾·邓巴（Robin Dunbar）指出，在灵长类物种中，新皮层的大小与群体的大小有着相当密切的关系。如果这种关系适用于人类，那么我们大脑的进化将可以应对100～230人的社交网络。对于一个典型的旧石器时代狩猎采集者一生中可能遇到的人数来说，这个数字并不是一个离谱的估计。

了解博物学知识的能力增强，必然是大脑变大的另一个主要好处。今天，很少有人对生活在我们周围的动物和植物了如指掌，但这种知识曾经是至关重要的。狩猎采集者食用的植物种类超过了上百种，他们的生活取决于了解特定植物在哪个季节可以采集到，在大型和复杂的地貌中哪里可以找到，以及如何加工以便食用。狩猎对认知能力的挑战更大，尤其是对弱小、迟缓的人族来说。

动物会躲避捕食者，而既然古人类不能在力量上压倒他们的猎物，那么早期狩猎者就不得不依赖于运动才能、智慧和博物学知识的结合。狩猎者必须预测猎物在不同条件下的行为才能找到它们，足够接近并杀死它们，以及在猎物受伤时跟踪它们。从某种程度上来说，狩猎者会使用归纳技能以寻找和追踪猎物，使用的线索包括脚印、痕迹、气味以及其他景象。但追踪动物也需要演绎逻辑，如对猎物可能的行为形成假设，然后解释线索，对预测进行检验。用于追踪动物的技能可能为科学思维的起源奠定了基础。

无论最初大脑变大带来的好处是什么，这些好处一定抵得上付出的成本，否则它们就不会进化出来。但是，人类促使变大的大脑和身体的其余部分协同生长，为什么要额外花费那么多年呢？我们从何时起，又是为什么延缓了大脑和身体的生长速度呢？

旷日持久的成长

做孩子很有意思，但从进化的角度来看，人类为此确实付出了高昂的代价，因为我们成熟的步伐极其缓慢。父母养育后代的过程很漫长，需要大约 18 年，同时还要花费大量金钱，这对父母的适应性来说是很大的代价，尤其是母亲，因为这限制了她还能再生几个孩子。如果你与兄弟姐妹的成熟速度加快一倍，你母亲拥有的后代数量就可能会增加一倍。这个逐渐成熟的过程给你自己也带来了一些适应性方面的代价：生殖时间被延迟，生殖寿命被缩短，甚至你根本没有孩子的风险也增加了。此外，从能量的角度来说，像人类这样缓慢的成长过程使每一代的能量消耗都增加了。一个人成长到 18 岁成年需要的能量高达惊人的 1 200 万大卡，大约是一只黑猩猩长到成年所需能量的两倍。我们长到成年要多花这么多时间和消耗这么多能量，很大程度上要追溯到古人属。

要弄清楚大脑变大的古人属如何以及为什么以如此大的代价来延长自己的发育期，我们需要先来比较一下大多数大型哺乳动物在成年前所经历的主要发育阶段，如图 4-4 所示。首先，婴儿期的哺乳动物都依赖于母亲来获得乳汁和其他支持，同时它们的大脑和身体也会迅速生长。断奶后（实际上是一个渐进的过程），哺乳动物经历了第二个阶段——青少年期，此时它们的生存不再完全依赖于母亲，它们的身体将继续生长，社交和认知技能也将继续发展。成年前的最后一个阶段是青春期，从这一阶段开始，随着睾丸或卵巢成熟，生长高峰开始出现。青春期是个尴尬的阶段，一般还不具有生育能力，此阶段介于性成熟期开始和骨骼生长结束之间，生殖功能在此期间发育成熟。在人类的青春期，第二性征开始出现，如乳房发育、阴毛出现，身体结束生长，很多社交和智力技能得到完全发展。

图 4-4 还展示了人类个体发育过程是如何在几个特定的方面延长的。最显著的区别是我们增加了一个新的儿童期阶段。儿童期是人类独有的一个具有依赖性的阶段，发生于断奶后，但此时儿童还不能养活自己，大脑也还在继续生长。黑猩猩的婴儿大约在 3 岁的时候完成其大脑发育，并萌出第一颗恒牙，但还会继续吃奶，直到它长到 4 ～ 5 岁。与此相反，人类狩猎采集者通常在婴儿 3 岁前就让其断奶，此时距大脑停止发育、恒牙开始萌出还有 3 年。然后是大约 3 年的儿童期，通常要到 6 ～ 7 岁，在此期间儿童仍极不成熟，需要供应大量高质量食物。

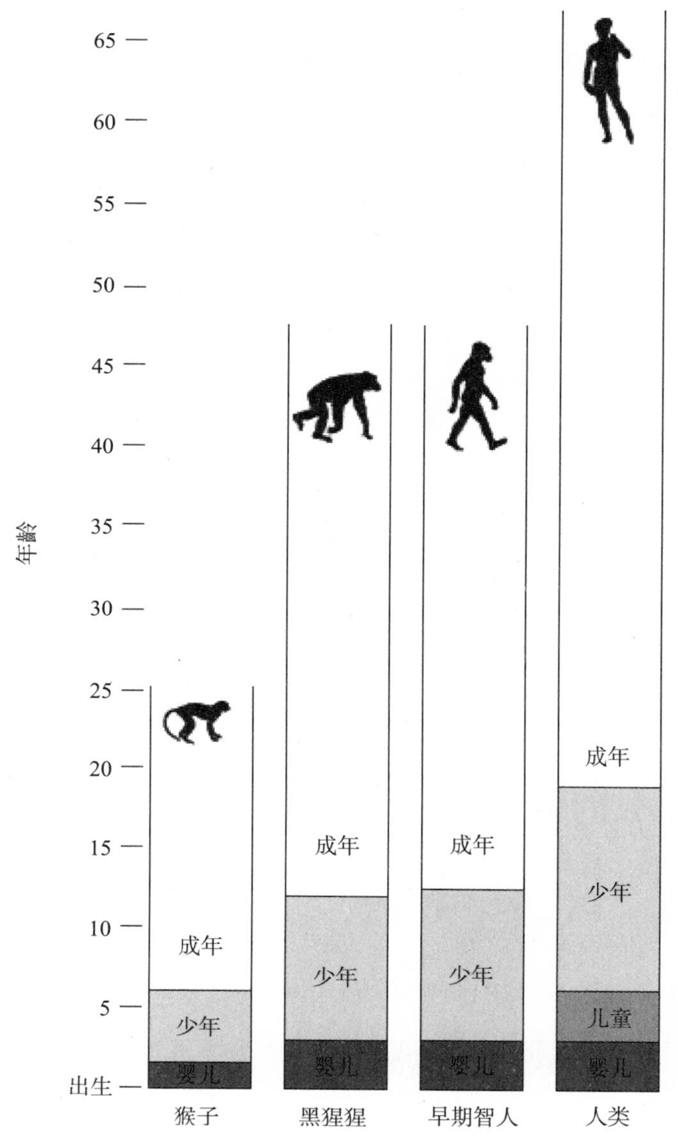

图 4-4 不同物种的生活史

由于增加了一个儿童期，而且成年前的青少年期也更长，因此人类的生活史延长了。南方古猿和早期直立人的生活史与黑猩猩接近。生活史的减慢可能是从古人属中的一些物种开始的，但关于何时开始和减慢的程度目前尚不清楚。

离开成年人的高强度投入与耐心，没有一个孩子能够存活。然而，因为狩猎采集者中的母亲这么早就让后代断奶，实际上引导后代进入了儿童期，这样一来与猿类中的母亲相比，她们就可以较早地再次怀孕。在正常的生命期内，在断奶后增加一个依赖性的儿童期，使得狩猎采集者中的母亲能够获得大量的食物和帮助。与猿类中的母亲相比，她们就能多生出将近一倍数量的婴儿。

人类生活史与众不同的另一方面在于，我们在儿童期后的少年期和青少年期也显著延长了。猴子一生中这些阶段总计历时约 4 年，在猿类中历时约 7 年，但在人类中历时却长达约 12 年。一个典型的人类狩猎采集者中的女孩会在 13 ～ 16 岁出现初潮，但还需要再过 5 年才会完全成熟。无论是从生殖意义还是社会意义上来讲，一般至少要到 18 岁才有可能成为母亲。狩猎采集者中的男孩性成熟期稍晚于女孩，一般要到 20 岁才可能成为父亲。大家都知道，人类的青少年期并不完全独立于父母，但他们可以帮助照顾年幼的弟弟妹妹，从事很多家务劳动，比如烹饪，并开始采集和狩猎。他们在初始阶段会需要帮助，之后就可以独立进行。而今天的青少年大多以中学生活或农场劳动取代了狩猎和采集。

我们的发育从什么时候起变得如此漫长了呢？这又是为什么呢？为什么把大脑生长所需的时间延长了一倍？为什么要增加一个儿童期，而在此期间母亲要哺育婴儿，同时还要照顾未成熟的大孩子？此外，为什么要延长少年期，以及延长那漫长而痛苦的青春期呢？

虽然体型较大的动物发育成熟通常需要较长的时间，但人属发育步伐的延缓并不能用体型的增大来解释。毕竟，雄性大猩猩的体重是人类的两倍，但它们生长完成只需要 13 年，与 5 吨重的大象发育成熟所需的时间大致相同。一个更可能的解释是，人脑需要较长时间才能发育成熟，因为它们太大了，并且需要的连接太复杂了。其中一个因素是大脑本身的大小。在灵长类动物中，大脑越大，完全长成需要的时间就越长：小个子恒河猴的大脑需要 1.5 年长成，

5倍大小的黑猩猩大脑需要3年长成，人脑是黑猩猩的4倍，因此需要6年时间才能达到完全大小。

对于那些已灭绝的人族大脑长到完全大小所需的时间，我们也可以相当合理地估计出来。（计算方法与他们的牙齿相关，是不是很令人惊讶？）像露西这样的南方古猿，它们的大脑生长速度与黑猩猩相似，因为它们的大脑与黑猩猩差不多大，所以这也很合理。早期直立人长成800～900立方厘米的大脑需要大约4年。在脑容量较大的古人属物种进化出来时，早期人类生活史的模式看起来已经与我们大致相似。尼安德特人的大脑和现代人类一样大，有时甚至更大，他们的大脑长到成年大小需要5～6年，只比今天的大多数人快一点，而不是所有人。

人脑长到完全大小需要6～7年，这也解释了为什么孩子和成年人可以共用同一顶帽子，但显然6岁孩子的大脑和身体都还需要再过十几年或更久才能完全发育。现代人类历史上少年期和青少年期是何时延长的很难确定，但我们有一些有趣的线索。在几条最佳的证据中，有一个被称为"纳利奥克托米"（Nariokotome）的男孩，这是一具几乎完整的骨骼，属于一个未发育成熟的直立人男性，他于150万年前在一片沼泽附近去世（可能是死于感染），沼泽将他覆盖并使他的大多数骨骼被保存了下来。他的牙齿显示他死的时候大概是8～9岁,但他的骨龄却与典型的13岁男性相当。由于他的第二臼齿刚刚萌出，所以他可能还要再过几年才会成为成年人。据此我们可以推断，早期直立人的发育只略慢于黑猩猩，这意味着少年期和青少年期的延长在人类进化历史中发生的时间更晚。

有迹象表明，尼安德特人在这方面可能与直立人相似。人们在勒·穆斯蒂耶（Le Moustier）遗址发现的一个尼安德特人青少年死亡时为12岁，这是根据他的牙齿判断得出的，但他的智齿尚未萌出，这说明他还有一两年才能长到成年。虽然还需要更多的数据来证明，但儿童期后有一个很长的发育期这一点可能是现代人类独有的，而古人属的青少年期所占的时间也许并不长。

如果我们把现有的全部证据放在一起，那么看起来有可能是随着大脑在人属中变得更大，关键的早期发育期（婴儿期和童年期）就得到了延长，以使较大的大脑得以生长。即使在现代人类进化出来之前，人们在少年期和青少年期的发育步伐并没有完全放缓，但古人属中的母亲肯定还是面临着能量方面的双重压力。第一，由于儿童期的存在，大多数母亲不得不在哺育婴儿的同时照顾稍大一点的幼儿。因此，古人属母亲需要大量额外的能量和帮助。

一个典型的哺乳期母亲每天自身的能量需要约为 2 300 大卡，如果要喂养孩子还得再加上几千大卡。这种方式决定了如果不能获得高质量的食物，包括肉类和烹饪食物，她是不可能成功的。此外，她需要生活在一个高度合作的群体中，经常获得来自孩子父亲、祖父母及其他人的帮助。

大脑变大的母亲及其后代还面临着第二个能量方面的困境，那就是如何为他们硕大的、极度耗能的大脑提供能量。脑组织自身无法存储能量，而必须不断从血液中得到充足的糖分供应。短暂的血糖中断或不足，只要持续时间超过一两分钟，就会造成无法弥补，甚至是致命的伤害。因此，脑部变大的人类母亲需要储存大量能量，以便在那些不可避免的时候能够满足贪婪的大脑，以及她们那些脑部变大的孩子。这些时期有时会很长，在此期间如果遭遇饥荒或疾病，那么她们摄入的能量将会急速递减或根本为零。这种短缺可能就意味着阶段性的强烈的自然选择，那么早期人类母亲是怎样从中生存下来的呢？

答案是依靠大量的脂肪。像其他动物一样，人们主要是把多余的能量以脂肪的形式储存了起来，始终保持储备供应状态，以备不时之需。然而，与大多数哺乳动物相比，人类真是肥胖异常，我们有充分的理由相信，自从古人属脑部扩大及发育延缓以后，我们变得相对更胖了。

肥胖的身躯

现代世界有一个特别怪异的现象，那就是许多人在为脂肪而担心。虽然脂肪和体重困扰人类已有数百万年，但在不算太久之前，我们的祖先面临的主要的困扰就是饮食中缺乏脂肪以及体重不足。脂肪是最有效的能量储存方式，在某个时期，我们的祖先进化出了一些关键的适应性改变，来储存比其他灵长类动物更多的脂肪。由于这些祖先的改变，导致我们中最瘦的人，比起其他野生灵长类动物来说也相对较胖，而且我们的婴儿比起其他灵长类动物的婴儿也更肥。我们有很好的理由可以推测，如果没有储存脂肪的能力和倾向，古人类永远不会进化出较大的脑部和生长缓慢的身体。

在后面的章节中，我们会更关注身体如何使用和储存脂肪的问题，但关于这种至关重要的物质，我们现在有两个关键性事实需要知道。首先，每个脂肪分子的组成成分都可以通过消化脂肪丰富的食物获得，但我们的身体也能利用碳水化合物很轻松地合成脂肪，这也是为什么不含脂肪的食物仍能使人发胖的原因。其次，脂肪分子是很有用的、高度浓缩的能量储存方式。1 克的脂肪可储存 9 大卡能量，是每克蛋白质或碳水化合物储存能量的两倍以上。在饱餐一顿之后，激素会使人体将糖、脂肪酸和甘油转化为脂肪，存储在特殊的脂肪细胞中，这样的脂肪细胞在人体全身有 300 亿个。而当你的身体需要能量时，其他激素又可以把脂肪分解成其组成成分，为身体的机能运作供能。

所有动物都需要脂肪，但人类从出生开始就特别需要大量脂肪，很大程度上是因为我们的脑部能耗较大。婴儿的脑容量是成人的 1/4，但每天仍会消耗大约 100 大卡，在婴儿身体的静息能量消耗中约占 60%。成人大脑每天约消耗 280 ～ 420 大卡，占身体能量消耗的 20% ～ 25%。由于脑部大量的糖分需求，拥有大量脂肪能确保我们的脑部获得可靠的不间断能源供应。猴子婴儿的身体约含有 3% 的脂肪，但是健康的人类婴儿出生时的脂肪含量大约为 15%。事实上，孕期最后三个月的意义很大程度上就是让胎儿胖起来。在这 3 个月里，胎儿脑部的重量增加了两倍，但脂肪储存却达到了100倍！

此外，健康人的体脂百分比在儿童期会升高到25%，在成年狩猎采集者中又降回到男性约为10%、女性约为15%。对于大脑、妊娠和哺乳期来说，脂肪不仅是蓄能器，它对于增进狩猎采集者所必需的耐力运动能力也是必要的。当我们行走和奔跑时，消耗的能量有许多来自脂肪（不过当加快速度时，我们也会燃烧较多的碳水化合物）。脂肪细胞也有助于调控和合成激素，例如雌激素，我们的皮肤脂肪还可以作为优良的隔热体，帮助人体保暖。

总之，如果没有充足的脂肪，人脑就不会变得如此之大，狩猎采集者母亲就不太可能提供足够的高质量乳汁来哺育脑部变大的后代，我们的耐力也会欠佳。不幸的是，脂肪不能保存在化石记录中，所以我们也无法确定我们的祖先是何时开始变得比其他灵长类动物更加肥胖的。也许这一趋势是从直立人开始的，并帮助他们为增大的脑部，以及他们的长途跋涉和奔跑提供能量。身体脂肪比例高对古人属而言可能更重要，尤其是婴儿。假如我是生活在冰川时期欧洲冬季的尼安德特人，我也希望有很多体脂来保暖。我们最终也许能够弄清楚究竟是哪些基因导致了人类的脂肪储存增多，然后确定这些遗传适应性改变是何时进化而来的，从而验证这一假说。

脂肪在人类进化过程中所起的重要作用现在却变得尴尬了，我们许多人现在太适应于摄取和储存脂肪了。在纪录片《超码的我》（*Super Size Me*）中，导演摩根·斯普尔洛克（Morgan Spurlock）只吃麦当劳快餐，相当于平均每天摄入5 000大卡热量，仅仅28天就增重了约11千克！这种极端的情况是经数千代人自然选择遗留下来的，这种适应性改变是为了让我们的祖先能在难得有机会大吃一顿时尽可能地储存营养素。周二储存的0.5千克脂肪可能在周三的一场持久狩猎中就消耗掉了。在食物充足的时候积蓄大量脂肪，在荒年时是非常重要的。脂肪储备就像存放在银行里的钱，在荒年也能使人维持身体机能运转，甚至进行繁殖。不幸的是，自然选择从未让我们对无尽的丰收做好准备，更不要说快餐店了，这个主题我们将会在第 9 章讨论。

能量从何而来

古人属想要长出较大的体型，甚至还有较大的脑部，要延长其生长期，可能还需要让他们的孩子在较小的年龄断奶，积蓄更多的脂肪，这些都需要必要的能量，那么能量从哪里来？只有两个方法能够完成这些壮举。首先是在总量上获得更多能量。其次是以不同的方式分配能量，把较多能量花在脑部生长和繁殖上，花在其他功能上的则较少。而目前有证据显示古人属是双管齐下的。

为了理解这些能量使用策略，不妨假想将你身体的能量预算分成几个不同的账户。第一个是你的基础代谢率（BMR），即在不活动、不消化食物，也不做任何事情的情况下，身体各组织所需要的能量。对于所有的哺乳动物来说，基础代谢率主要与体重有关，人类在这方面似乎也不例外。典型的成年黑猩猩体重约为 40 千克，基础代谢率约为每天 1 000 大卡热量，而典型的狩猎采集者体重约为 60 千克，基础代谢率约为每天 1 500 大卡热量。然而，正如第 3 章所讨论的，人类改变了分配给基础代谢率不同部分的能量比例。这是一个很合理的猜测：直立人和古人属能够维持一个大到不成比例的大脑，部分是由于他们的肠道相对较小。较小的肠道以及较小的牙齿只有在摄入很多肉类和很多加工食物的情况下才会成为可能。

虽然肠道变小能帮助人们负担起变大的大脑，但我们还需要考虑身体实际每天消耗的能量（总能量消耗）与获得的能量（你的每日能量产出）之比。人类在这两个方面的表现都非比寻常，古人类可能也是如此。黑猩猩的总能量消耗可能平均大约为每天 1 400 大卡，但现代狩猎采集者每天的总能量消耗在 2 000 ～ 3 000 大卡之间，比仅根据体型预测的值要高。狩猎采集者的总能量消耗相对较高，是因为他们的生活中需要一定的体力活动，他们需要长距离行走，有时还要奔跑，要背负孩子和食物、挖掘植物、加工食物以及处理其他日常杂事，他们没有任何机器或驮兽可供利用。由于古人类必须进行的行走和工作量与身材相仿的现代人类一样，因此他们的总能量消耗可能也相差无几。

然而，更重要的是，成年狩猎采集者的每日能量产出一般都高于他们的总能量消耗。虽然每日能量产出难以测量，而且不同日期、季节、个体甚至人群之间变化都很大，但有多项研究表明，一个典型的成年狩猎采集者每天会获得大约 3 500 大卡能量。这是一个粗略的估计，存在许多变数，并且有许多情况可能导致误差，但其至少说明一点，即成年狩猎采集者每天获得的能量比需要的多出 1 000 ～ 2 500 大卡。明显多出来的这些能量有几个来源，包括更广泛地猎取肉食和采集高质量的食物来源，例如蜂蜜、块茎、坚果和浆果，这些食物产生的能量多于获取它们所消耗的。

还有另外两个关键的因素有可能帮助古人类获得一定的能源盈余，那就是合作和技术。如果没有某些分工，没有存在于亲属和非亲属之间的分享，没有其他合作方式，狩猎采集者就不可能生存。我们不能确定最早的狩猎采集者合作的紧密程度是否与今天的狩猎采集者一样，但是自然选择很快就会驱使他们这样做。而技术的作用相比而言更容易追踪。我们已经对最早的石制工具如何帮助早期人属切割和敲击食物，以及古人属后来如何发明了尖头的石制抛射性武器，使得杀死动物变得容易和安全得多展开过讨论。烹煮食物同样是一个具有深远意义的技术进步。每次吃东西，人体都要消耗能量去咀嚼和消化，这就是餐后脉搏和体温都会上升的原因。通过切割、研磨、敲击等方法，对食物进行机械加工，大大降低了消化植物性食物和动物性食物的能量消耗。烹煮的影响更加显著。某些食物，如土豆，如果煮熟后吃，获得的热量或其他营养物质比生吃大约多一倍。烹煮的另一个好处是可以杀死致病菌，很大程度上降低了免疫系统的消耗。

无论古人类究竟能够多么经常性地获得富余的高质量食物，这些正平衡显然启动了一个正向的反馈回路。关于这个反馈回路的工作机制，有几种不同的理论，但所有理论都基于同一个原则：满足身体的基本需求后，你可以通过多种不同的方式消耗掉多余的能量。你可以把能量用于生长（如果你还年轻），你可以将它存储为脂肪，你可以进行更多体力活动或者可以把能量消耗在生育和抚养更多后代上。如果面临的生存风险高，婴儿死亡率较高，那么最佳的进化策略就应该更像是一只老鼠，而不是猿类，要把多余的能量尽可能消耗在生殖上。

然而，如果你的孩子生活条件优越，生存机会很高，那么像古人属那样进化就有很强的优势：通过延长后代的发育期，让他们脑容量变大，这样就能将更多能量花费在数量较少、质量较高的后代上。由于较大的大脑可以进行更多的学习以及产生更复杂的认知和社会行为，包括语言和合作，因此这些后代就将拥有更好的生存和繁殖机会，因为他们可以发展成为更好的狩猎采集者。然后，这些变得更聪明、合作能力更强的狩猎采集者将生产出更多的盈余，自然选择也将继续青睐长得更大、更慢的大脑，以及生长期更长、更胖的身体。此外，对于有足够食物供应和强大社会支持的母亲来说，婴儿在较小时断奶能使她们受益，因为这样一来她们就能生更多的孩子。

造成这种情况的诸多方面尚未得到直接验证，因为我们无法证明人类是从何时开始变胖的，或者是从何时开始，人类的后代断奶年龄开始小于猿类的。但我们却可以测定脑部和身体变大，以及早期生长延长是什么时候开始的。这些证据显示了一个渐进的进化过程，与反馈假说的预测完全一致。如图 4-1 所示，人类的脑容量并不是突然暴涨的，而是在直立人出现后的 100 多万年里稳步增长的。人类发育的延长可能经历了相同的渐变轨迹。这些推论需要更多的数据来验证，但我们有理由相信，能量盈余引发了能量消耗分配的改变，这种改变是冰河时期古人类中的狩猎采集者身体进化背后的关键驱动力。

然而，人属获取和使用更多能量的倾向，并不是放之四海而皆准的。正如你可能想到的那样，并不是冰河时期的所有人群都能享有能量盈余，化石记录中有大量证据显示，在某些时期，生存斗争往往异常严苛而危险，有时甚至以灾难而告终。当食物变得匮乏时，我们对高能耗的依赖就从财富变成了负担，就像燃料价格上涨时高油耗汽车成为昂贵的累赘一样。当冰川扩大时，欧洲温带地区的古人类群体就会遭受劫难，其中大多数都灭绝了。热带地区的食物也会变得稀缺，尤其是在岛屿上。事实上，关于我们对能源的依赖可能会有适得其反的效果，最能说明问题的例子就是弗洛勒斯人，又称霍比特人，一种来自印度尼西亚的矮小的古人类。

霍比特人的故事

奇怪的进化事件经常发生在岛上。偏远小岛上的大型动物经常面临能量危机，因为与较大的陆地相比，小岛上一般植物较少，食物也较少。在这些环境中，体型巨大的动物生存艰难，因为它们需要的食物超过了小岛所能提供的范围。相比之下，小岛上的小动物往往比大陆上的近亲们生活得更好，因为它们有足够的食物，来自其他小物种的竞争也比较少，加之小岛上往往缺乏天敌，它们根本不需要躲藏。在许多小岛上，往往是小型物种长得较大（巨型化），而大型物种长得较小（小型化）。因此，马达加斯加、毛里求斯和撒丁岛上生活着巨型的老鼠和蜥蜴（科莫多巨蜥），以及身材矮小的河马、大象和山羊。

相同的能量限制和变化过程也影响着狩猎采集者，最极端的例子发生在偏远的弗洛勒斯岛上的人属中。弗洛勒斯岛是印度尼西亚群岛的一部分，位于一条很深的海沟东侧，这条海沟将亚洲大陆与包括巴厘岛、婆罗洲和帝汶在内的一组岛屿分隔开来。即使在冰河时期海平面处于最低点时，弗洛勒斯岛与印度尼西亚最近的岛屿之间也隔着好几千米的深海。有一些动物，包括老鼠、巨蜥和大象，采用某种方式游过了这段距离，然后它们的体型就发生了巨型化或小型化。岛上现在有着巨大的老鼠和科莫多巨蜥，不久以前岛上还存在一种矮小的大象（剑齿象）。

值得注意的是，人们在岛上还发现了霍比特人。20 世纪 90 年代，在弗洛勒斯岛上工作的考古学家发现了一些原始的工具，至少可以追溯至 80 万年前，这些工具也显示这里曾有人族栖居，可能是直立人，他们可能在更早的时候就曾经乘木筏或通过游泳到达了弗洛勒斯岛。2003 年，一队澳大利亚和印度尼西亚的研究人员在一个名叫利昂·布阿的洞穴中挖掘时，发现了一具体型矮小的人类骨骼残骸化石，其年代在 95 000 ～ 17 000 年前之间，这则新闻在世界各地引发了广泛关注。研究人员将它命名为弗洛勒斯人，并提出这具残骸属于早期人属中的一个矮小物种。媒体很快将这个物种称为霍比特人。

经过进一步挖掘，研究人员发现了至少六具霍比特人的残骸。这些矮小的人类身高约 1 米，体重在 25 ～ 30 千克之间，脑容量较小，约有 400 立方厘米，与成年黑猩猩的脑容量相近。这些化石很怪异地汇集了一些特征，诸如眉弓粗大、没有下巴、腿短脚长而没有足弓。有一些研究显示，在对身材的影响进行校正后，霍比特人的脑和颅骨与直立人（见图 4-2）最接近。如果是这样的话，那么对所发生的事情经过一个合理的推演解释就是，直立人至少在 80 万年前就来到这个岛上，为了应对食物匮乏，在自然选择的驱动下，脑容量和身材都变小了。

不用说，关于弗洛勒斯人也一直存在争议。一些学者认为，这个物种的脑容量实在太小，与其身材不成比例。当比较不同体重的动物时，较大的物种或个体倾向于拥有绝对较大但相对较小的大脑。大猩猩的体重是黑猩猩的 3 倍，但它们的脑容量只比黑猩猩大 18%。根据一般的比例，如果霍比特人的身材是现代人类的一半，你会预计其脑容量约为 1 100 立方厘米；如果霍比特人是矮化的直立人，你会预计其脑容量为 500 ～ 600 立方厘米。这些预测使得一些研究者认为，霍比特人的残骸肯定来自某些现代人类群体，他们罹患某种疾病，导致侏儒症以及病理性的脑容量减小。然而，研究人员对这一物种的脑部形状、颅骨形状和四肢进行仔细分析后发现，弗洛勒斯人并不像患有任何已知的疾病或生长异常。此外，在其他岛上对矮河马进行的研究显示，在岛上发生的小型化过程中，自然选择可以使物种的脑容量很明显地缩小，这足以解释弗洛勒斯人脑容量小的问题。显然，当小岛上的情况变得艰难时，容量大、耗能高的脑部可能就成了一个过于昂贵、难以负担的奢侈品。

尽管夏洛克·福尔摩斯是个虚构人物，但正如他曾经说过的那样："当你排除了所有不可能的情况，剩下的情况无论多么不可思议，也注定是事实。"如果霍比特人不是小型化、脑容量变小的现代人类，那么就必然是一个真正的人族物种。事实上，确实有两种可能性存在。第一种，霍比特人是直立人的后裔。另一种可能性更加惊人，根据霍比特人原始的手脚显示，他是一种更原始的物种的残骸，如能人，他们很早就离开了非洲，不知如何来到印度尼西亚，然后游到弗洛勒斯岛，却在非洲以外没有留下其他化石遗迹。两种情况都会导致脑容量大幅度缩小。迄今发现的直立人最小脑容量为 600 立方厘米，能人最小脑容量为 510 立方厘米。因此，霍比特人的脑容量之所以那么小，可能是自然选择让他们的脑容量缩小了至少 25%。

对我来说，关于霍比特人最重要的启示在于，这个令人惊讶的物种揭示了能量在人类进化过程中是何等重要。在一个资源有限的岛上，脑容量和身材缩小没什么不合适之处；相反，当某种早期或古人属面临能量供应不足时，脑容量和身材缩小是可以想见的。硕大的身体和脑容量能耗巨大，在自然选择削减成本时，它们自然成了首要目标。通过小型化，弗洛勒斯人可能每天只需 1 200 大卡能量就能生存，哺乳时可能需要 1 440 大卡能量，远少于身材接近现代人的直立人母亲，后者既不怀孕也不哺乳时每天需要约 1 800 大卡能量，哺乳时每天需要多达 2 500 大卡能量。我们不知道弗洛勒斯人的脑容量这么小，他们的认知功能遭受了多大的损失，但显然这个代价是值得的。

古人类身上到底发生了什么

如果今天去环游热带地区，你会看到灵长类动物中许多不同的近亲物种，并发现它们的异同。例如，有两种黑猩猩、五种狒狒，以及十几种猕猴。正如我们看到的那样，冰河时期的自然选择导致早期人属的后裔出现类似程度的多样性，包括欧洲的尼安德特人、亚洲的丹尼索瓦人、印度尼西亚的霍比特人等。当然，另外还有一个物种：智人。

我们大约是和尼安德特人同时进化而来的，如果观察 20 万年前这些最早的现代人类，你也许不会觉得这些祖先与当代人有什么根本性差别。除了霍比特人，现代人类和古人类的身形大致相同，脑容量也一样大。当然，现代人类很明显在某些方面是独一无二的，并且我们这个物种迄今为止在进化方面都享有一种非常不同的命运。到冰河时期结束时，我们所有的近亲都灭绝了，现代人类是人族中唯一幸存的物种。

为什么会这样呢？其他人类物种为什么会灭绝？现代人类在生理上和行为上有什么特别之处？哪些适应性改变是现代人类所独有的？古人属遗留下来的能力，包括以新方式使用和驾驭能量的能力，如何为人体的故事中下一次重大转变的发生奠定基础？

THE STORY OF THE HUMAN BODY

05

有文化创造力的智人

现代人类如何用智慧和力量扩散至全世界

从大约 5 万年前开始的文化和科技革命，帮助人类扩散到整个星球。自那以后，文化的演变成为进化的引擎，这个引擎非常强大、速度越来越快，逐步占据了主导地位。那么，是什么使智人变得特别的呢？为什么我们是唯一幸存的人属物种？关于这些问题的最佳答案是：我们的硬件中进化出了一些细微的变化，这些变化引发了一场软件革命，这场革命仍在加速行进着。

> 文化就是人类具备而猴子所不具备的那些特质。
>
> ——菲茨罗伊·萨默塞特（拉格兰勋爵）

THE STORY OF THE HUMAN BODY

我 8 岁时第一次知道人类在石器时代都曾经是狩猎采集者。我当时正被电视上塔萨代人模糊不清的图像所吸引，塔萨代人是当时在菲律宾新近“发现”的原始部落，他们从未与现代世界有过任何接触。整个族群只有 26 个人，他们几近赤裸地住在洞穴里，使用石制工具，靠吃昆虫、青蛙和野生植物为生。这一发现震惊了全世界。当时的大人们，包括我所在学校的老师，都对塔萨代人的词汇中没有暴力或战争而感到尤为兴奋。大家都在设想，假如有更多的人像塔萨代人那样……

不幸的是，塔萨代人是一场骗局。这个部落的存在显然是由其“发现者”曼努埃尔·伊莱扎德（Manuel Elizalde）策划的，据说他付钱给了一些附近的村民，让他们把牛仔裤和 T 恤衫换成兰花叶做成的围腰，在电视摄像机镜头前吃虫子和青蛙，而不是米饭和猪肉。我认为塔萨代人骗局能够骗到全世界，是因为伊莱扎德精心策划的原始人类社会画面正好符合很多人在越南战争期间想要看到和听到的场景。塔萨代人体现了卢梭的一种理念，即未受文明污染的人类保持着善良、和平、健康的自然状态。

此外，人们有一个根深蒂固的假设，认为石器时代的生活很艰苦，自农业出现以来，人类历史开启了一段几乎在连续取得进展的漫长过程，但是塔萨代人悠闲的生活方式与此形成鲜明对比。在塔萨代人闪过电视屏幕并给《国家地理杂志》页面增光添彩的同一年，人类学家马歇尔·萨林斯（Marshall Sahlins）出版了他那本富有影响力的著作《石器时代经济学》（*Stone Age Economics*）。

萨林斯认为，狩猎采集者属于“原始的富裕社会”，因为他们除了基本的食物以外，几乎没有什么需求，他们不需要勤奋工作，却享用着种类繁多、营养丰富的食物，享受着丰富的社会生活和充足的空闲时间，而且几乎不会受到暴力的伤害。根据这种依然流行的思维方式，人们普遍认为，自从我们在大约600代人之前成为农民以来，人类的生存状况一直在恶化。

事实上，与一些极端观点不同，在不太遥远的石器时代，生活或许既没有那么水深火热，也没有那么浪漫田园。虽然狩猎采集者不需要像大多数农民一样每天工作多个小时，他们得传染病的机会也比较少，但狩猎采集者并不一定就是游手好闲以及几乎不需要工作的旧石器时代的“沙发土豆族”，他们的“富裕”只是因为他们没有什么需求。事实上，狩猎采集者经常挨饿，他们只有通过密切合作和大量劳作，才能得到足够的食物，这些繁重的工作包括一天好几小时的行走、奔跑、负重和挖掘。

当然萨林斯的分析也有其正确的地方。如果你是一个狩猎采集者，在满足了家庭和族群的日常生活需要之后，你就不需要再多做什么工作了。在那之后，你就可以把时间花在社交活动上，比如闲聊或享受家人和朋友的陪伴，这些活动会让你从中获益。许多当代的压力（如工作、失业风险、上大学和为退休而存钱）可能使人意识到，狩猎采集者的经济系统确实有着一定的益处。

现在已经不存在像塔萨代人那样的真实部落了，但仍有少量真实存在的狩猎采集者族群延续到了近代，有一些至今仍然存在。这些人的存在对人类学研究来说很有意思，也很重要，因为他们是最后一些采用这种生活方式的人，他们的生活方式再现了我们祖先上千世代的生活场景。研究他们的饮食、活动和文化对我们理解哪些因素造成了现代人类的适应性改变起着部分作用。

然而，仅仅简单地研究当代的狩猎采集者，我们还不能理解人类之所以成为人类的原因，因为我们身体的进化并不只是为了狩猎和采集。更重要的是，这些人群都不是纯粹的石器时代的狩猎采集者，他们都已经和农民、牧民有了上千年的交往。

为了理解现代人类的身体是如何以及为什么会变成现在的样子，为什么我们是这个星球上最后幸存的人属物种，我们还需要回顾过去，思考我们身体历史中的最终物种形成事件——智人的起源。如果仅把重点放在这种转变的化石记录上，我们可能会得出结论，现代人类最初之所以进化出来是因为一些微小的解剖学改变，这些改变主要表现在我们的头部，比如脸变小了，大脑和头骨更圆了。事实上，这些改变以及我们可以从考古记录中观察到的现象都在提示我们，现代人类与古人类相比，最深刻的不同在于我们的文化变革能力。

在信息和思想的创新方面，以及将信息和思想在人与人之间传递方面，现代人类有着独特的、前所未有的能力。首先，现代人类文化变迁逐渐加速，促使我们祖先的狩猎采集方式发生了重要改变，但这种改变是增量性的。其次，从大约 5 万年前开始，人类社会发生了文化和科技革命，这场革命帮助人类殖民了整个星球。

从那以后，文化的演变成为进化的引擎，这个引擎非常强大，速度越来越快，逐步占据了主导地位。那么，是什么使智人变得特别的呢？为什么我们是唯一幸存的人属物种？关于这些问题的最佳答案是：我们的硬件中进化出了一些细微的变化，而这些变化引发了一场软件革命，这场革命仍在加速进行中。

谁是最早的智人

对于智人起源于何时何地，每种宗教都有不同的解释。根据《希伯来圣经》的解释，是上帝用伊甸园中的尘土创造了亚当，然后用亚当的肋骨创造了夏娃；在其他传统故事中，最早的人类有被神吐出来的，用泥捏出来的，被巨大的海龟生出来的，等等。科学对现代人类的起源提供了一个单一的解释。这个解释已经通过多线证据得到了非常好的研究和检验，因此我们能够以相当程度的自信指出，现代人类约在 20 万年前的非洲从古人类进化而来。

对我们这个物种的起源，要精准地确定其时间和地点，很大程度上依赖于对人类基因的研究。通过比较来自世界各地的人类遗传变异，遗传学家可以计算出每个人的族谱图以及其中的人与人之间的关系，然后通过对该族谱图进行校准，估算出所有人共有的最后一个共同祖先出现在何时。数百项类似的研究使用了来自上千人的数据，得出的共识是，现在生活着的所有人都可以追根溯源到一个共同的祖先人群，这个人群生活在 30 万～ 20 万年的非洲，并且从 10 万～ 8 万年前开始，这些人中的一支走出非洲，扩散到了世界各地。换句话说，在非常近的年代之前，所有人都是非洲人。

这些研究也揭示出，所有现在生活着的人类都起源于数量上小得惊人的同一群祖先。据计算，今天生活着的每个人都起源于非洲撒哈拉沙漠以南的一个人群，他们生育的人数总计不到 1.4 万人，而现在非洲以外的所有人都起源于一个可能不到 3 000 人的初始人群。我们在不算太远的过去起源于一个小规模人群，这一点解释了另一个每个人都应该知道的事实：我们在遗传上是一个同质的物种。如果把存在于我们这个物种的所有遗传变异列个表，你会发现，其中大约有 86% 的条目可以在任何一个人群中发现。形象地说，哪怕消灭了这个世界上的所有人，只留下斐济或立陶宛这样的小国，也几乎能保留人类的每一个遗传变异。这种情况与其他灵长类动物形成鲜明对比。以黑猩猩为例，这个物种的全部遗传变异中，在所有群体中都存在的比例不到 40%。

我们这个物种在不算太远的过去起源于非洲的证据同样来自化石 DNA。当条件正好适合时，温度不太高、酸碱度适宜，DNA 片段可以在骨骼化石中保存上千年。科学家已经修复了一些早期现代人类和数十个古人类的古老 DNA 片段，主要是尼安德特人。斯万特·帕博（Svante Pääbo）和他的同事在经过艰辛的努力后重新组装和解释了这些片段。他们发现，现代人类和尼安德特人在血统中最后的共同祖先生活在 50 万～ 40 万年前。毫不奇怪的是，现代人类和尼安德特人的 DNA 极其相似：现代人类的每 600 个碱基对中，只有一个与尼安德特人不同。科学家们付出了诸多努力，试图确定这些不同的基因是什么，以及这些差异意味着什么。

在古人类和现代人类的 DNA 中还潜藏着一些令人吃惊的发现。经过对尼安德特人与现代人类基因组差异的详细分析，科学家发现，所有非洲以外的现代人类都有很小比例的基因来自尼安德特人，比例在 2% ～ 5% 之间。显然，在 5 万多年前，尼安德特人与现代人类之间曾经发生过一些杂交，这些杂交可能发生在现代人类从非洲经中东向外扩散的时候。此后，这一群体的后裔散布到欧洲和亚洲，这也解释了为什么非洲人的基因里没有任何尼安德特人的基因。

另一个杂交事件发生在人类扩散至亚洲时，是现代人类与丹尼索瓦人的杂交。生活在大洋洲和美拉尼西亚的人中，有 3% ～ 5% 的基因来自丹尼索瓦人。随着越来越多的化石 DNA 被发现，我们可能会找到更多杂交事件的痕迹。不过需要记住的是，我们不应该把这些痕迹视为人类、尼安德特人和丹尼索瓦人是一个单一物种的证据。亲缘关系近的物种在发生接触时往往会有少量杂交，在这一点上，人类显然也没有什么不同。尽管尼安德特人灭绝了，但他们中还是有一部分继续在我们的身上活了下去，知道这一点我感到很高兴。

此外，关于现代人类最早是在何时何地进化出来的这个问题，确实有着更多实实在在的线索。正如遗传学数据推测的那样，目前已知最古老的现代人类化石来自非洲，时间可追溯到约 19.5 万年前。其他一些超过 15 万年前的现代人类化石，也无一例外都来自非洲。此后的一些古老骨骼，可以追踪到智人最初向全球移民的痕迹。现代人类第一次出现在中东是在 15 万～ 8 万年前之间，具体年代不确定，然后可能消失了约 3 万年，此时正是一次欧洲大冰川的高峰期，尼安德特人进入中东，在一段时间内取代了那里的现代人类。

到了距今约 50 000 年前，现代人类携新技术再次出现在中东地区，然后迅速向北、向东、向西扩散。根据现在可获知的最佳年代推测，现代人类在约 4 万年前首次出现在欧洲，约 6 万年前出现在亚洲，约 4 万年前出现在新几内亚和澳大利亚。考古遗址表明，人类还在距今 3 万～ 1.5 万年前之间的某个时候成功越过白令海峡，开拓了新大陆。

人类迁移的精确年表将会随着更多的考古发现而变化，但最重要的一点是，自现代人类首次在非洲进化出来后仅仅 17.5 万年，就扩散到了除南极洲以外的各大洲。此外，无论何时何地，只要是现代人类狩猎采集者所到之处，古人类很快就灭绝了。例如，欧洲已知最后的尼安德特人是在西班牙南端的山洞中被发现的，其年代可追溯至近 3 万年前，即现代人类首次出现在欧洲 1.5 万～ 1 万年后。证据显示，随着现代人类迅速传遍欧洲，尼安德特人日渐减少，最终他们被局限在了一些孤立的避难所中，直至永远消失。这到底是为什么？智人身上有什么奥秘，使得我们成为这个星球上唯一幸存的人类物种？我们的成功有多少可以归功于我们的身体，又有多少可以归功于我们的头脑？

现代人类中的“现代”是什么意思

正如历史是由胜利者书写的一样，史前史也是由幸存者，也就是我们书写的，而我们则更多地把发生的事情解释为不可避免的。但如果是由 20 世纪的尼安德特人来写这本书，探究为什么智人在几千年前灭绝了会怎样呢？像我们一样，他们可能会从化石和考古证据入手，探寻人类的身体究竟有何不同，以及人类是如何使用自己的身体的。

矛盾的是，能把我们和古人类区别开来的最明显差别是解剖学对比，但这些解剖学对比的生物学意义却难以解释。这些差异大部分见于头部，可以归结为头部构成方式的两个重大变化，如图 5-1 所示。

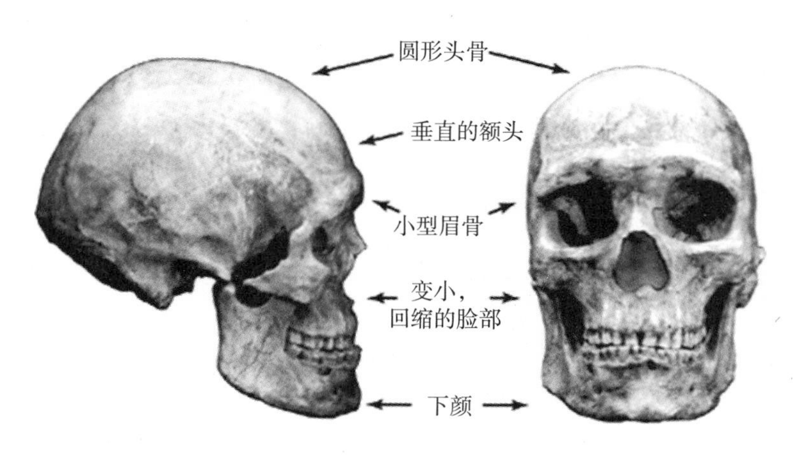

早期现代人类（智人）

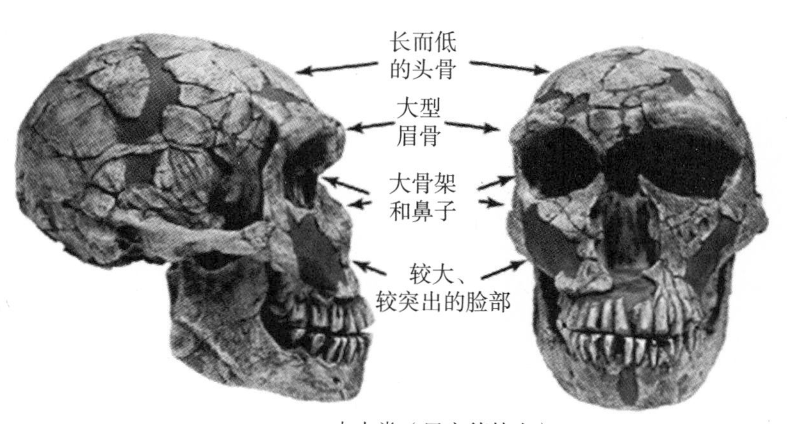

古人类（尼安德特人）

图 5-1　早期现代人类（智人）头骨与古人类（尼安德特人）头骨的比较

两者的比较显示出现代人类头部的一些独有特征。这些特征有许多是脸部变小、不再突出带来的结果。

变化之一首先是现代人类的脸型变小。古人类的脸型硕大，突出在脑颅前方，而现代人类的脸则没有那么高低起伏，几乎完全位于前脑的下方。如果你把手指垂直插进尼安德特人的眼眶，你的手指有可能会通过眉弓，出现在脑部前方。相比之下，现代人类的脸没有那么突出，因此同样插进眼眶的手指几乎肯定会到达大脑额叶。脸部较小、不突出给人类的脸型带来了一些改变，同样如图 5-1 所示。最明显的是眉弓较小，眉弓曾经被认为是对加强脸的上半部分的一种适应性改变，但它实际上只是连接前额和眼眶顶部的部分骨架，因此眉弓是脸部大小和在脑颅前方突出的一个结构上的副产物。脸部突出程度减轻也使人类的鼻腔更小、更短，口腔也更短。脸部在垂直方向上较短小也使我们的颧骨变得更小，眼眶更短、更方。

现代人类头部的第二个显著特征是其球状的外形。当你从侧面观看任何古人类的头骨时，它都是柠檬形的：又长又低，眼眶上方和头骨的枕部有着粗大的骨嵴。相比之下，现代人类的头骨外形更像橙子：接近球形，有一个高高的前额，侧面和后面的轮廓如图 5-1 所示。我们的头部更接近球形，部分是因为我们的脸部较小、脑部更圆，而承托脑部的颅底则变得不那么平坦。

除此之外，人类的头部就没有其他特别之处了。我们的脑容量一点也不比古人类的大，我们的牙齿也没什么独特之处，我们的耳朵、眼睛或其他感觉器官更是。现代人类有一个小小的却很独特的性状是下颏，下颌底部有一个倒 T 形的骨性突起。而在任何古人类身上都不曾出现过真正的下颏，目前我们也尚不清楚为什么只有现代人类有下颏。尽管科学家提出了很多观点，但仍未达成共识。此外，现代人类和古人类身体在颈部以下其余部分的差别十分细微。最明显的区别可能是现代人类的臀部没有那么突出，而现代人类女性的产道左右略窄、前后略深。此外，现代人类的肩部肌肉不如尼安德特人发达，下背部弯曲度略大，我们的躯干并不像尼安德特人那样呈桶形，跟骨也较短。常有人说，现代人类的骨骼不太粗壮，但这并不完全属实。在考虑到体重和肢体长度的差异后，早期现代人类手臂和腿部的骨骼厚度与尼安德特人相同。总体来看，现代人类和古人类的解剖学差异在颈部以下要比颈部以上少得多。

虽然现代人类和古人类的身体大致相似，差别十分细微，但考古记录却告诉了我们一些不同的故事。古代遗址中留下的石制工具、动物骨骸和其他器物主要是习得行为带来的产品，因此考古证据显示，人群之间的行为差异开始时并不大，是随着时间的推移而变大的，这也不应令人感到奇怪。事实上，这种初始的相似性正是你会想到的。尼安德特人与现代人类是两个脑容量很大的狩猎采集物种，他们在 40 多万年前从同一个最后共同祖先分化了出来。因此，尼安德特人与现代人类继承了相同的工具制作传统，这个传统被统称为旧石器时代中期文化。

此外，这两个物种一定都生活在人口密度低的地方，他们都会使用长矛来猎杀大型动物，会点火，会烹煮食物。但如果你仔细看非洲的考古记录，就会发现里面有些吸引人的地方，这些地方显示了某些差异。7 万多年前的一些非洲遗址显示,这一时期居住在非洲的最早的现代人类已经在进行远距离交易了，这意味着当时存在复杂的大规模社会网络。这些早期人类还会制造新型工具，包括用作箭镞的石制小尖刺，以及各种新型骨制工具，如用来捕鱼的鱼叉。人们在南非的早期遗址中也发现了象征艺术萌芽的证据，包括染色的项链珠子和雕刻过的赭石片。

象征性行为在尼安德特人中极其罕见，几乎不存在这方面的证据。然而，这种现代性行为的痕迹在非洲的存在极其短暂。例如，装有箭杆的箭镞于距今 6.5 万～ 6 万年前在南非出现，但似乎并没有长期持续存在，而是在很久以后才又复现。另外，最早的现代人类狩猎采集者未能创建丰富的永久艺术，没有建造房屋，也没有建立人口密度较高的居住区。

此后，从大约 5 万年前开始，不可思议的事情发生了：人类形成了旧石器时代晚期文化。这场革命发生的确切时间和地点尚不清楚，但它可能是从非洲北部开始，然后迅速向北扩展到欧亚大陆，向南进入了非洲其余地区。旧石器时代文化中存在的一个显著差异表现在人们生产石制工具的方式。在旧石器时代中期，制造复杂的工具既是体力活，对技术要求也很高，而旧石器时代晚期的工具制造者想出了如何用棱柱形石核来制造长而薄的刀片。这一创新使得狩猎采集者能生产出许多更薄、用途更广泛的工具，这些工具很容易被塑造成许多种专门的形状。

不过，旧石器时代晚期涉及的石片制造方式不止一种：这是一场名副其实的技术革命。与旧石器时代中期的前辈不同，旧石器时代晚期的狩猎采集者开始创造许多骨制工具，包括制作衣服和网时用到的锥子和针，他们还制造了灯、鱼钩、长笛以及很多其他东西。他们建造了更复杂的营地，有时还有半永久性的房屋。此外，旧石器时代晚期的狩猎者创造出了杀伤力强大得多的抛射武器，如投矛器和鱼叉。

数以千计的考古遗址表明，狩猎和采集方式在旧石器时代晚期发生了一场根本性的革命。旧石器时代中期的人是技艺高超的猎人，他们能打败大多数大型动物，而旧石器时代晚期的人则在自己的菜单中添加了多个动物种类，包括鱼类、贝类、鸟类、小型哺乳动物和乌龟。这些动物不仅数量丰富，而且连妇女和儿童也能捕获，风险不大，成功概率颇高。旧石器时代的人食用的植物很少有残留物被保存到今天，但旧石器时代晚期的人肯定采集了许多种类的植物，并且对它们进行过更加有效的加工，而不仅仅是火烤，有可能是煮沸和碾碎。饮食方面的改变促成了一次人口爆炸。旧石器时代晚期文化出现后不久，遗址的数量和密度开始增加，遗迹甚至出现在像西伯利亚这样偏远而具有挑战性的地方。

旧石器时代晚期的革命中最深刻的变革体现在文化方面：人们的思维方式和行为方式发生了变化。这一变化最明显的表现是艺术。人们在旧石器时代中期遗址中发现了少量简单的艺术品，但与旧石器时代晚期艺术相比，它们在数量上较为稀少，在质量上也稍显逊色。旧石器时代晚期的艺术形式包括洞穴和岩棚中的壮观壁画、雕刻人俑、华丽的装饰以及精巧的坟墓和其中那些超级精致的随葬品。可以肯定的是，并不是所有旧石器时代晚期遗址和地区中都有保存下来的艺术品，但同样可以肯定的是，旧石器时代晚期的人是最早开始经常性地使用永久性媒介和象征性方法来表达信仰或感情的。

旧石器时代晚期革命的另一个组成部分是文化的变化。旧石器时代中期的文化几乎没有什么变化：法国、以色列和埃塞俄比亚的遗址基本上相同，无论是 20 万年前、10 万年前还是 6 万年前。但是在大约 5 万年前旧石器时代晚期甫一开始，我们就能用工艺品来识别离散分布在不同时间和空间中的独特文化了。从旧石器时代晚期开始，世界的每一部分都见证了无休止的文化变革，而不断创新和创造的头脑又起到推动作用。这些变化直至今天仍在进行，且步伐也在日益加快。

总而言之，如果要说现代人类和我们古老的表亲相比最大的差异是什么，无疑就是我们非凡的创新能力和热情了。尼安德特人和其他古人类的智商并不低下，欧洲地区的几个考古遗址显示，尼安德特人与现代人类接触后，曾试图创建他们自己的旧石器时代晚期文化。然而，这短暂的反应显然不算完美，只是部分模仿而已。数以百计的考古遗址证明，尼安德特人缺乏现代人类发明新工具、采取新行为、用艺术尽情表达自我的倾向性。难道我们幸存下来的原因是尼安德特人缺乏文化上的灵活性和创造性而灭绝了吗，还是我们仅仅在生育方面超过了尼安德特人？解决这些问题和其他相关问题的方法是，思考现代人类的身体有无特殊之处，以使得旧石器时代晚期及其后的文化进步成为可能，甚至引发这些进步。显然，最关键的因素是人类的大脑。

现代人类的大脑更好使吗

大脑不会成为化石，我们也没有找到冰封在冰川深处的尼安德特人。因此对比现代人类和古人类脑部差异的仅有证据来自对脑周围骨骼大小和形状的研究，来自对人类与非人类灵长类动物脑部的比较研究，来自对现代人类和尼安德特人之间影响人脑的不同基因的研究。由于我们对大脑的工作原理了解得还很粗浅，所以用这些证据来检验现代人类的脑功能是否不同于我们的早期祖先，就类似于面对两台你并不完全了解其功能的电脑，仅凭它们的外表和一些随机组件就试图找出其不同之处。但我们必须用我们手头掌握的任何信息试一试。

最明显也最容易比较的是体积，但我们需要再次指出，早期现代人类和尼安德特人的脑容量同样巨大。虽说大脑的大小与智力（这个变量的测量从来就不容易）没有很强的或直接的关系，但这还是驳斥了脑容量大的尼安德特人不聪明的假说。这不是说现代人类和尼安德特人不存在认知差异，但确实意味着任何差异都必然存在于更细微、更细致的脑部结构和连接中。因此，有很多人对大脑颅骨的形状进行比较，试图检验其背后的脑结构差异。虽然科学家不可能明确地解释这些变化，但脑部某些组成部分大小的差异确实使得现代人类的头骨变得更接近球形。而且，这些差异可能与现代人类和古人类之间可能存在的认知功能的差异有关。

在需要衡量的诸多脑部结构中，最重要的是构成脑部最大部分的那些脑叶，如图 5-2 所示。大脑的外层新皮质，负责有意识的思维、规划、语言及其他复杂的认知任务，这部分在古人类和现代人类中都变得特别大。此外，新皮层被分为几个不同功能的脑叶，这些脑叶的表面卷曲折叠，这种解剖特征部分在颅骨化石中得到了保存。现代人类和古人类新皮层最明显和最重要的差异是，智人的颞叶大了约 20%。这对脑叶藏在太阳穴深处，负责执行许多使用和组织记忆的功能。

当你听人说话时，颞叶的一部分负责感知和解释声音。颞叶还可以帮助你感知图像和气味，例如当你把名字与人脸对应时，或是听到或闻到什么东西勾起一段回忆时。此外，颞叶深处的海马结构使你可以学习和存储信息。因此，颞叶增大对现代人类掌握语言和记忆可能有所帮助，这个假设是合理的。与这些结构相关的一个最迷人之处可能是灵性。此外，脑外科医生发现，在给清醒的患者实施手术的过程中，刺激颞叶会引起强烈的精神情绪。

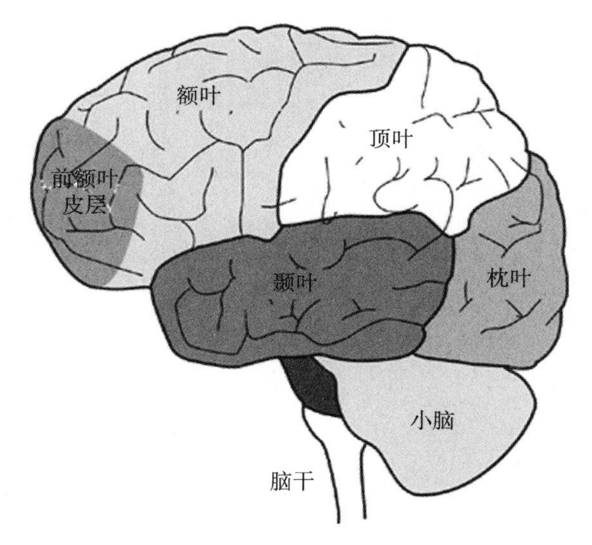

图 5-2　不同的脑叶

人脑的一些区域，包括颞叶和额叶的前额叶部分，在人类中比在猿类中相对较大。有可能这些区域在现代人类中也比古人类大。

现代人类脑部另一个相对较大的部分是顶叶。这对脑叶在解释和整合来自身体不同部位感官信息的过程中起着关键作用。这部分脑叶有诸多功能，其中一个是在头脑中形成一个世界地图，用于确定方位，以及负责解释诸如文字这样的符号、理解如何操作工具、进行数学运算。如果大脑的这部分损坏，那么人们可能会失去多任务管理的能力和抽象思维能力。

我们几乎肯定还有其他差异存在，但那些就更难衡量了。其中之一是额叶的一部分，叫作前额叶皮层。这部分脑叶有核桃大小，藏在额头后面。发生体型调整后，人类的这部分脑叶比猿类大 6%，结构更复杂，连接也更广泛。不幸的是，对头骨的比较没有发现前额叶皮层在人类进化中是何时开始变得相对较大的，因此我们只能推测，它是在现代人类出现后变大的。但很少有人怀疑其增大的重要性，因为如果大脑是管弦乐队，那么前额叶皮层就是乐队指挥：它可以在你说话、思考及与他人交流时，帮助你协调和规划大脑其他部分的活动。这一区域受损的人很难控制自己的冲动，不能有效地制订计划或决策，在理解他人行为和调节自己的社会行为方面也存在困难。换句话说，前额叶皮层可以帮助你进行合作，以及有策略地采取行动。

颞叶和顶叶增大带来的一个可见的结果是，这些部位增大可能促使人类的头部变得更接近球形，因为它们正好位于颅底中部一个铰链状结构的上方。随着出生后大脑迅速生长，这个铰链的弯曲度在现代人类中比在古人类中大了约15°，这使得大脑及其周围的颅骨变得更圆，同时使脸部经过旋转到了前脑下方。更重要的是，现代人类大脑重组的证据也许能解释我们认知功能中一些特殊的适应性的改变。

一个狩猎采集者的成功严重依赖于其与他人合作的能力，以及有效采集和狩猎的能力。合作需要有解读他人心理的能力：了解他人的动机和心理状态，控制自己的冲动，并能有策略地采取行动。所有这些功能都受益于更大或运作更好的前额叶皮层。合作还需要有能力来迅速传递有关情感、意图、想法和事实的信息。

颞叶的增大可能也促进了以上技能的改善，另外，顶叶可能会帮助最早的现代人类作为狩猎采集者时进行有效的理性思考。大脑的这些部分让我们可以在头脑中形成地图，来解释追踪动物所必需的感官线索、推断资源所在的位置，以及制造和使用工具。鉴于现代人类大脑中这些区域增大的证据，我们有理由推测，人类的大脑变得更圆，不仅让我们在外表上更趋向于现代人类，也让我们在行为上更趋向于现代人类。

现代人类大脑的其他方面可能也有所不同，但由于没有古人类大脑可供研究，因此我们只能猜测。一种可能是，人脑的神经网络连接方式不同。与猿类相比，人脑的新皮层更厚，神经元更大也更复杂，需要更长的时间来完成连接。

与猿类和猴子的大脑相比，人脑有着复杂的回路，用于将脑外层的皮层区域与参与学习、身体运动和其他功能的较深层结构连接起来。这些回路在古人类脑中的连接方式虽然显著不同于现代人类，但人类在发育过程中显然能够对这些回路进行调整，使它们规模更大，连接更多。

也许人类在进化过程中延缓了身体的发育，为大脑提供了更多的发育成熟时间，包括在少年和青少年时期，在此期间许多类似复杂的连接被生成并产生绝缘保护套，而许多用不着的连接则被去除了，如增加噪声的连接，这是人类独有的进化方式。这一假说当然是带有推测性的，有待验证。然而，发育确实是在人类进化过程中的某一时刻延缓的，如果这个延缓能够帮助狩猎采集者发展社会、情感和认知技能（包括语言），增加他们的生存和繁殖机会，那么它就是有利的。

如果说现代人类和古人类的脑部结构与功能不同，那么其背后必定存在遗传差异。有人可能认为，脑部存在增强合作和计划能力的基因表达，这些基因可追溯到现代人类进化出来的年代；有学者提出，这些基因进化出来的年代更近一些，在大约 5 万年前，其诱发了旧石器时代晚期文化的出现。到目前为止，这类基因还没有任何一种被确定，然而，随着我们对脑发育和功能遗传基础的理解逐步增强，我们肯定会发现这类基因，并估计出它们是从何时进化而来的。

目前有一个广受关注的候选基因被称为 $FOXP_2$，主要与发声和一些其他功能密切相关，如探索性行为方面。虽然人类与猿类的基因不同，但尼安德特人与现代人类拥有 $FOXP_2$ 基因的相同变异型。由于现代人类与尼安德特人之间不同的其他基因得到了更深入的研究，因此找出它们对人类认知有何影响将会非常有趣。我的猜测是，尼安德特人非常聪明，但现代人类有着更出色的创造力和沟通能力。

口才

如果你无法跟别人交流，那么那些创造性的想法或有价值的事实，能有多大作用呢？在近千年发生的伟大文化进步中，有些要归功于更有效的信息传播手段的产生，如文字、印刷术、电话和互联网。然而，这些进步和其他的信息革命，都是随着沟通方面的一项更早、更根本性的飞跃而发生的，那就是现代人类的语言。尽管尼安德特人这样的古人类肯定也有语言，但现代人类的面部具有短而平坦的独特之处，使得我们更善于发出清晰、易懂的语音，语速也非常快。我们是独一无二的伶牙俐齿的物种。

语音本质上是一股加压喷出的气流，与单簧管之类的乐器的簧片发出的声音没什么不同。你能通过改变吹奏簧片的压力来改变单簧管的音量和音高，同理，你也可以通过改变气流离开气道顶部的音箱（喉部）时的流速和流量，从而改变语音的音量和音高。声波离开喉部时，音质会在气流通过声道时发生明显改变。如图 5-3 所示，这个声道基本上是一个 R 形的管道，从喉部通到嘴唇，你可以通过舌头、嘴唇和下颌的运动，以不同的方式改变声道的形状。通过改变声道的形状，你就能在气流通过声道时改变其频率和能量，其结果就是发出各种各样的声音。例如，有时你会收缩声道的某些部分，从而在特定的频率增强湍流，比如发“sh”或“ch”音，有时你会把声道的一部分关闭后迅速打开，在特定频率上生成一股爆发的能量，如发“g”或“p”音。

大多数哺乳动物都会发声，但菲利普·利伯曼（Philip Lieberman）指出，人类的特别之处表现在两个方面。一是我们的大脑极其擅长迅速准确地控制舌头和其他结构的运动来改变声道形状。二是现代人类独特的短而平坦的面部使我们的声道有着独一无二的构造，具有有效的声学特性。如图 5-3 所示，科学家对黑猩猩和人类进行比较，显示了这种形状的变化。在这两个物种中，声道大体上分为两个管道：舌头后面的垂直部分和舌头上面的水平部分。

然而，人类的声道比例不同，因为脸短所以口腔也短，故而要求舌头短而圆，而不是长而平。因为喉部悬挂在舌底部一块悬浮的小骨头上（舌骨），所以人类低而圆的舌头使得喉部在颈部的位置比其他任何动物都低得多。因此，人类声道的垂直管道和水平管道一样长。这种构造不同于所有其他的哺乳动物，包括黑猩猩。黑猩猩声道的水平部分至少比垂直部分长一倍。人类声道有一个相关的重要特性，即我们的舌头非常圆，它的运动可以使每个管道的截面单独变化约 10 倍，比如发出英语“o”和“e”的音节时。

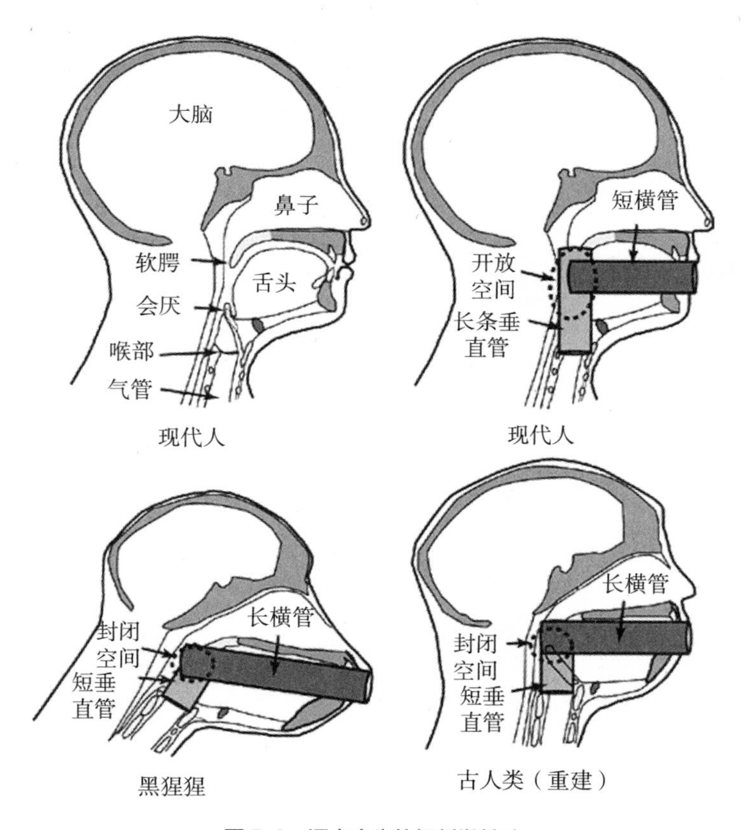

图 5-3 语言产生的解剖学基础

左上图（一个现代人类头部的中间截面）显示了人类的喉部位置低、舌头短而圆。这种独特的构造导致声道的垂直管道和水平管道几乎等长，并在会厌和软腭之间形成一个开放腔隙（右上图）。像其他哺乳动物一样，黑猩猩的垂直管道短，而水平管道长，在舌后形成一个闭合的腔隙。古人类的重建模型提示，其声道的构造更接近黑猩猩。

人类声道的形状独特——水平部分和垂直部分一样长，又是怎样影响我们的语言的呢？由两个等长管道组成的声道可以发出频率更有区分度的元音，这样对发音精确度的要求就比较低。实际上，人类声道的构造使人们在说话时可以讲得含糊一些，但仍能发出不同的元音，让听到的人可以正确识别，而不必依赖于上下文。因此，比如你可以说“你妈妈的爸爸”，我不会误解成“你妈妈的伯伯”。可想而知，一旦我们的祖先开始说话，由于他们的声道形状易于讲出让人可以理解的话，这就给他们带来了选择优势。

但美中不足的一点是，人类声道的独特构造也付出了巨大的代价。在所有其他的哺乳动物中，包括猿类，鼻子和口腔后方的空间（咽部）都分为两个相分离的管道：空气从内侧的管道通过，而食物和水从外侧的管道通过。这种管中套管的构造是由会厌与软腭的接触形成的，会厌是舌底部一块雨水槽状的软骨片，软腭是将鼻部隔开的上颚的肉性延伸。在狗或黑猩猩的身体中，食物和空气是经由不同的途径通过咽喉的。但人类与其他任何哺乳动物都不同，人类的会厌太低，因此离接触到软腭还差几厘米。

由于喉部在颈部的位置很低，所以人类失去了管中套管的构造，而是在舌头后方形成了一个大的共有腔隙，食物和空气都会通过这里再分别进入食管和气管。于是，人类在进食食物时偶尔会卡在咽喉的后部，堵塞气道。人类是唯一在吞咽太大的东西或不小心时有窒息风险的物种。这种死因比你想象的更常见。根据美国国家安全委员会的数据，噎食在全美意外死亡原因中排在第四位，大约是机动车致死人数的 1/10。为了把话说得更清楚，人类确实付出了沉重的代价。

下次当你边吃饭边和朋友聊天时，要想到你可能正在做两件只有现代人类才能做到的事：非常清晰地讲话，同时略带危险性地吞咽。这两件事都是现代人类特有的，是由于脸部变得异常小而平才成为可能的。古人类肯定也会边吃饭边说话，但他们的话可能有点不太清楚，同时他们面临的被食物噎着的风险可能也较小。

文化进化之路

无论是哪些生物学性状使我们不同于古人类，这些性状都有其意义。引发旧石器时代晚期文化的创新可能是逐步累积的，但旧石器时代晚期文化完全形成后，使得现代人类快速扩散到了全球。而无论何时何地，只要我们一到，我们的古老表亲就消失了。这种更替的详情至今有一部分还不为人所知。现代人类肯定与古人类有过交往，有时甚至发生过杂交，比如与尼安德特人杂交，但是没有人知道为什么幸存下来的是我们，而不是他们。解释这种现象的理论有许多。一种可能性是，我们是靠生育能力超过了他们，也许是我们的孩子断奶较早或者死亡率较低。

狩猎采集者需要在低人口密度条件下生活，出生率和死亡率方面非常轻微的差异也会对他们产生重大影响，有时这种差异甚至是致命的。有计算显示，如果现代人类和尼安德特人生活在同一地区，尼安德特人的死亡率哪怕只比现代人类高 1%，只要经过 30 代，他们就会灭绝，时间还不到 1 000 年。

有证据显示，旧石器时代晚期的人寿命长于旧石器时代中期的人，因此尼安德特人的灭绝速度可能更快。其他同时存在的假说认为，现代人类能够在竞争中打败我们的表亲，是因为我们更善于合作，我们采集和狩猎的目标资源更广泛，包括更多的鱼类和禽类，加之我们的社会网络也更大、更有效。考古学家会继续对这样或那样的想法展开讨论，但有一个一般性结论很清晰：现代人类的行为中肯定存在某些方面的优势。我们把所有使现代人类采取不同行为的东西都称为“行为的现代性”，这是一个典型的循环逻辑。

无论“行为的现代性”如何定义，自旧石器时代晚期开始，其对我们的身体都产生了深远的影响，直至数千代之后的今天仍然非常重要。这是为什么呢？因为无论是何种生物学因素使我们在认知和行为上成为现代人类，这些因素都是主要通过文化表现出来的。文化是个多义词，但它最本质的东西是一套习得的知识、信仰和价值观，是文化使得群体之间的思维和行为方式产生了差异，有时是适应性的，有时是主观性的。根据这个定义，黑猩猩这样的猿类也有着非常简单的文化；而人类则有着复杂的文化，如直立人和尼安德特人。而现代人类与有关的考古记录毫不含糊地表明，我们具有创新和传播新思想的非凡能力和倾向。

智人从根本上说是一个有着繁荣文化的物种。的确，文化必然是我们这个物种最鲜明的特点。如果有外星生物学家造访地球，他们肯定会注意到人类的身体与其他哺乳动物不同（我们采用两足行走、没有皮毛、脑容量大），但最让他们震惊的一定是人类多样且主观的行为方式，包括我们的衣服、工具、城镇、食物、艺术、社会组织以及各种各样的语言。

人类的文化创造力一旦得到释放，就成了停不下来的发动机，使得进化改变日益加快。像基因一样，文化也会进化。但是，与基因不同的是，文化的进化历经了不同的过程，使其强度和速度都远甚于自然选择。这是因为被称为“模因”的文化特质，模因在几个关键方面都与基因不同。新的基因只会通过随机突变而偶然产生，而文化的变异则往往是人类有意为之的。出于某些目的，人类通过自己的智慧创造出了诸如农业、计算机和资本主义这样的发明。

此外，模因的传播不仅可以由父母传给后代，而且可以有多个来源。阅读本书就是你今天所做的诸多横向信息交流之一。最后，尽管文化进化可以随机发生（试想一下领带宽度或裙子长度之类的时尚），但文化的改变往往是通过某种媒介发生的，比如一位有说服力的领导人、电视媒体或一个社会中试图解决一种问题的愿望，这种问题可能是饥饿、疾病或太空争夺的威胁等。总之，这些差异使文化进化成为一种比生物学进化更快、更强的改变因素。

文化本身并不是一种生物学性状，但是人类的文化行为以及使用和改变文化的能力，是在现代人类中特别出现的基本生物学适应。如果尼安德特人或丹尼索瓦人是这个星球上仅存的人类物种，我怀疑（但不能证明）他们会仍然采用狩猎和采集的生活方式，与他们之前 10 万年的生活差不了多少。

智人显然不会这样，并且随着旧石器时代晚期以来文化的变化加速，其对人类身体的影响也加速了。文化与人体生物学因素最基本的相互作用是习得行为改变人体环境，进而影响人体的生长方式和功能，这些习得行为包括：吃的食物、穿的衣服、参与的各项活动。这种影响不会直接导致进化的发生（拉马克学说），但随着时间的推移，这些相互作用的一部分会使得群体中的进化改变成为可能。

有时文化创新会驱动身体的自然选择。一个得到较充分研究的例子是成年人消化乳糖的能力（乳糖耐受性），这种能力是在非洲、中东和欧洲地区饮用动物乳汁的人种中独立进化出来的。在许多的其他情况下，文化会减弱或抵消掉环境对身体的影响，从而缓冲掉自然选择对身体的影响，否则这种影响就可能发生。文化缓冲无处不在，我们往往只有在失去了衣服、烹饪、抗生素这些手段的时候才能意识到它们的影响。没有它们，今天活着的许多人可能在很久以前就已经从基因库被删除了。

人类的身体里装载的一些特性，已经在文化和生物学因素的相互作用下进化了数十万年。在这些适应性改变中,有些出现的时间比现代人类的起源还早。例如，石制工具和抛射性武器的发明使得更高的手部灵活性和精准有力的投掷能力的选择成为可能。古人类在旧石器时代早期开始制造石制工具后，自然选择使得他们的牙齿变小了;烹饪流行以后，他们的消化系统也发生了巨大改变，以至于我们现在只有依赖烹饪才能生存。

尽管有人认为，自从 20 万年前智人进化出来后，人类在生物学上几乎没有什么变化，但我们持续不断地创新显然促进了对人类身体的自然选择。这种选择很多是区域性的，使得世界不同地区不同人群中出现了变异。当旧石器时代晚期的人类向全球扩散，并遇到新的病原体、不熟悉的食物以及各种各样的气候条件时，自然选择使得这些新分离出来的人群适应了变化的环境。

我们可以试着思考一下现代人类的各个不同种群为了应对差异极大的气候都是如何进化的。在现代人类的起源地——炎热的非洲，人们遇到的最大的问题是散热，但是当人类在冰河时期迁移到温带的欧洲和亚洲时，保暖就成了一个迫在眉睫的问题。而这些第一次走出非洲的移民是非洲人，与我们一样，如果没有制作衣物、加热和建造房屋的技术，他们将会在冰河时期的北方气候中丧生。

在很大程度上，是这些去北方冒险的早期现代狩猎采集者设计了在冰冷气候中生存的文化适应。旧石器时代晚期的一项新发明是骨制工具，比如针，这在旧石器时代中期是完全没有的。很显然，尼安德特人的衣服并不是缝出来的。旧石器时代晚期的人类还创造了温暖的遮蔽所、灯、鱼叉和其他技术，这些技术帮助他们在严酷的栖息地生存了下来，坦率地说，这些栖息地对热带的灵长类动物来说，是既不适合也不友好的。

不过，这些文化的创新并没有完全缓冲掉自然选择的影响，反而使得原本不会发生的选择成为可能。冰河时期的冬天寒冷刺骨，虽然人群中有些个体携带着提高生存和繁殖能力的遗传变异，但正是文化适应使人们活了下去，自然选择才有机会青睐于携带着这些变异的人。这种选择在人类体型的变化上尤为明显。

如果你想通过出汗来散热，那么瘦高体型、修长四肢能使你的体表面积最大化，从而有利于散热；而要在寒冷的气候中保持热量，那么较短的四肢加上更宽厚更结实的体型则更为有效。由于旧石器时代晚期欧洲的人忍受着最近一次大冰河时期的极端严寒，因此他们的体型改变也就可想而知了。刚到欧洲的最早期移民与其他非洲人一样，都是又高又瘦，但经过数万年后，他们都进化成了较为矮壮的体型，在欧洲大陆偏北部的地区更是如此。

自从现代人类狩猎采集者散布到沙漠、北极苔原、雨林和高山等地球上的各种不同的栖息地后，人群中的许多性状都发生了变化，体型只是其中之一。

在这些变化中，最容易误导人们的性状也许要数肤色了。至少有 6 个基因决定着皮肤外层合成色素，色素就像天然的防晒霜，能够阻断有害的紫外线辐射，但也阻碍了维生素 D 的合成（维生素 D 由皮肤受到日晒后产生）。因此，在常年紫外线辐射强烈的赤道附近，自然选择倾向于深色色素，但迁移到温带地区的人群体内的色素就会少一些，以确保足够的维生素 D 水平。

还有一些基因携带着过去几千年来强选择的标志性特征，针对人类遗传变异的研究已经发现了几百个这样的基因（后面的章节将展开讨论）。需要牢记的一点是，造成人种和人群差异的许多性状实际上是很表面的，比如毛发质地和眼睛的颜色，还有许多性状只是无关自然选择的随机变异，更不用说文化进化了。

智慧、力量和现代人类的胜利

到目前为止，人体的历史并没有给“人类适应于什么”这个我在引言部分就提出的问题提供统一答案，这是显而易见的。漫长的进化之路使人类适应了直立行走、摄入多样的饮食、狩猎、采集、耐久运动、烹煮和加工食物、分享食物等。但是，如果说现代人类有一种特别的适应造就了我们迄今为止的进化成功，那么一定是我们的适应能力，这种适应能力来自我们非凡的交流、合作、思考和发明创造的能力。这些能力的生物学基础植根于我们的身体，尤其是我们的大脑，但其影响主要表现在我们使用文化来创新以及适应新的和不同环境的方式。

最早的现代人类在非洲进化出来之后，他们逐渐发明了更先进的武器和其他新型工具，创造了具有象征意义的艺术，从事更多的远程交易，以及其他新的、典型的现代行为方式。旧石器时代晚期生活方式的出现历经了超过 10 万年，但那场革命只不过是许多次的文化飞跃之一，并且这些飞跃仍在发生作用，而且速度更快了。在最近的上百代时间里，现代人类发明出了农业、书写、城市、引擎、抗生素、电脑，林林总总，不一而足。文化进化的步伐和范围已然远远超过了生物学进化的步伐和范围。

综上所述，我们可以合理地得出结论：在使现代人类变得特殊的所有属性中，我们的文化能力是最具变革性的，也是对我们的成功而言贡献最大的。这些能力也许能够解释下列问题：为什么现代人类初次踏足欧洲没多久，最后的尼安德特人就灭绝了？为什么我们这个物种经亚洲扩散时，可能导致了丹尼索瓦人、弗洛勒斯人以及任何其他残留的直立人后代的灭亡？在距今 1.5 万年前，许多新出现的文化创新使得现代人类狩猎采集者能够在地球的每一个角落居住，甚至是极其荒凉的地方，如西伯利亚、亚马孙河流域、澳大利亚中部的沙漠以及火地岛。

从这个角度看，人类的进化似乎首先是智慧对力量的胜利。事实上，许多关于人类进化的叙述都在强调这种胜利。尽管缺乏力量、速度、天然武器和其他身体上的优势，但是人类利用文化手段获得了蓬勃发展，并确立了对大部分自然世界的统治权：从细菌到狮子，从北极到南极。

在今天生活着的数十亿人中，很大比例的人正享受着历史上从未出现过的健康长寿的生活。发明的力量点燃了旧石器时代晚期文明的火花，又是由于同样的力量，我们现在可以飞行，可以移植器官，可以窥视原子，也可以去月球旅行并安然返回。也许有一天，我们的智慧还会让我们理解支配宇宙运行的物理学基本定律，能够使我们前往其他星球居住，以及彻底消除贫穷。

虽然我们有很多卓越的能力，如学习、交流、合作、创新，这些能力使我们这个物种近来的成功成为可能，但我认为，如果仅把现代人类的进化看作是智慧战胜了力量，不仅不正确，而且很危险。旧石器时代晚期文明和其他文化的创新帮助现代人类扩散到了整个地球，击败了人属的其他物种，这确实带来了许多好处，但这些创新并没有让狩猎采集者免于必要的工作，让他们不需要靠自己的身体就能生存。正如我们看到的那样，狩猎采集者本质上是专业运动员，他们的生活中充斥着大量体力活动。

一名坦桑尼亚哈扎部落普通男性狩猎采集者的体重约为 51 千克，他们每天行走约 15 千米，还要爬树、挖块茎、背食物，以及从事一些其他日常的体力劳动。他的总能量消耗大约是每天 2 600 大卡。在这些能量中，有 1 100 大卡用于维持身体的基本需要（基础代谢），而他每天要消耗 1 500 大卡用于体力活动，合算为每天每千克体重消耗 30 大卡。相比之下，一个典型的美国或欧洲男性体重要比他重约 50%，而工作量则要少 75%，每天在体力活动上消耗的能量为每千克体重 17 大卡。换句话说，狩猎采集者每单位体重的工作量约是西方人的两倍，这在很大程度上解释了为什么西方人超重的可能性更大。

现代狩猎采集者的蓬勃发展借助的是脑力与体力的结合，他们的生活比大多数后工业时代的人类更艰苦，更需要体力。即便如此，我们也有必要强调，尽管狩猎和采集需要体力活动，但并不像有些人想象得那么艰辛、凄凉和苦不堪言。当人类学家第一次开始对狩猎采集者所需的工作量进行量化时，典型的狩猎采集者即使在严苛的环境下实际花在“工作”上的时间也让人类学家感到惊讶。

生活在卡拉哈里沙漠的布须曼人每天平均有 6 小时用于采集、狩猎、制作工具及做家务。然而，这并不意味着他们将剩下的时间花在了放松和娱乐上。由于狩猎采集者获得的食物没有富余，他们往往会通过尽可能地休息以避免浪费能量，即使到了 65 岁也没有资格退休，并且如果他们不幸受伤或致残，那么其他人将不得不通过更加努力工作来弥补这一缺失。由于我们这个物种拥有的特殊认知技能和社会技能，现代人类的狩猎工作虽说很辛苦，但还不是那么艰难。

我们这个物种有能力也有倾向，使用文化来适应、即兴发挥，以及改善生活环境，这也解释了现代人类狩猎采集者的另一个基本特征：非同寻常的变异性。现代狩猎采集者在殖民地球的过程中，发明了一系列出色的技术和策略，以应对各种新的环境变化。在寒冷而广阔的欧洲北部，他们学会了猎杀猛犸象，并利用猛犸象的骨骼来建造小屋。在中东，他们收获大量野生大麦，并发明了石磨来制造面粉。在中国，那里的狩猎采集者创造了最早的陶器，用它们来烹煮食物和做汤。

大多数生活在热带的狩猎采集者猎杀大型哺乳动物只能获得30%的热量，但殖民温带和北极栖息地的狩猎采集者想方设法从动物性食物（主要是鱼）中获得了大部分热量以求生存。虽然大多数狩猎采集者会随着季节性食物定期迁移营地，但有另一些人，比如美国西北部地区的美洲原住民就住在了固定的村庄里。事实上，并不存在任何一种单一的狩猎采集者饮食，正如没有一种单一的亲缘或宗教系统，也没有同一种迁移策略、劳动分工或群落大小。

人类文化的适应性具有一些讽刺意味，那就是我们这个物种有着创新和解决问题的独特才能，这项才能不仅使狩猎采集者几乎遍布了地球上的每个角落，最终也使得一些人摆脱了狩猎采集者的身份。大约在1.2万年前，有一些群落的人们开始在固定的社区定居下来，种植植物、驯养动物。这些转变最初可能是逐渐发生的，但在接下来的上千年中，这一现象引发了世界范围内的农业革命，这次革命至今仍然影响着地球以及我们的身体。

正如我们看到的那样，农业带来了许多好处，但也引起了许多严重的问题。农业使人类有了更多的食物，因此又养育了更多的孩子，但农业的发展也带来了新的工作形式，人类的饮食结构发生了改变，并打开了疾病和社会弊病的潘多拉魔盒。农业出现至今只经过了数百代人，但它急剧地加快了文化变革的步伐，扩展了其范围，以至今天的很多人几乎不能想象在我们的祖先发明农业之前的生活方式，更不用说写作、车轮、金属工具和引擎了。

这些新生事物以及其他近来的文化发展是错误的吗？既然人体是历经数

百万年一点一点形成的，先是吃水果的两足动物，然后是南方古猿，最后是脑容量很大、有文化创造力的狩猎采集者，那么这是否意味着按照过去进化所适应的方式生活会更好呢？文明是不是把人类引上歧途了呢？

THE

第二部分

农业革命与工业革命

THE STORY OF THE HUMAN BODY

06

进步、失配和不良进化

适应于旧石器时代的身体与现代生活

农业革命和工业革命给人类带来了许多好处，地球上的绝大多数人不仅有了足够的食物，而且还能享受到健康长寿的生活。不过，众多的文化变化改变了人类基因与环境的相互作用方式，诱发了许多健康问题。最为突出的就是所谓的“失配性疾病”：我们旧石器时代的身体不能或不足以适应某些现代行为和条件所导致的疾病。

> 当然我们没有退化到今天住窑洞、住尖顶屋或穿兽皮的程度时，自然啰，那付出了高价换来的便利人类的发明与工业的贡献也还是应该接受的。
>
> ——亨利·戴维·梭罗，《瓦尔登湖》

你是否想过要放弃现在的一切，去寻求更简单的生活，以便能更契合进化留给人类的遗产？在《瓦尔登湖》中，梭罗描述了他在瓦尔登湖畔林中小屋度过的两年时光。这两年里，他远离了19世纪中期的美国文化，因为这种文化中日益增长的消费主义和物质主义倾向让他颇感困扰。从未读过《瓦尔登湖》的人有时误认为梭罗这两年里过着隐士一般的生活。事实上，梭罗寻求的是简单自足、亲近自然，以及暂时的独处。

梭罗的小屋离马萨诸塞州康科德市中心步行只需要几小时，他三天两头会去市里跟朋友闲聊、吃饭，把衣服送到洗衣店去清洗，并享受着与自己富裕文人身份相匹配的其他舒适服务。即便如此，《瓦尔登湖》也已成为那些贬低文明进步、渴望回归旧日好时光的原始主义者的某种“圣经”。按照他们的思路，现代技术导致了“富人”“穷人”这些不公平的社会阶层的产生，引发了广泛的疏离感和暴力，并侵蚀了个体的尊严。一些原始主义者想要回归理想化的农业主义生活方式，有些人甚至认为，自从我们摆脱旧石器时代出现的狩猎采集者身份以来，人类的生存质量一直在走下坡路。

回归旧时生活的简单幸福，确实有很多值得向往的地方，但不假思索地反对技术和进步则是肤浅的，也是徒劳的，梭罗也从来没有这样主张过。从很多方面来看，人类这个物种自旧石器时代结束后就开始蓬勃发展。21 世纪初的世界人口至少是石器时代的 1 000 倍。尽管贫困、战争、饥饿、传染病仍然在世界上最贫困的地区肆虐，但是全球各地已经有数量空前的人享用着充足的食物，享受着长寿和健康的生活。举例来说，典型的当代英国人与他们生活在 100 年前的曾祖父相比，身高增加了 7 厘米，期望寿命多了 30 年，孩子活过婴儿期的机会大了 9 倍。

另外，经济发展使得像我这样的普通人也可以理所当然地享受几百年前最富有的贵族都无法想象的生活。我无意永远作为一个超验主义者居住在树林中，更不用说成为一个没有医疗保健、没有教育、没有卫生设施的穴居人了。我还喜欢吃各种各样的美味食物，我热爱自己的工作，生活在充满活力的城市让我感到激动万分。城市充满了各种有趣的人，以及各类餐馆、博物馆和商店。近现代科技也给我带来了乐趣，如航空旅行、数码产品、热水淋浴、空调、3D 电影。梭罗和其他人把现代生活诊断为日益严重的消费主义和物质主义是正确的，但与其说是人的欲望在改变，不如说是人类有机会满足自己了。

另一方面，忽视人类现在面临的许多严重的新挑战，同样是肤浅和愚蠢的。旧石器时代之后出现的农业、工业化和其他形式的“进步”，虽然给普通人带来了极大的裨益，但它们也导致了新的疾病和其他问题，而这些新的挑战在旧石器时代是很少的或者根本没有的。几乎每一场传染病的大爆发，如天花、脊髓灰质炎和鼠疫，都是在农业革命开始后发生的。此外，关于近代狩猎采集者的研究显示，虽然他们享受不到食物的富足，但他们很少遭受饥荒或严重的营养不良。现代生活方式也导致了各种非传染性但广泛发生的新疾病，如心脏病、某些肿瘤、骨质疏松症、2 型糖尿病和阿尔茨海默病，以及许多其他慢性疾病，如龋齿和慢性便秘。我们还有充分的理由相信，现代环境对一部分精神疾病而言难辞其咎，如焦虑和抑郁。

自石器时代结束之后的文明之路上所取得的进展也不像许多人所想的那样持续渐进。本书后续章节将陆续讲到，农业创造了更多的食物，使人口增长成为可能，但在最近几千年的大部分时间里，普通农民必须比任何狩猎采集者都更加努力工作，但他们的健康状况却更糟糕，英年早逝的可能性也更大。人类健康状况的改善，如寿命延长和婴儿死亡率下降，主要发生在刚刚过去的 100 年。

事实上，从身体的角度来看，很多发达国家最近发生了诸多变化。在人类历史上，发达国家首次出现了大量人口面临食物过剩，而不是短缺的问题。平均三个美国人中有两个超重或肥胖，并且他们的孩子也有超过 1/3 超重。此外，美国和英国这些发达国家的成年人大多身体不健康，因为整整一天下来，他们都不会遇到什么需要心跳加快的体力活动。这种情况很容易发生，也很常见，这是我们的文化导致的。由于"进步"，我可以在柔软舒适的床上醒来，按下几个按钮就能吃到早餐，上班可以开车，到办公室可以乘电梯，而接下来的 8 小时将坐在舒适的椅子上度过，无须流汗，不必挨饿，也不会太冷或太热。过去需要付出体力的事情，现在几乎都可以由机器为我代劳：打水、清洗、获取和准备食物、旅行，甚至是刷牙。

总之，自从我们不再从事狩猎采集以来的最近几千年里，人类物种取得了长足的进步，但是为什么这个进步中的一部分却对我们的身体有害呢？这种有害影响又是怎样产生的？接下来我们将对旧石器时代之后人类的身体变化进行审视，但我们先要思考一个问题：人体历经数百万年的进化适应了一种生活方式，当我们不再按这种方式生活时，会有哪些利弊，文明必然会带来某些形式的健康后果吗？而另一个更具普遍意义的问题是，旧石器时代以后，在对人体产生或利或弊的影响方面，生物学进化和文化进化是怎样交互作用的？

我们仍在进化吗

我在大学教授人类进化已有 20 多年了，在大部分时间里，我的讲课内容到本书第 5 章结束的地方就差不多收尾了，也就是截止在现代人类起源并向全球扩散的地方。在讲到旧石器时代结束时，我所讲的推论与一般共识一样，即自那时以来，智人几乎没有发生明显的生物学进化。这种观点认为，自文化进化成为比自然选择更强大的力量之后，人体就几乎没有再发生变化，人类在最近一万年中发生的任何改变与其说属于进化生物学家的领域，不如说属于历史学家和考古学家的范畴。

对于我过去在人类进化方面的授课结论，我现在很后悔。例如，我说智人从旧石器时代结束后就停止了进化，这是不正确的。事实上，这个观点肯定是错误的，因为自然选择是可遗传性基因变异和生殖成功率差异化的结果。人们不断把基因传给子女，与石器时代一样，直至今天仍有些人比别人生下了更多的后代。因此，只要人的生育能力差别存在遗传基础，那么自然选择的列车就必定会隆隆前行。更重要的是，文化进化的加速进行迅速而显著地改变了我们的饮食习惯、生活方式、遭遇的疾病以及产生新的选择压力的其他环境因素。进化生物学家和人类学家发现，文化进化不会阻碍自然选择；相反，它在自然选择过程中起着一定的驱动甚至是加速作用。我们将会看到，农业革命一直是进化改变的一股特别强大的力量。

我们认为进化在今天起不了什么作用，原因之一是自然选择是渐进的，经常需要历经数百代才能看到显著的效果。由于人的一代通常是 20 多年，因此想要在人体中检测到明显的改变并不容易，但是我们能在细菌、酵母和果蝇中快速观察到明显的进化改变。然而，通过大样本量、大工作量的研究，在几代人中检测出近期发生的自然选择是有可能的，已经有一些这样的研究发现了最近几百年中低水平自然选择的证据。例如，在芬兰和美国人中，女性首次生育年龄和女性开始绝经年龄，人们的身高、体重、胆固醇含量、血糖水平等方面都存在自然选择。

如果我们将时间跨度拉长一些，还可以检测到更多有关近期自然选择的证据。快速、便宜的全基因组测序技术发现了数百个基因，这些基因在最近几百年的特定人群中受到了强选择的影响。正如你可能会想到的那样，这些基因很多是调控生殖或免疫系统的，并受到了强选择的影响，因为它们可以帮助人们生育更多后代、避免死于传染病。其他在代谢中起作用的基因，可以帮助某些农业人口适应某些食物，比如乳制品和淀粉类的主食作物。有几个经过选择的基因与体温调节有关，大概是因为这些基因使得分布在广阔地区的人群能够适应各种各样的气候条件。例如，我和我的同事发现了一个基因变异存在强选择的证据，该变异于冰河时期快结束时在亚洲进化出来，导致东亚人和美洲原住民拥有较浓密的头发和较多的汗腺。研究这些基因和其他新近进化的基因有一个实际的好处，使我们能够更好地了解人体对某些疾病的易感性有何不同、为何不同以及人体对不同药物会怎样反应。

虽然自然选择自旧石器时代以来并未停止，但最近几千年里与此前几百万年相比，人体发生的自然选择确实相对较少。这种差异是可想而知的，因为从最早的农民开始在中东种地到现在才经历了 600 代人，大多数人的祖先开始从事农业的时间更晚，可能尚不超过 300 代。换个角度来看，我家房子里的老鼠一个世纪下来也会有这么多代。虽然 300 代里可以发生相当强的自然选择，但是要让有益的突变惠及整个人群，或者让有害的突变快速消除，都需要极高的选择强度才行。

此外，在过去的几百代中，选择的作用方向并不总是一致的，这也有可能掩盖其痕迹。例如，由于温度和食物供应的波动，自然选择在一些时期可能会有利于身材高大的人，但在其他时期可能青睐于身材矮小的人。最后，也是最重要的，有些文化发展在不计其数的人群中缓冲掉了本应发生的自然选择，这一点是毋庸置疑的。

试想一下，青霉素在20世纪40年代开始广泛使用后，必定会对自然选择产生一定程度的影响。在今天活着的人中，如果他们携带了增加某些易感性的基因的话，有数以百万计的人口本来更有可能死于结核或肺炎等疾病。因此，虽然自然选择并没有停止，但我们知道，它在最近几千年来对人类生物学产生的影响已经十分有限了。如果一个现代法国家庭中抚养着一位来自旧石器时代晚期的克鲁马努女孩，那么她仍将是一位典型的现代人类女孩，她身上仅会有一些细微的生物学差异，这些差异可能主要体现在她的免疫系统和代谢系统中。这是有可能发生的，因为来自地球每个角落的每个人都拥有最后的共同祖先，时间距今不到20万年，而且不同的人群在基因、解剖和生理上都大致相同。

无论旧石器时代以来发生过多少自然选择，人类在过去千百年来都有着其他重要的进化途径。不是所有的进化都是通过自然选择发生的。在当下看来，更强大、更快速的力量是文化进化，它通过改变环境，而不是改变基因，使得基因与环境之间许多重要的交互关系发生着改变。人类身体中的每一个器官，如肌肉、骨骼、大脑、肾脏和皮肤，都是在人体发育过程中基因受环境信号影响和作用下的产物，如力、分子和温度，而它们目前的功能会继续受到当前环境的影响。

虽然人类基因在最近几千年来已经发生了一定程度的改变，但文化变迁也已大大改变了我们所处的环境，这导致进化改变往往与自然选择所致者大不相同，甚至可以说更加重要。例如，烟草、某些塑料和其他工业产品中的毒素可以诱发癌症，而且往往于首次接触多年后才发生。如果你是吃着柔软的精加工食物长大的，那么比起吃坚硬难嚼的食物长大的人来说，你的脸会比较小。如果你早年生活在炎热的气候条件下，那么比起在凉爽气候下出生的人，你会拥有更多的汗腺。

以上，以及其他一些改变不会通过基因遗传，却可以通过文化继承。就像你把自己的姓氏传给你的孩子一样，你也会把环境条件传给他们，比如他们遇到的毒素、吃的食物以及他们感受到的温度。由于文化进化在加速进行，因此对我们身体的成长和功能产生影响的环境改变也在加速。

文化进化如何改变着我们继承的基因与我们的生活环境之间的交互作用，这一问题具有举足轻重的意义。在过去几百代中，由于文化的改变，人类的身体在各方面都发生了变化。我们成熟得更快，牙齿变得更小，下颌变得更短，骨骼更薄，脚部足弓往往更平，并且很多人的龋齿情况愈发严重。正如后面的章节将要讨论的那样，我们有充分的理由相信，今天有更多的人睡得更少、承受着更大的压力、罹患焦虑和抑郁，并且更有可能患有近视。此外，人类现在的身体不得不去应对诸多过去罕见或根本不存在的感染性疾病。在人体的这些变化中，每一种都有一定的遗传基础，但究其原因，基因单独所起的作用远不及环境与基因的相互作用。

以 2 型糖尿病为例，这是一种过去罕见的代谢性疾病，但如今在全球各地都变得异常普遍。有些人具有 2 型糖尿病的遗传易感性，这有助于解释为什么这种疾病在中国和印度这些地方的患病率快速超过了欧洲和美国。然而，2 型糖尿病在亚洲的上升势头超过美国并不是因为新型基因在东方传播。相反，真正的原因是，新的西方生活方式正在席卷全球，与那些以前没有产生负面影响的古老基因发生了相互作用。

换句话说，并不是所有的进化都是通过自然选择发生的，并且基因与环境之间的相互作用已经发生了快速变化，有时甚至是根本性的，这主要是因为我们周围环境的改变引起了快速的文化进化。你可能携带有导致你易患扁平足、近视或 2 型糖尿病的基因，但传给你这些基因的遥远的祖先自己却并不会受到这些问题的困扰。因此，自旧石器时代结束以来发生的基因与环境的相互作用一直在变化，如果我们通过进化的镜头来审视这一切，将会获益良多。那么，我们从早期现代人类祖先那里继承来的基因和身体，与我们面对的环境相处得如何呢？从进化角度对这些变化加以理解有什么实际作用呢？

为什么医学需要一味“进化药”

在医生诊室里，没有什么词语能比“癌症”带来更多的恐惧了，这个词也更有可能让你想到进化。如果我明天被诊断出癌症，我首先考虑的将是如何摆脱这种疾病。我想知道是什么样的细胞发生了癌变，又是哪些突变导致这些细胞的分裂失去了控制，而哪些医学干预措施最有可能在杀死这些细胞的同时又不会杀死我，如手术、放疗和化疗。即便我是研究人类进化的专家，但当我自己生病时，我也很难想到自然选择理论。如果我心脏病发作、龋齿疼痛、肌腱撕裂，也会是同样的情况。当我生病时，我会去看医生，而不是去找进化生物学家。同样的道理，我的医生所接受的培训也基本不会包括进化生物学。

为什么会这样呢？毕竟，进化主要是发生在过去的事情，而今天的患者不是狩猎采集者，更不是尼安德特人。有心脏病的人需要的是手术、药物或其他医疗干预措施，这些医疗措施都要求对遗传学、生理学、解剖学和生物化学等领域有深入的了解。因此医生和护士不需要上进化生物学课程，而且我估计，医护人员、保险公司和医疗保健行业的其他人士也不会经常在工作时思考关于达尔文或露西的问题。正如机修工了解工业革命的历史对修车没什么实际帮助一样，为什么了解旧石器时代的人体进化史能帮助医生治病呢？

进化与医学无关，这个观点乍听上去似乎合乎逻辑，但这种思维方式是短视的，深究下去就会发现其缺陷。人类的身体不是像一辆车那样经过工程学原理组装制造出来的；相反，人体在代代相传的过程中经过了进化的改造。因此，了解人体的进化历史，有助于评估人体的外形和功能为什么是这样的，也就有助于评估人们为什么会生病。虽然生理学和生物化学等科学领域可以帮助我们了解疾病背后的近似机制，但是进化生物学这个新兴的领域可以帮助我们弄清疾病最初发生的原因。

举例来说，癌症其实是体内发生的异常进化过程。每次细胞分裂时，基因都有一定的突变概率，因此分裂较频繁的细胞（典型的例子是血细胞和皮肤细胞），或者是较多暴露于致突变化学物质的细胞（例如肺部和胃部的细胞）意外发生致瘤突变的概率也较高。这些突变导致细胞分裂失去控制，从而形成肿瘤。不过，大多数肿瘤并不是癌症。肿瘤细胞癌变需要获得进一步突变，使自身能够通过争夺营养素、干扰正常代谢，而在与其他健康细胞的竞争中胜出。从本质上说，癌细胞无非是突变的异常细胞，突变使它们的生存和复制能力超越了其他细胞。如果我们没有进化出继续进化的能力，我们就永远不会患癌。

进一步说，由于进化是一个仍在进行的持续过程，因此理解进化可以避免一些失败和错失部分机会，并提高我们抵御和治疗诸多疾病的能力。医学需要进化生物学，有一个尤为迫切和明显的例子，即我们治疗感染性疾病的方式，这一类疾病仍在和我们同时进行着进化。人类和艾滋病、疟疾、结核这些疾病仍然处在进化的军备竞赛中且僵持不下，认识不到这一点，我们有时就会由于使用药物不当，或者贸然破坏生态环境，导致在不经意间帮助了这些感染性疾病病原体，增强了它们的活力。预防和治疗下一个流行病需要达尔文的方法。

进化医学对于改善我们使用抗生素来治疗日常感染的方式，也将带来独特的视角。过度使用抗生素不仅促进了新型超级细菌的进化，也会改变人体的生态环境，其方式可能是导致新的自身免疫性疾病，如克隆病，甚至在帮助我们更好地预防和治疗癌症方面，进化生物学也有一定的前景。我们对抗癌细胞的方式往往是试图用放射线或毒性化学物质（化疗）杀死它们，但从进化的角度来看，癌症却能解释为什么这些治疗方法有时会适得其反。放疗和化疗不仅提高了非致命性肿瘤发生致癌性突变的概率，而且改变了细胞的环境，增加了新突变的选择优势。因此有人假设，不那么积极的治疗手段对患某些恶性程度较低癌症的患者可能更有益。

进化医学的另一个应用是认识到很多症状实际上是适应性改变，从而帮助医生和患者重新评估我们治疗某些疾病和损害的方式。你是不是经常一有这些迹象，如发烧、恶心、腹泻或疼痛就服用非处方药物？人们普遍会把这些身体不适当作必须处理的症状，想方设法使之减轻，但进化的观点指出，这些不适可能也是一种适应，就像哨兵在监视着我们的身体状态。发烧意味着你的身体正在对抗感染，关节及肌肉疼痛等问题则可能是让你停止某些有害行为的信号，比如不正确的跑步姿势或强度，而呕吐和腹泻能帮助你清除有害的细菌和毒素。

此外，如引言部分中强调的，适应是个很复杂的概念。人体内的适应性改变进化历史十分漫长，对我们的祖先来说，这些适应性改变增加了他们的后代的生存机会。因此，生病有时是因为自然选择对生育的青睐一般重于健康，这意味着我们的进化结果并不一定是变得更健康。例如，旧石器时代的狩猎采集者经常面临着周期性食物短缺，而且他们不得不进行大量体力活动，所以在自然选择的作用下，他们热爱能量丰富的食物，并且只要有可能就会休息，这有利于他们储存脂肪，将更多能量投入繁殖活动。从进化的观点来看，大多数饮食和健身计划都会失败，而事实也确实如此，因为我们仍然不知道如何去对抗爱吃甜甜圈和更愿意乘电梯的原始本能，这些本能曾经是适应于之前的环境的。此外，因为人体是由错综复杂的适应组成的，而这些适应有利有弊，有些还会互相冲突，所以并不存在一种完美的最佳饮食或健身计划。我们的身体充满了妥协。

最后，也是本书最重要的部分，思考和理解进化整体上是怎样一种机制，尤其是人类的进化，对预防和治疗所谓进化失配类疾病和其他问题来说是必不可少的。失配假说背后的理念极其简单，随着时间的推移，自然选择使得生物体适应（匹配）于特定的环境条件。例如，斑马适应于在非洲大草原上行走、奔跑、食草、逃避狮子、抵御某些疾病，并应对炎热干旱的气候。如果你把一匹斑马运到我所生活的新英格兰地区，它将不再需要担心狮子，但它会面临各种其他问题，比如难以找到足够的草料食用、冬天难以保暖、难以抵御一系列新的疾病。如果没有人为帮助的话,移居的斑马几乎注定会生病和死亡,因为它无法适应(不匹配)新英格兰的环境。

作为一个重要的新兴领域,进化医学提出,尽管旧石器时代以来我们在诸多方面取得了进展,但我们在某些方面仍和那匹移居的斑马一样。随着创新的加速,尤其自农业开始出现以来,我们发明或采用了越来越多的新型文化习俗,它们对人类身体的影响有时是彼此冲突的。一方面,距离现在相对较近的许多进步为人类带来了好处:农业创造了更多食物,现代医疗和卫生条件改善降低了婴儿死亡率、延长了人口预期寿命。另一方面,众多的文化变革也改变了我们的基因与环境的相互作用,导致了许多健康问题。这些疾病就是失配性疾病,即由于我们旧石器时代的身体不能或不足以适应某些现代行为和条件而导致的疾病。

我认为,如何强调失配性疾病的重要性都不过分。最有可能导致死亡的就是失配性疾病,最有可能导致残障的也是失配性疾病。失配性疾病让全世界的医疗费用大增。失配性疾病都包括哪些呢?我们是怎么患上这些疾病的?为什么我们要更有效地预防它们?从进化的角度认识健康和医学,包括对人体进化史的认真思考,能怎样帮助我们避免和治疗失配性疾病呢?

失配假说

从根本上说,进化失配假说是将适应的理论应用到了基因与环境之间相互作用的变化上。总体说来,每一代的每个人都继承了上千种会与环境发生相互作用的基因,这些基因大多都经过了此前几百代、几千代,甚至几百万代的自然选择,它们改善了人类祖先在特定环境条件下生存和繁殖的能力。因此,多亏了继承的基因,我们才能适应某些不同程度的活动、食物、气候条件和周遭环境的其他方面。同时,由于所处环境的改变,人们有时(但并不总是)会对其他活动、食物、气候条件等不能适应或适应不足。这些适应不良的反应有时

（但并不总是）就会致使人们生病。

自然选择使人体在过去几百万年里适应于多样化的饮食，其中包括水果、块茎、野味、种子、坚果以及其他富含纤维而低糖的食物，所以当有人大量摄入高糖低纤维的食物时，容易患上 2 型糖尿病和心脏病这类疾病也就不那么令人惊奇了，而只吃水果不吃其他食物也会生病。但值得注意的是，并非所有新的行为和环境都会与我们继承而来的身体发生负面作用，有时某些作用甚至是有益的。例如，人类的进化史上并没有喝含咖啡因饮料或刷牙的行为，但据我所知，没有证据显示摄入适量的茶或咖啡会造成任何伤害，而刷牙更无疑是健康的，特别是如果食用很多含糖食物的话。我们也要记住，并非所有的适应都会促进健康。我们适应于爱吃盐，因为盐对我们的身体很重要，但吃太多的盐也会致病。

失配性疾病有很多，但它们的病因都是由环境变化引起的身体机能改变。对失配性疾病进行分类的最简单方法是根据给定的环境刺激观察身体会如何变化。从广义上讲，大多数失配性疾病发生于常见刺激增强或减弱幅度超过身体适应的水平时，或是刺激为全新的，身体对其完全不适应。简单来说，失配的原因就是刺激过多、过少或过新。例如，因为文化进化改变了人们的饮食习惯，所以有些失配性疾病发生的原因是摄入的脂肪太多，有些是脂肪摄入太少，还有些是由于摄入了人体不能消化的新型脂肪，如部分氢化脂肪。

还有一种思考失配性疾病起源的方法，就是随着改变环境的不同过程，个体适应环境的程度也会变化。按照这种逻辑，最简单的失配原因是迁徙，即人们迁入了他们未经适应的新环境。例如，当北欧人迁往阳光充足的地方，如澳大利亚时，他们更有可能患皮肤癌，因为浅色皮肤缺乏对高水平太阳辐射的自然保护机制。迁徙导致的失配不只是现代的问题，在旧石器时代也肯定发生过，当时人群从非洲扩散出去散布到世界各地时，会遇到新的病原体和新的食物。不过，现在和当时有一个关键的区别是，过去的人口扩散发生在较长的时间尺度上，是渐进式的，自然选择有足够的时间来应对伴随迁徙而来的失配性问题。

在由环境改变导致的进化失配中，最常见、最强大的因素是文化进化。在最近几代人中发生的技术和经济变革已经改变了我们所患的感染性疾病、食用的食物、使用的药物、所做的工作、摄入的污染物、耗费和摄入的热量以及承受的社会压力等。这些变化中有许多是有益的，但是后续的章节将介绍我们对其他变化适应不良或适应不足从而导致疾病的案例。此外，这些疾病的共同特征在于，导致它们发生的那些相互作用在因果关系上既不直接也不明显。有些疾病的发生需要接触多年的污染，如大多数肺癌在开始吸烟后几十年才会发生，而当人们被蚊子或跳蚤叮咬上千次时，大家也很难认识到这些昆虫有时会传播疟疾或鼠疫。

失配的最后一个相关原因是生活史的转变。随着身体的成熟，我们会经历不同的发展阶段，这会影响我们对疾病的易感性。例如，较长的寿命可能意味着后代数量的增加，但长寿也使你更有可能积累更多心脏和血管方面的损伤，在各种细胞中积累更多的突变。年龄增长并不直接导致心脏病和癌症，但这些疾病确实随着年龄的增长而变得越来越多见，这也解释了随着寿命的延长，这些疾病发病率增高的事实。此外，较早进入青春期也有可能增加拥有较多后代的机会，但这也增加了生殖激素的分泌，从而增加了患有某些疾病的风险。例如，在较早经历月经初潮的女性中，乳腺癌的发病率也相对较高。

由于导致失配性疾病的原因较复杂，因此确定哪些疾病属于进化失配有一定难度，同时也可能存在争议。正如前文所述，一个特别棘手的问题是，对于人类适应于什么并没有明确的答案。我们这个物种的进化史并不简单，并非身体的所有特性都是适应性改变，许多适应性改变涉及权衡问题，身体的不同适应性改变凑到一起有时也会相互冲突。因此，我们可能很难确定哪些环境条件具有适应性，以及到底会适应到什么程度。例如，我们对辛辣食物的适应程度有多高？我们适应于体力活动，但过度的体力活动我们就适应不了吗？众所周知，过度奔跑或从事其他运动可能会降低女性的生育能力，但人们尚不清楚极端耐力事件会使人受伤和患病的风险升高到何种程度，如超级马拉松。

确定失配性疾病的另一个问题是，我们往往对很多疾病缺乏足够的了解，不能精确地指出引起或影响它们的环境因素。例如，孤独症可能是一种失配性疾病，因为它在过去很罕见，直到最近才变得常见，这不仅仅是由于诊断标准的改变。孤独症大多发生在发展中国家，有关孤独症的遗传和环境原因尚不明确，因此很难弄清楚这种疾病是不是由古老基因与现代环境的失配所致。在没有获得更好的信息的情况下，我们只能假设许多疾病，如多发性硬化症、注意力缺陷多动障碍、胰腺癌以及一般性腰背痛是进化失配性疾病。

确定失配性疾病的最后一个问题是，我们缺乏有关狩猎采集者健康状态的有效数据，尤其是旧石器时代的。失配性疾病的本质在于，它们是因我们的身体对新的环境条件适应不良所致。因此，如果有些疾病在西方人群中很常见，但在狩猎采集者中很罕见，那么它们就很有可能是进化失配所致。相反，如果一种疾病在可能已经很好适应生活环境的狩猎采集者中常见，那么它就不太可能是失配性疾病。研究者们已经做了不少工作来确定失配性疾病。美国牙医韦斯顿·普莱斯（Weston Price）在第二次世界大战前走遍全球搜集证据用以支持他的理论，即现代西方饮食引起了龋齿、牙列拥挤以及其他健康问题，尤其是摄入太多面粉和糖。

从那以后，其他一些研究者开始针对狩猎采集者和从事温饱水平农业的人群收集有关健康与环境关系的数据。不幸的是，这些研究数量很少，而且有时依靠的是传闻或有限的数据，一般样本量也很少。我们可以合理地得出以下结论：2 型糖尿病、近视以及某些类型的心脏病在狩猎采集者中较为罕见，但关于其他疾病，如癌症、抑郁症和阿尔茨海默病的信息很少。怀疑论者指出，证据不存在不等于事实不存在的证据，在这一点上他们是正确的。

此外，现有的来自非西方社会的数据都不是从随机对照实验中得出的，随机对照实验是实验性地检验一种给定变量的影响，如一种食物或活动对健康的影响，同时控制其他可能影响结果的潜在因素的方法。最后，现在已经没有原始的狩猎采集者了，甚至几百年前数千年前就没有了。在接受健康研究的现代狩猎采集者中，他们大多抽烟、喝酒，从农民处换取食物，并且已经与从外来人群那里感染到的传染病斗争很久了。

记住这些问题对我们再考虑哪些疾病是进化失配所致，哪些可能不是仍然是有用的。有一些理由支持某些疾病和其他健康问题是由进化失配导致或加剧的，表 6-1 列出了其中一部分。换句话说，由于有些新的环境条件在疾病发生过程中起一定作用，而人类不能很好地适应这些新的环境条件，因此这些疾病可能更普遍、更严重或会在更年轻的时候发生。表 6-1 只是一个部分列表，其中许多疾病都只是在假说中被认为是失配性导致的，还需要进一步验证，并且我在这个列表中略去了所有发生于人类接触新病原体后的感染性疾病。如果把这些疾病也列进去的话，这个列表将会变得更长更恐怖。

表 6-1 假说中的非感染性失配性疾病

部分非感染性失配性疾病	
胃酸回流 / 慢性胃灼热	扁平足
痤疮	青光眼
阿尔茨海默病	痛风
焦虑	脚趾弯曲
呼吸暂停	痔疮
哮喘	高血压
足癣	碘缺乏
注意力缺陷多动障碍	智齿
脚趾囊肿	失眠
癌症（某些类型）	过敏性大肠综合征

续 表

部分非感染性失配性疾病	
腕管综合征	乳糖不耐受
龋齿	腰背痛
慢性疲乏综合征	咬合不正
肝硬化	代谢综合征
便秘	多发性硬化症
冠状动脉硬化	近视
克罗恩病	强迫性神经失调
抑郁	骨质疏松
糖尿病	足底筋膜炎
尿疹	多囊卵巢综合征
饮食性疾病	先兆子痫
肺气肿	佝偻病
子宫内膜异位	坏血病
脂肪肝综合征	胃溃疡
纤维肌痛	

如果表 6-1 让你感到惊讶和警醒，那么它就起到了应起的作用！有必要提醒一下，表中列出的每种疾病并非都是由失配导致的，它们中许多只是在假说中被认为与失配有关，我们还需要更多的数据来验证它们是否真的通过新的基因与环境相互作用而引起或加重。我们还应该清楚地记住：许多环境因素在农业和工业化出现以后变得更常见了，在可能会折磨你的疾病中，大多数是由这些环境因素引发或加剧的。

在人类进化史上的大多数时间里，人类没有机会罹患 2 型糖尿病和近视这样的疾病，更不要说因这些疾病而致残了。因此，在困扰现代人类的医疗状况中，有很大比例属于进化失配，因为现代生活方式与我们身体内的古老生物学特性不能同步造成或加剧了这些问题。事实上，由于在发达国家心脏病和癌症导致的死亡病例比任何其他疾病都要多，因此失配性疾病是最大的因病致死因素。进一步来说，年老时最有可能降低生活质量的残障问题也很可能是由进化失配引起的。并且，需要再次强调的是，表 6-1 只是一个部分列表，它排除了许多致命的感染性疾病，如结核、天花、流感和麻疹，这些感染性疾病在农业出现后开始广泛传播，主要是因为人类与农庄里的动物发生接触，并定居在大规模群落中，人口密度高、卫生条件差。

进化不良的恶性循环

在我们继续讲述人体的故事，并考虑旧石器时代结束以来的文化进化如何改变环境，有时甚至会导致失配性疾病之前，还有一个额外的进化动力要考虑：文化进化有时是如何应对这些疾病的？这不算一个小问题，因为这种应对的方式有助于解释为什么某些失配性疾病，如天花和甲状腺肿，现在已经灭绝或很罕见了，而另一些疾病，如 2 型糖尿病、心脏病、扁平足仍然盛行，或正变得越来越常见。

为了探索这种动力，让我们先来比较一下两种常见的失配性疾病（有关它们的起源我们将在第 7 章进一步探讨）：坏血病和龋齿。坏血病是由维生素 C 摄入不足引起的，过去常见于水手、士兵以及饮食中缺乏新鲜水果和蔬菜的一类人身上。水果和蔬菜是维生素 C 的主要来源。现代科学直到 1932 年才找到坏血病的根本病因，但许多群体早就发现食用某些富含维生素 C 的植物可以预防这种疾病。坏血病在今天已经很罕见了，因为它很容易预防——即使在不吃新鲜水果或蔬菜的人群中，只要向加工食品中添加维生素 C 就可以了。因此，坏血病是过去的失配性疾病，我们现在已经找到它的病因并能有效地预防它的发生。

与之相反的例子是龋齿。龋齿是细菌的杰作，是由细菌形成薄膜状的牙菌斑附着在牙齿上形成的。口腔里的大多数细菌是天然存在的，也是无害的，但少数菌种却会制造麻烦，它们以我们咀嚼过的食物中的淀粉和糖为生并释放出酸性物质，而酸性物质能溶解牙齿，产生龋洞。如果不治疗，龋洞可能会扩大并深入牙齿内部，引起剧烈的疼痛以及严重的感染。不幸的是，对这些造成龋齿的微生物，人体内除了唾液以外，几乎没有任何自然防御机制，这可能是因为我们没有进化出对食用大量富含淀粉、含糖食物的适应。蛀牙在猿类中的发生率较低，在狩猎采集者中也较为罕见，但在农业出现后开始变得猖獗，到了19世纪和20世纪更是来势汹汹。今天，全世界有将近25亿人受到了龋齿的折磨。

虽然龋齿这种进化失配的病因机制已经像坏血病一样被我们掌握，但龋齿在今天仍然极为常见，因为我们不能有效地预防其根本病因。相反，文化进化倒是发明出了龋齿发生后成功治疗的办法：请牙医把它钻开，并用填充材料替代。此外，我们已经开发出了一些部分有效的办法来防止龋齿进一步肆虐：刷牙、使用牙线、窝沟封闭、密封牙齿，以及以每年一到两次的频率请医务人员帮忙刮掉我们的牙菌斑。

如果没有这些预防性措施，那么我们将会在现有数十亿龋齿患者的基础上再增加数十亿，但如果我们真的想要预防龋齿，那就必须大幅减少摄入的糖类和淀粉。然而，自从进入农耕社会以来，全世界大多数人口一直依赖谷类食物作为主要的热量来源,因此几乎没有人可以真正采用预防龋齿的饮食。实际上，龋齿是我们为廉价热量付出的代价。我也像大多数父母一样，明知我的女儿很可能会得龋齿，可还是会让她食用那些可能导致龋齿的食物，同时鼓励她刷牙，送她去看牙医。我希望我女儿能原谅我。

与坏血病不同，龋齿是一种仍然流行的失配性疾病，是因一种反馈回路的存在形成的恶性循环，这种反馈回路是由文化进化与生物学机制之间的相互作用所致的。当我们的身体对环境变化中那些过多、过少或过新的刺激适应不足，出现进化失配导致的疾病或损伤时，恶性循环就开始了。虽然我们在治疗疾病症状方面往往能取得不同程度的成功，但我们不能预防引起这种疾病的病因，或者说这就是我们的选择。当我们把这些环境条件传递给我们的孩子时，我们就发动了一个反馈回路，允许疾病本身延续下去，甚至可能在数量和强度上比上一代更甚。以龋齿为例，我没有把我的龋齿传给女儿，但我把导致龋齿的饮食传给了她，然后她可能又同样将这一切传给了她的孩子。

关于不治疗病因的缺陷已经讨论甚至是辩论了几个世纪，这些讨论往往是基于患者的病情层面的。根据《牛津英语词典》，“姑息治疗”（15 世纪时首次使用）这个词的原意是指“缓解疾病的症状而不处理其根本原因”。此外，许多进化生物学家和人类学家已经阐明了文化与生物学的长时间相互作用不仅能激发生物学改变，还能激发文化改变。例如，旧石器时代的人迁移到温带后，气候的变化激发了新式服装的产生和房屋的发明。

同样的过程也适用于失配性疾病。如果我们不治疗某种失配性疾病的病因，而是把引起该病的环境因素继续传递下去，使得该病保持流行甚至更糟，那么就会形成一个殃及数代人的恶性反馈回路，不过我们没有一个恰当的术语来描述这种反馈回路。我一般不太喜欢新词，但我认为“进化不良”（dysevolution）是一个有用且恰当的新词，因为从身体的角度来看，这个过程是一种随时间而发生的有害变化。重申一下，进化不良不是一种生物学进化，因为我们不直接把失配性疾病一代代传下去。相反，它是一种文化进化，因为我们传递下去的是促进失配性疾病形成的行为和环境。

不幸的是，龋齿只是进化不良所致失配性疾病的冰山一角。事实上，我怀疑，在表 6-1 列出的这些失配性问题中，很大部分都与这种恶性的反馈回路有关。以高血压为例，这种疾病困扰着数十亿人，是诱发中风、心脏病、肾病以及其他疾病的首要危险因素。像几乎所有的医学状况一样，高血压是由基因和环境之间的相互作用引起的，随着年龄的增长，动脉自然会变硬，因此它也是一种年龄老化的附加产物。但中青年人患有高血压的主要原因是容易导致肥胖的饮食，以及很高的盐摄入量、低水平的体育活动和过量饮酒。

许多药物可用于治疗高血压，但最好的治疗方法同时也是最好的预防方法是:良好的传统饮食和锻炼。因此，有些疾病即使我们知道如何降低其患病率，但我们的文化还是会产生诱发它们并使其保持高发的环境因素，并把这些环境因素传递下去。与龋齿相同，高血压也是这种进化不良的一个典型例子。如第9～11章将要探讨的，类似的反馈回路有助于解释2型糖尿病、心脏病、某些癌症、咬合不正、近视、扁平足以及许多其他常见失配性疾病的高发病率。

虽然进化不良是由缺乏对失配性疾病的病因进行治疗引起的，但有时我们对症治疗的方法也可能会加剧这一过程。根据定义，所谓症状就是偏离正常的健康状况，如发热、疼痛、恶心和皮疹，这些信号提示着疾病状况的出现。症状不会引起疾病，但它们会造成痛苦，所以当我们生病时，引起我们注意并触发我们去治疗、护理的是症状。当你感冒时，你不会抱怨存在于你的鼻子和咽喉里的病毒，你抱怨的是让你痛苦的发烧、咳嗽和咽痛。

同样，糖尿病患者可能不会想到胰腺这一病根，而会被血糖过高带来的毒性作用所困扰。如上所述，症状往往是促使你采取行动的进化适应。在许多情况下，治疗症状对痊愈过程是有帮助的。而对某些疾病而言，除了治疗症状外，我们别无选择，如感冒。减轻痛苦是符合人道主义的做法，治疗症状往往也是有益的，甚至能拯救生命。然而有时我们由于治疗某种失配性疾病的症状效果太好，以至于降低了治疗其病因的紧迫性的可能性是存在的。我怀疑龋齿就是这样，在后面的章节中我们也将探讨其他新疾病的对症治疗效果。

自从我们开始农耕、吃新的食物、用机器工作、整天坐在椅子上以来，我们的身体确实发生了一些改变，在探讨人体在这一万年中的改变时，我认为有一个重要的持续过程值得思考，那就是进化不良是如何应对失配性疾病的。可以肯定的是，并不是所有的失配都会导致进化不良，但很多失配会，并且它们拥有一些可预测的共同特征。进化不良的第一个特征，也是最明显的特征是，它们往往是一些难以治疗或预防病因的慢性非传染性疾病。自现代医学出现以来，我们已经能够识别和杀死导致许多种感染性疾病的病原体，在治疗或预防感染性疾病方面已经较为拿手了。由食物不足或营养不良引起的疾病可以通过减轻贫困或提供膳食补充剂的方法得到有效预防。

相反，慢性非传染性疾病在预防或治疗方面依然具有挑战性，因为它们通常有许多相互作用的原因，并且涉及复杂的权衡取舍。例如，我们进化出了喜欢糖、增加体重、爱休息的适应，加之各种生物学和文化上的因素相互作用，就使得超重的人想要减掉赘肉成了一件难事（关于该话题的更多内容见第 9 章）。其他一些新的疾病，如克罗恩病，可能是失配性疾病，但其原因尚不清楚。巴斯德破解传染病奥秘的方法也并不适用于这些疾病。

进化不良的第二个特征是，进化不良的过程适用的失配性疾病大多对生殖的影响不大，甚至可以忽略。如龋齿、近视或扁平足这样的疾病可以得到非常有效的治疗，所以它们不会影响患者寻觅配偶、生儿育女。另一些疾病，如 2 型糖尿病、骨质疏松症或癌症，往往是在人们成为祖父母以后才发生的。在旧石器时代，人到中年或晚年患上这些疾病可能会带来很强的负面选择结果，因为狩猎采集者的祖父母在儿女和孙辈的资源供应方面起着重要作用。但到了 21 世纪，祖父母在经济上所起的作用已经大不相同，今天的人到了五六十岁如果身体状况不佳，甚至是在面临生命危险的情况下，对儿女或孙辈的数量恐怕也不会有多大负面影响。

失配性疾病还有一个特征是，它们的病因在文化上有着其他好处，而这些好处往往是社会上的或经济上的，由于进化不良的存在，这个特点现在很常见，甚至越来越普遍。许多失配性疾病的病因源于一些很流行的行为，如吸烟或喝太多汽水，因为它们提供的即时享乐会掩盖人们对其长期后果的担忧或理性评价。此外，生产商和广告商有强烈的动机来迎合我们进化出的欲望，他们卖给我们的产品能让我们更方便、更舒适、更有效且更愉悦，有的甚至能给我们带来高人一等的幻觉，而垃圾食品受欢迎也不是没有原因的。

你可能像我一样，几乎每天 24 小时都在使用商业产品，甚至睡着时也在用。许多产品，比如我现在坐的椅子，让我感觉良好，但不一定有利于我的身体健康。根据进化不良假说，我们可以预测：人们往往能借助于其他产品，从而接受或应对由上述产品带来的问题或引发的症状，一旦这样做的利益超过成本，那么我们就会继续购买和使用它们，并将它们传递给我们的孩子，于是这个循环在我们离世后仍能长期持续。

失配性疾病给人类带来了惊人的沉重负担，而进化不良的反馈回路则使此类疾病的患病率居高不下，对此我们需要回答许多问题。例如，我们怎么知道它们真的是失配性疾病？现代环境中的哪些方面会引起这些疾病？文化进化如何使这些疾病长期存在了下去？我们又该怎样应对此类疾病？心脏病、癌症和扁平足是文明的必然附加产物，还是我们在不放弃面包、汽车和鞋子的前提下可以有效预防的疾病？

第 9 章至第 11 章将会探讨不同种类失配性疾病的生物学基础，以及为什么其中有些并非进步带来的不可避免的后果。我也将考虑进化的观点会怎样聚焦于失配性疾病发生的环境因素，从而帮助我们预防这些疾病。但我们首先要来更仔细地审视旧石器时代结束后人类的身体发生了哪些变化，农业革命和工业革命又是怎样改变我们身体的生长和运行方式的。

THE STORY OF THE HUMAN BODY

07

失乐园

农业是“人类历史上最大的错误”

贾雷德·戴蒙德认为，农业是“人类历史上最大的错误”。尽管农业社会能生产出更多的粮食，但农民往往为了追求高产而仅仅种植少数几种粮食，牺牲了质量和多样性。农民食用大量淀粉类食物，而不是狩猎采集者食用的复杂碳水化合物。一代代过去以后，农业开始导致一系列失配性疾病，因为旧石器时代数百万年的适应没有完全使人体做好当农民的准备。

> 自从引入了农业生产方式以后，人类便进入了毫无生趣、忧郁沉闷和疯狂愚蠢的漫长时期，直到今天，我们才凭借对机器的有益操作得到了解放。
>
> ——伯特兰·罗素，《幸福之路》
>
> THE STORY OF THE HUMAN BODY

贾雷德·戴蒙德（Jared Diamond）[①]认为，农业是“人类历史上最大的错误”。比起狩猎采集者来说，尽管农民们有了更多的食物，因此也有了更多的孩子，但他们通常也不得不更加辛苦地工作；他们的饮食质量较低，面临饥饿的频率较高，因为他们种植的农作物会时不时因洪水、干旱和其他自然灾害而歉收；他们的居住地人口密度较高，促进了传染病的传播和社会压力的加重。农业可能带来文明和其他类型的“进步”，也会导致较大规模的痛苦和死亡。我们目前遭受的失配性疾病大多源于从狩猎采集的生活方式向农业的转变。

如果说农业是一个如此巨大的错误，那么我们为什么会开始从事它呢？身体经过对狩猎和采集几百万年进化的适应，然后却用在了种出来的植物和放牧的动物上，会产生什么后果呢？人体在哪些方面受益于农业？这种转变引发了哪些类型的失配性疾病？我们又是如何应对的？

① 探究人类社会与文明的思想家贾雷德·戴蒙德在《性的进化》一书中，从进化的视角讲述人类性行为的进化模式。该书中文简体字版已由湛庐引进，天津科学技术出版社于2020年出版。——编者注

最早的农民

农耕经常被视为过时的生活方式，但从进化的角度来看，它是一种最近出现的、独特的，甚至是比较奇怪的生活方式。更重要的是，农业是在冰河时期结束后几千年内，在从亚洲到安第斯山脉的几个不同地区独立开始的。在考虑农业对人体产生了哪些影响之前，要问的第一个问题是：在几百万年的狩猎采集后，为什么农业会在这么短的时间内，在这么多地方发展起来？

对于这一问题并没有一个单一的答案，但其中一个因素可能是全球气候变化。冰河时期结束于 11 700 年前，全新世不但比冰河时期更温暖，而且也更稳定，温度和降雨天气的极端波动较少。在冰河时期，狩猎采集者有时会试图通过试错的方式种植植物，但他们的实验没能成功，也许是被极端而快速的气候变化给破坏了。在全新世，局部的降雨和气温模式相对稳定，数年之间甚至数十年之间的气候变化都很小，种植实验成功的概率就比较大了。稳定而可预测的天气对狩猎采集者而言可能会有帮助，但对农民而言则是必需的。

农业在世界不同地区发源还有一个更为重要的因素，即人口压力。考古调查显示，18 000 年前最后一次大冰川终结期开始后，营地（人类居住的地方）的数量和规模都增加了。那时极地冰帽开始退去，地球开始变暖，狩猎采集者人口出现激增。孩子多似乎是一件幸事，但对于狩猎采集者群体来说，由于他们不能在高人口密度条件下生存，所以人口增加也成了巨大压力的来源，甚至当气候条件相对温和时，让更多人吃饱饭也会给采集者带来相当大的压力，以至于他们不得不种植可食用的植物以对典型的采集工作予以补充。

然而，这种种植一旦开始，就启动了一个恶性循环，因为当有更大的家庭需要被喂饱时，种植的动力就被放大了。不难想象，在几十年或几个世纪里发展起来的农业就像是人们把业余爱好变成了职业。首先，偶然种植带来食物增加，对于大家庭的食物供给来说是个补充，但是需要吃饭的后代增多加上适宜的环境条件，使得种植植物的好处相对其成本来说也得到了增加。历经几代以后，种植的植物进化成了驯化作物，偶然种植的园地变成了农田。食物变得更加可预测。

无论是何种因素促成了狩猎采集者向全职农民的转变，无论农业起源于何时何地，这两者都带来了一些重大转变。狩猎采集者群体往往流动性高，而早期农民定居在固定的村庄中，一年到头照料和看护着他们的作物、田地和牧群，也由此得到了诸多好处。农民中的先驱还会有意无意地选择种子较大、较有营养，以及容易生长、收获和加工的植物，从而驯化某些植物物种。在几个世代中，这种选择使植物发生了转变，它们变得需要依赖人类来繁殖。

玉米的野生祖先大刍草，只有几颗长得比较稀疏的籽仁，成熟时很容易脱落。由于人类选择的是较大、较多、较不易脱落的种子，因此玉米变得要依赖人类才能使种子脱落，并需要手工种植种子。农民也开始驯化某些动物，如羊、猪、牛、鸡，主要是选择使这些动物变得更温顺的属性。不具攻击性的动物有更多的繁殖机会，其后代也更容易被驾驭。农民还会选择其他有用的属性，如生长快、产奶多、耐干旱。在大多数情况下，动物也开始变得依赖于人类，正如我们也会依赖它们。

这些过程在不同地方至少发生过七次，具体过程略有不同，这几个地方包括亚洲西南部、中国、中美洲、安第斯山脉、美国东南部、撒哈拉以南的非洲地区以及新几内亚高地。被研究得最充分的农业创新中心是亚洲西南部，人们在那里近一个世纪的高强度研究发现了狩猎采集者在气候和生态的双重压力下发明农业的详细情况。

故事开始于冰河时期终结期，地中海东岸地区自然资源丰富，生长有野生谷物、豆类、坚果和水果，还有瞪羚、鹿、野山羊和绵羊等动物。旧石器时代晚期的采集者利用这个优势，在这一地区蓬勃发展。奥哈罗Ⅱ是这一时期保存最完好的遗址之一，这是加利利海边的一个季节性营地，至少有 6 个采集者家庭，20 ～ 40 人规模，住在这里临时搭建的小屋里。该遗址中发现了很多野生大麦和其他植物的种子，还有用来做面粉的磨石、用来切割野生谷物的镰刀，以及用来狩猎的箭镞。与人类学家对非洲、澳大利亚和美洲的狩猎采集者的研究记录相比，居住在奥哈罗Ⅱ地区的人们的生活并没有什么不同。

然而，冰河时期的终结给居住在奥哈罗Ⅱ地区的后人带来了非常大的变化。从 18 000 年前开始，由于地中海地区的气候变暖、变湿，考古遗址变得丰富起来，分布也更广泛，曾进入过现已被沙漠覆盖的地区。这个人口繁荣的高潮是一段被称为纳图夫文明的时期，时间在距今 14 700 ～ 11 600 年前。纳图夫文明早期是狩猎采集的黄金时代。

由于气候适宜、自然资源丰富，因此按照大多数狩猎采集者的标准，纳图夫人可以说是富得惊人。这一地区自然生长着大量野生谷物，他们以收获谷物为生，同时他们也猎杀动物，尤其是瞪羚。纳图夫人显然有很多东西可以吃，所以他们可以在 100 ～ 150 人规模的大村庄里定居下来，建造有石头地基的小房子。他们还制造出了漂亮的艺术品，比如珠子、项链、手镯，以及雕刻人像，他们还会与远方的族群交换奇异的贝壳，把死者埋葬在精致的坟墓中。如果要说狩猎采集者也曾经有过一个伊甸园的话，那就一定是这里了。

但在 12 800 年前，危机来袭了。突然之间，世界气候急剧恶化，或许是因为北美洲的一个巨大冰川湖突然倾泻入大西洋，暂时中断了墨西哥湾流，对全球气候环境造成了严重破坏。这个事件被称为新仙女木事件，它切切实实地把世界拉回到了冰河时期，并持续了数百年。请试想一下，纳图夫人当时居住在高人口密度的固定村庄里，但仍然依靠狩猎采集生活，这一变化给他们带来的打击可想而知。在 10 年甚至更短的时间内，纳图夫人居住的整个地区都变得寒冷干旱，灾情严重，食物供应萎缩。一些社群应对这场危机的方式是回归简单的游牧生活方式。

但另一些纳图夫人显然没有妥协，他们加紧努力维持着定居的生活方式。此时就应了“需要是发明之母”这句话，有些纳图夫人在种植实验中取得了成功，在包括现在土耳其、叙利亚、以色列和约旦的地区创建了最早的农业经济体。在 1 000 年的时间内，人们驯化了无花果、大麦、小麦、鹰嘴豆和扁豆，他们的文化也随之发生了巨大变革，足以获得一个新的名称：前陶新石器时代 A 期（Pre-Pottery Neolithic A，PPNA）。这些农业开拓者们居住的大型定居点有时甚至达到了 30 000 平方米，大致相当于纽约市一个半街区大小，房子是泥砖砌的，墙壁和地板有石膏衬里。耶利哥古城最古老的一层大约有 50 幢房屋，可支持 500 人生活。前陶新石器时代 A 期的农民也会制作精巧的石制工具，用于研磨和敲击食物，他们还会创造精美的雕像，并在死者的头部涂抹灰泥。

变化的进行是持续性的。起初，前陶新石器时代 A 期的农民以狩猎作为获得食物的补充方式，猎物主要是瞪羚，但在 1 000 年内，他们相继驯化了绵羊、山羊、猪和牛。此后不久，这些农民又发明了陶器。随着这些以及其他创新不断积累，这种新的生活方式蓬勃发展，迅速扩展到了整个中东地区，并进入欧洲、亚洲和非洲。几乎可以肯定的是，我们今天吃的食物中一定有一些是这些人首先驯化的。如果你的祖先来自欧洲和地中海地区，那么很有可能你身上也有一些他们的基因。

冰河时期终结以后，世界其他地区也进化出了农业，但每个地区的环境都有不同。在东亚地区，水稻和小米大约于 9 000 年前在长江流域和黄河流域首先被驯化。不过，亚洲的农业在狩猎采集者开始制作陶器 10 000 多年后才出现，陶器的发明可以帮助这些采集者煮熟和储存食物。在中美洲，南瓜大约在 10 000 年前首先被驯化，玉米大约在 6 500 年前被驯化。随着农业在墨西哥逐渐站稳脚跟，当地农民也开始驯化其他植物，如豆类和西红柿。玉米缓慢而无可阻挡地传到了美洲各地。美洲的其他农业创新中心位于安第斯山脉，在那里，土豆在 7 000 多年前被驯化；在美国东南部，种子植物在 5 000 年前被驯化。在非洲，珍珠小米、非洲水稻、高粱等谷物大约于 6 500 年前在撒哈拉以南被驯化。最后，山药、芋艿（一种富含淀粉的块根植物）可能于距今 10 000 ～ 6 500 年前在新几内亚高地首先被驯化。

就像栽培作物取代采集植物一样，驯化动物也取代了捕猎来的动物。驯化的热点地区之一在亚洲西南部。绵羊和山羊大约于 10 500 年前在中东地区首先被驯化，牛大约于 10 600 年前在印度河河谷被驯化，猪于距今 10 000 ～ 9 000 年前在欧洲和亚洲分别从野猪驯化而来。其他动物在距今更近的时候也开始在全球各地被驯化，其中，美洲驼大约于 5 000 年前在安第斯山脉被驯化，鸡大约于 8 000 年前在亚洲南部被驯化。人类最好的朋友狗，实际上是最早被驯化的物种。我们于 12 000 多年前从狼群中繁育出了狗，但关于这种驯化发生于何时、何地以及如何发生，以及在何种程度上其实是狗驯化了我们，还有很多争论。

农业的传播

所有人类都曾经是狩猎采集者，但仅仅几千年后，就只剩下少数几个孤立的采集者群落了。这种转变很多在农业出现后不久就发生了，因为不管农业是如何起源的，接下来它都会像传染病一样迅速传播。这种迅速传播的主要原因是人口增长。本书的前几章中讲过，现代人类的狩猎采集者母亲通常在孩子 3 岁时让孩子断奶，她们每隔三四年生一次孩子，她们的婴儿和青少年死亡率可高达 40% ～ 50%。因此健康的狩猎采集者母亲一生中一般会生育六七个孩子，其中可能有 3 个会活到成年。由于存在意外和疾病之类的其他死亡原因，因此狩猎采集者人群在不加控制的情况下，增长速度通常极其缓慢，每年约为 0.015%。

按照这个速度，人口大约会在 5 000 年后翻倍，10 000 年后达到 4 倍。相比之下，一位自给型农民母亲可以让她的孩子在一两岁时断奶，这相当于狩猎采集者孩子断奶年龄的一半，因为她通常有着足够的粮食同时养活很多孩子，她的食物包括谷类、动物乳汁，以及其他容易消化的食物。婴儿死亡率也因此较低，如果农民的婴儿死亡率跟狩猎采集者一样高的话，那么早期农业人群的人口增长率会是狩猎采集者的两倍。即使按照这种中度的增长率，人口也会每2 000 年增加一倍，10 000 年后达到 32 倍。事实上，农业出现后的人口增长率是波动的，有时甚至更高，但毫无疑问，农业带来了人类历史上第一次人口大爆炸。

随着早期农业人口的增长和栖息地的扩张，他们不可避免地会与狩猎采集者发生接触。有时是交战，但更多情况下是共存、交易和通婚，从而交换双方的基因和文化。今天，全球各地语言和文化的融合在很大程度上是当年农民扩张并与狩猎采集者交互作用方式的遗留。根据一些人的估计，新石器时代结束时，全世界大概有 1 000 多种不同的语言。

如果说农业是“人类历史上最大的错误”，那么是什么引发了大量的进化失配性疾病，它又为什么蔓延得如此迅速且无处不在？其中最大的原因在于，农民生孩子的频次要比狩猎采集者高得多。在今天的经济模式中，生殖率高往往意味着开支增加：有更多的嘴要吃饭、更多的大学学费账单要付。孩子太多可能是贫穷的根源之一。但对农民来说，后代越多，能产生的财富就越多，因为孩子是极为有用的劳动力。接受几年照料以后，农民的孩子就能在田地里和家里参加劳作，帮助照料作物、放牧牲畜、看护更小的孩子以及加工食物。事实上，农业的成功很大一部分要归因于农民自己生育的劳动力比狩猎采集者更有效，这些劳动力能向系统回馈能量，推动生育率上升。因此，农业带来人口的指数式增长，造成了农业的广泛传播。

支持农业传播的另一个因素是农民改变了他们的农田周围的生态，这种改变妨碍甚至是阻止了狩猎和采集。狩猎采集者偶尔能够在永久性或半永久性的村庄中生活，但大多数狩猎采集者每年会多次迁移营地，因为对他们的群落来说，跟住在原地、每天走很远才能获得足够的食物相比，拆掉营地、带上少量行李走出几十千米并建一个新的营地，所需要的工作量有时可能还要小一点。与此相反，农民是被固定在土地上的，他们不能像狩猎采集者一样迁移。土地、庄稼和存储的收成必须定期照料和守护。

农民们永久定居后，通过清理灌木丛、焚烧田地，放牧牛羊等牲畜（它们会吃掉年幼的植物导致自然栖息地被破坏），改变了定居点周围的生态，从而促进了杂草的生长来取代树木或灌木。一旦人们成为农民，他们就很难回到狩猎采集状态了。这种逆转确实偶有发生，但大多是在特殊情况下。当擅长园艺的毛利人 800 年前抵达新西兰时，他们发现采集贝类和捕猎不会飞的巨鸟（恐鸟）要比种植庄稼（这是他们在太平洋上的其他地方做的事情）更容易。然而，毛利人最终还是耗尽了这些资源回归了农业。恐鸟因毛利人的猎杀而灭绝。

帮助农业起飞的最后一个因素是，早期农业并不像后来那样辛苦和悲惨。最早期的农民肯定必须努力工作，但我们通过考古遗址了解到，他们仍然会猎杀动物，进行一些采集和中等规模的种植。农业先驱者的生活肯定不轻松，但无休止的苦工、污秽和痛苦，这个关于农民的流行形象更适合后来封建制度下的农民，而不是早期新石器时代的农民。1789 年出生的法国农民家庭的女孩期望寿命只有 28 岁，她可能经常遭受饥饿，较有可能死于麻疹、天花、伤寒、斑疹伤寒这样的疾病。也难怪他们后来发动了一场革命。新石器时代早期农民的生活环境很严苛，但他们尚未受到瘟疫的袭击，例如天花或黑死病，他们也未受到无情的封建制度的压迫。在封建制度下，一小撮强大的贵族拥有土地，并把收获中的大部分划归己有。可以肯定的是,这些和其他一些苦难都会到来，但等到它们渐渐来临的时候，时光已经不可能倒流，狩猎采集者的生活方式也已经回不去了。

换句话说，人类远古的祖先放弃狩猎和采集的生活方式，真的不是因为失去了理智。面对相同的情况，你我或许也会做出同样的选择。但在一代代过去以后，农业也开始引发一系列失配性疾病和其他问题，因为对旧石器时代数百万年的适应没有完全为人们当农民做好准备。这些问题中有许多我们现在也仍然会碰到，为了探讨这些问题，不妨让我们考虑一下，农民的饮食、工作负荷、人口规模和定居系统在生物学层面对人类而言有何有利及不利的影响。

农民的饮食

我的家人每年 11 月都会庆祝感恩节，跟其他美国人一样，我们会大张旗鼓地庆祝：烤一只火鸡，并准备数量惊人的小红莓酱、甜土豆，以及其他据称是本土特色的食物。然而，感恩节其实并不独特，因为世界上每个地方的农民都会用本地出产的食物举行盛宴，用以庆祝丰收。这种宴会有许多功能，其中的确有为丰富的食物感恩的意思。这也是理所应当的。

你能想象一个旧石器时代的狩猎采集者如果穿越到一个典型的超市里会怎么想吗？感谢今天的超市，我们的每一天都可以是感恩节，但现代购物者能买到的丰富食物很难说能代表最近几千年来的大多数饮食方式。在食品运输、冰箱和超市的时代到来之前，几乎所有农民都不得不吃着单调得可怕的饮食。新石器时代欧洲典型农民的饮食主要包括小麦或其他谷物，如黑麦和大麦制成的面包。除了从这些谷类食物中获得热量以外，人们还需要其他食物来补充热量，如豌豆、扁豆和乳制品（牛奶和奶酪），偶尔还有肉和当季的水果。就这样，一天又一天，一年又一年，一个世纪又一个世纪。

生长过程中只靠几种主食的主要好处是能够生育更多人口。一个典型的成年狩猎采集者，女性每天能通过采集获得 2 000 大卡热量，男性每天可以通过狩猎和采集获得 3 000 ～ 6 000 大卡热量。狩猎采集者群落通过集体努力获得的食物只够养活小规模的家庭。相比之下，欧洲早期的新石器时代农民一家在犁发明之前只靠纯手工劳动，一年中平均每天就能获得 12 800 大卡热量，这些食物足够养活一个六口之家了。换句话说，早期农民可以把家庭规模扩大一倍。

食物多是好事，但农业时代的饮食可能引发失配性疾病。最大的问题之一是营养的质量和多样性受损。狩猎采集者能生存，是因为只要是能吃的，他们都会吃。因此，狩猎采集者的饮食必然是极其多样化的，通常每个季节都包括好几十种植物。相比之下，农民通过把力量集中在一些高产的主食上，通过牺牲质量和多样性换取了数量。今天人们消耗的热量可能有超过 50% 来自水稻、玉米、小麦或土豆。有时农民的主食还包括小米、大麦、黑麦这样的谷类作物，以及富含淀粉的块根，如芋头和木薯。

主食作物易于大量种植，热量丰富，收获后可以长期储存。它们的主要缺点之一是维生素和矿物质含量往往不如狩猎采集者和其他灵长类动物食用的野生植物来得丰富。如果农民们过于依赖主食作物，而没有肉、水果和其他蔬菜，尤其是豆类，作为补充食物，就会面临营养缺乏的风险。与狩猎采集者不同，农民易患坏血病（因维生素 C 摄入不足）、烟酸缺乏症（因维生素 B_3 摄入不足）、脚气病（因维生素 B_1 摄入不足）、甲状腺肿大（因碘摄入不足）和贫血（因铁摄入不足）等疾病。

对一种或几种作物的重度依赖还存在其他严重缺陷，其中最大的缺陷是可能出现的周期性食物短缺和饥荒。人类与其他动物一样，可以通过燃烧脂肪和减轻体重来应对季节性的食物短缺，因为在食物丰富的季节体重可以重新增加，从而对漫长的贫乏季节予以补充。一般情况下，自给型农民的体重在不同季节之间会随着食物供应和工作负荷的变化而上下波动。然而这些季节性变化有时也可能会走向极端。例如，冈比亚的农民在雨季必须进行高强度劳作，以进行播种，给作物除草，而他们此时也会面临食物短缺，疾病多发，因此体重通常会减轻 4 ～ 5 千克；如果一切顺利，到旱季收获庄稼和休息时，他们的体重又会重新增加。而在收成很差的时候，冈比亚和其他地方的农民会出现严重的营养不良症状，死亡率飙升，尤其是儿童。

狩猎采集者身上也存在体重减轻和增加的循环，但当气候变化扰乱正常的生长周期时，后果并没有那么极端，因为他们并不依赖于主食，可替代食物较多。换句话说，农民可以获得的热量比狩猎采集者多得多，但他们对干旱、洪水、作物疫病和战争灾害的耐受性较差，这些灾害会周期性地摧毁作物，有时甚至发生在一瞬间。农民可以在丰年存储足够的食物，从而在坏年景里生存下来，他们也确实是这样做的。但农作物连年歉收会导致灾难性的饥荒。自从农业被发明以来，这种情况导致的死亡虽很偶然，但却在反复发生。

以爱尔兰马铃薯大饥荒为例。马铃薯于17世纪从南美洲被引入爱尔兰，这种植物非常适合爱尔兰岛的生态，所以成了18世纪爱尔兰的主粮作物。当时的租佃农场太小，种植多种作物不足以获得足够的食物。对普通爱尔兰农民来说，马铃薯是他们主要的热量来源，尤其是在冬天，帮助推动了人口的快速增长。但是随后，枯萎病[①]于1845年横扫爱尔兰农民的马铃薯田，连续4年造成了超过75%的收成损失，造成超过100万人死亡。更可悲的是，爱尔兰马铃薯大饥荒仅仅是农业起源以来夺走无数人生命的数千次饥荒中的一次。很有可能在你读这段文字时，世界上的某个地方就正在发生饥荒。虽然在人类数百万年进化过程中无疑会有一些狩猎采集者因缺乏食物而死亡，但狩猎采集者饿死的概率肯定比农民低好几个数量级。

农民饮食可能引起的另一组失配性疾病是营养缺乏症。大米和小麦这样的谷物之所以营养丰富、有益健康，还能维持生命，是因为其中含有有益的物质分子，这些分子中包含许多油脂、维生素和矿物质，主要存在于外层米糠和富含淀粉的种子中心周围的胚层中。不幸的是，植物中这些营养丰富的部分也会很快变质。由于农民需要把主食存储数月或数年，所以他们最终想出办法，除去谷物的外层变成细粮，把水稻或小麦从“糙米”变成了“白米”。

最早的农民并没有发明这种技术，但一旦精细加工变得普遍，这个过程就会使植物中很大比例的营养价值流失。例如，一杯糙米与白米含有的热量几乎相同，但糙米含有的B族维生素是白米的3～6倍，其中还含有一些其他矿物质，

---

① 一种真菌类微生物引起的植物疫病。

以及维生素 E、镁、钾、磷等营养物质。精细的谷类食物和玉米之类的驯化植物中的纤维（植物中不可消化的部分）含量也较低。纤维能加快食物和废物通过肠道的速度，在降低消化吸收率中起重要作用（详见第 9 章）。长期储藏食物的另一个风险是污染。例如，黄曲霉毒素就是一种由谷物、坚果和油籽上生长的真菌产生的有害化合物，会导致肝损伤、癌症以及神经系统问题。而狩猎采集者在存储食物时通常不超过一两天，所以他们很少会遇到这些毒素。

农民的饮食习惯带来的另一个非常严重的健康问题是由大量淀粉引起的。狩猎采集者会食用大量的复杂碳水化合物，而农民种植的多是谷物、块根和富含简单碳水化合物（又称淀粉）的其他植物,且进行了加工。淀粉的味道很好，但食用太多淀粉会导致多种失配性疾病，最常见的是龋齿。饭后，淀粉和糖粘在牙齿上会吸引细菌繁殖，并与口腔内的蛋白质结合形成菌斑。细菌消化糖类时会释放出酸性物质，后者被结合到菌斑上溶解釉质牙冠就造成了龋齿。

龋齿在狩猎采集者中较为罕见，但在早期农民中极为普遍。在近东地区，患龋齿人数的百分比从农业社会之前的约 2% 蹿升至新石器时代早期的 13% 左右,后期还要更高。图 7-1 显示了一些看起来很痛苦的例子。我要补充的是，在抗生素和现代牙科医疗出现之前，龋齿可不是什么小问题。龋齿从牙冠下穿透到牙质中不但会引起难以忍受的疼痛,而且可能导致痛苦甚至是致命的感染，感染会从下颌部开始，扩散到头部的其余部位。

简单碳水化合物含量高的膳食还可能扰乱身体的新陈代谢。淀粉类食物，尤其是那些经过加工去除了纤维的食物，会被快速而轻易地转化为糖，引起血糖水平飙升。我们的消化系统无法在短时间内有效应对过多的糖，随着时间的推移，简单淀粉含量很高的饮食会促进 2 型糖尿病和其他问题的发生。然而，早期农民的饮食远不如现代高度加工的工业饮食那样精细而富含淀粉，而血糖水平快速上升的负面作用也会被经常性的剧烈体力活动抵消。因此，成年发病型糖尿病直到最近以前都是罕见的。尽管如此，进食大量简单碳水化合物后的血糖水平激增对早期农民显然产生了影响，因为有证据显示，在几千年的时间里，一些农业人群发生了一些进化适应，如胰岛素分泌增加、胰岛素抵抗降低。我们稍后将讨论这些适应及它们与糖尿病、心脏病这些失配性状况的关系。

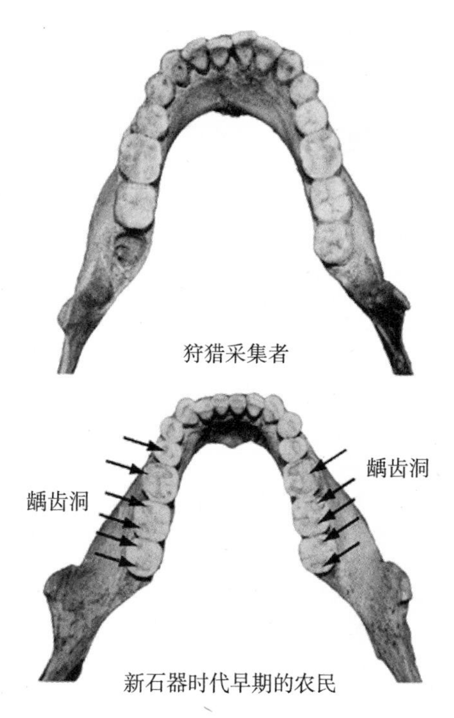

图 7-1　两个下颌

图中的两个下颌一个来自狩猎采集者，另一个来自新石器时代早期的农民。显然农业出现后龋齿变得更普遍了。

当然，不同地区农民的饮食有着极大不同：中国、欧洲和中美洲的农民种的和吃的食物完全不同。不过，所有这些不同地区的农业发展，都带来了热量数量与营养质量之间相似的权衡取舍。即使是缺乏肥料、灌溉和犁具的新石器时代先驱，种植的食物也比狩猎采集者可以获得的食物要多得多，但农民的饮食往往没有那么健康，面临的风险也更高。农民食用的食物含淀粉较多，含有的纤维、蛋白质、维生素和矿物质较少。与狩猎采集者相比，农民还比较容易接触到受污染的食物，还要承受更经常、更严重的饥荒风险。在饮食方面，人类为了享受每年丰收日大餐的快感确实付出了高昂的代价。

农业劳动力

农业对我们的体力活动量产生了怎样的改变？我们又是怎样利用自己的身体去工作的？虽然狩猎和采集并非易事，但像布须曼人或哈扎人这样的非农业人群一般每天只工作五六个小时。这与典型的自给型农民的生活形成了鲜明对比。对于任何一种作物，农民都必须清理田地，包括燃烧植被、清理灌木、清除岩石，通过刨或犁平整土地，可能还要施肥、播种、除草，并保护自己种的植物不受鸟类和啮齿类动物的毁坏。如果风调雨顺，那么接下来就要收割、脱粒、扬谷、晒干，最后还要储存种子。这些还不是全部，农民还必须喂养动物、加工烹煮大量食物，例如加工干肉和制作奶酪、制作服装、建造和修复住房和谷仓，捍卫土地以及储存收成。

农业意味着无休止的体力劳动,有时要从早干到晚。正如乔治•桑（Geroge Sand）所说:“农夫耗尽了气力和光阴，开垦着这片不会轻易被人夺走丰富宝藏的土地，一天结束后，这样艰苦的劳动换回的唯一的报酬和收益是一片最黑最粗糙的面包，这实在是一件悲哀的事。”

毫无疑问，农民，特别是那些受封建地主压迫或在饥荒中勉力生存的农民，不得不极其努力地工作，但经验告诉我们，农业并不总是像乔治•桑的夸张语句描述的那样悲惨。有一个非常简单的方法可以比较农民、狩猎采集者和后工业时代人们的工作量，即测定他们的体力活动水平（physical activity level，PAL）。体力活动水平评分的计算方法是：每天消耗的热卡数（总能量消耗）除以维持身体机能所必需的最低热卡数。

在实际情况下，体力活动水平指的是一个人在大约 25℃的舒适温度下，实际消耗的能量与此人整天睡觉所消耗的能量之比。如果你是久坐的办公室职员，那么你的体力活动水平大约是 1.6，但如果你整天都在医院卧床休息，那么体力活动水平可能会低至 1.2，而如果你在接受马拉松或环法自行车赛训练，那么体力活动水平就可能达到 2.5 甚至更高。

多项研究发现，非洲、亚洲和南美洲的自给型农民的体力活动水平得分平均为男性 2.1，女性 1.9（范围：1.6 ～ 2.4），仅比大多数狩猎采集者略高，后者的平均体力活动水平值为男性 1.9，女性 1.8（范围：1.6 ～ 2.2）。每一天、每一季和每一年之间的变异的平均数不能反映实际存在的相当大的群体内和群体间变异，但它们突出了一点，即农民的工作即使不比狩猎采集者更艰辛，至少也是一样艰辛，而采用这两种生活方式所需的工作量对于今天的人来说，都可以算是中等强度。

有证据显示，自给型农业要求的体力劳动总量与狩猎采集相似，甚至还要略高，但在拖拉机这些机械化工具发明之前，农民要做很多种类的体力活动，如果考虑到这一点，相信你对这些证据就不会感到惊讶了。跟狩猎采集者一样，农民一般每天要走许多千米，而且他们还要做很多需要很大上肢力量的活动，如挖掘、负重和抬举。与狩猎采集者相比，农民可能需要的力量较多、耐力较少；与狩猎采集者一样，他们的活动变化范围很大。在任何情况下，体现这些经济系统工作量之间最大差异的不是成人的劳动，而是儿童的劳动。

人类学家凯伦·克雷默（Karen Kramer）称，大多数狩猎采集社会中的儿童每天只工作一两个小时，主要是采集、狩猎、打鱼、拾柴，以及帮助做一些家务，如加工食品。相比之下，自给型农民家庭的孩子平均每天要工作 4 ～ 6 小时（范围:2 ～ 9 小时），主要从事园艺、照看动物、打水、拾柴、加工食品，以及其他家务。换句话说，童工在农业时代就有着悠久的历史，因为家庭要在经济上取得成功，尤其是在农业上，就需要儿童做出很大的贡献。儿童参加劳动也有助于教授给青少年作为成年人所需的技能。我们今天是用学校教育代替了体力劳动，但许多要完成的终极目标是相同的。

人口、害虫和瘟疫

在农业的所有优势中，最根本、最有影响的一点就是更多热量可以允许人们拥有更大的家庭，实现人口增长。但人口增长及其对人类定居模式的影响也会带来新型的感染性疾病。毫无疑问，在农业革命引起的进化失配中，这些疾病曾经并依然是最具破坏性的。

瘟疫爆发的一个前提是人口众多，这在农业时代之前是不会发生的。最早的农业村庄按今天的标准来说是很小的，但正如托马斯·马尔萨斯（Thomas Malthas）牧师在 1798 年的著名论断中所说，即使人口出生率中等程度地增长，也会导致整个人群规模在几代人之内迅速增加。早期村庄里的农民只是让孩子在 18 个月时断奶，而不是 3 岁，就获得了人口的指数式增长，远远快于同等规模的狩猎采集者群体，即使他们的婴儿死亡率相等。我们缺乏现代人口普查之前的世界人口准确数据，但图 7-2 提出的猜测是有根据的，它提示人口从 12 000 年前的五六百万增长至公元元年时的 6 亿，增长了至少 100 倍；而在 19 世纪初，全世界可能大约有 10 亿人。

瘟疫的另一个前提是高人口密度的固定定居点。农民主要生活在村庄里，这使他们能够分享磨坊和灌溉沟渠这样的共同资源，能够更容易地进行贸易，并从规模经济中获益。这些经济和社会方面的好处，再加上人口的迅速增长，导致农业起飞后定居点稳步扩张。在几千年时间里，中东地区的村庄从纳图夫时期只有 10 幢房子的小村庄，发展到了新石器时代拥有 50 幢房子的村庄，再到 7 000 年前有着 1 000 多位居民的小镇。在距今 5 000 年前，一些小镇扩大成了拥有数万居民的早期城市，如乌尔和摩亨佐·达罗。随着人口规模的增长，人口密度一路飙升。狩猎采集者生活的地区要求人口密度保持在较低水平，远低于 1 人 / 平方千米，而农业时代的人口密度要高出好几个数量级，在简单农业经济条件下为 1 ～ 10 人 / 平方千米，在城镇中则超过 50 人 / 平方千米。

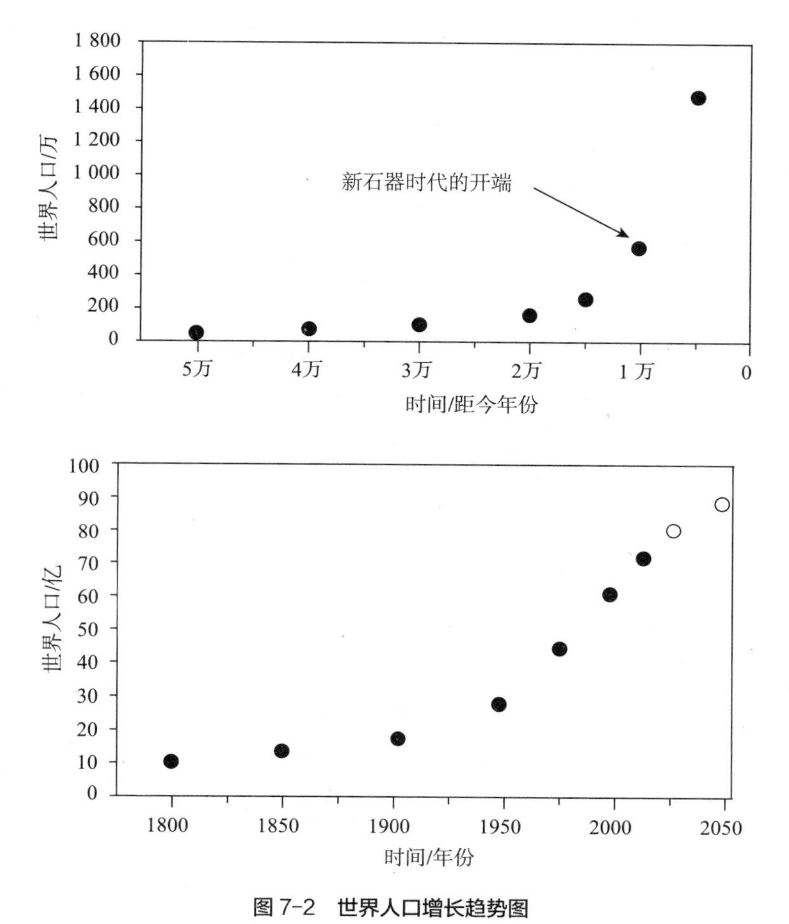

图 7-2　世界人口增长趋势图

上图显示了旧石器时代末的人口数量概数，以及大约在距今 10 000 年前新石器时代开始后的人口快速增长趋势。下图显示了自工业革命以来，距今更近的人口增长趋势。

在规模较大、较密集的社群中生活会带来社会性刺激，经济上也能带来更多利益，但这样的社群也会带来致命的健康危害。最大的危险就是传染性疾病。传染性疾病有很多种，但它们都是由微生物引起的，这些微生物入侵宿主，以宿主的身体为食、繁殖，然后再传播到新的宿主，保持这个循环持续不断。因此，疾病的存在取决于人群中有多少宿主可以供它感染，疾病从一个宿主传播到另一个宿主的能力，以及宿主感染疾病后的存活率。

村庄和城镇把许多潜在的宿主集合在了一起，它们彼此密切联系，为感染性疾病的滋生提供了理想的场所，因此村庄和城镇成为人类宿主的危险之地。另一种促进感染性疾病快速传播的事物是商业。因为农民们有了盈余，所以他们经常会把货物拿来交易，这样做的时候也同时交换了微生物，使得感染性微生物可以从一个社区迅速传播到另一个社区。这就不令人奇怪了：农业开启了感染性疾病的流行时代，包括结核病、麻风病、梅毒、鼠疫、天花和流感。

这并不是说狩猎采集者不会生病，但在农业之前，人类主要患的是寄生虫病，如感染自污染食物的虱、蛲虫，以及感染自其他哺乳动物的病毒或细菌，如单纯疱疹。疟疾和梅毒的非性传播“前辈”雅司病这样的疾病也可能见于狩猎采集者身上，但发病率比农民低得多。事实上，新石器时代之前不可能存在流行病，因为狩猎采集者的人口密度不足 1 人 / 平方千米，低于强毒性疾病传播所必需的阈值。例如，天花就是一种古老的病毒性疾病，这种疾病的起源尚不明确，人类或许是从猴子或啮齿类动物那里感染到了这种疾病，但在人口密集的大型定居点出现之前，天花并没有广泛传播。

农业还有另一个不利于健康的副产物会促进感染失配性疾病，即恶劣的卫生条件。生活在小型临时营地的狩猎采集者排便时只需要躲到灌木丛里就行，他们产生的垃圾也不多。但人们只要在固定的居住点定居下来，就不可避免地会积累大量垃圾，污染居住点。永久性厕所会造成饮用水和土壤的污染，垃圾会堆积腐烂。而人类的住宅也给小鼠、大鼠、麻雀这些小动物创造了理想环境，它们以人类的食物和垃圾为食，人类也给它们提供了安全的港湾，使它们能避开猫头鹰或蛇之类的天敌。

实际上，家鼠（小家鼠）最早于农业刚发生时在亚洲西南部的永久性村庄中进化出来，而大鼠经过非常有效的进化，能充分地利用人类定居点，以至于大多数城市中的大鼠远比人多。这些有害的小动物有时却充当着疾病的载体“报答”着我们的好客。啮齿类动物携带致命的病毒，如拉沙热病毒，它们还是跳蚤的宿主，后者又会诱发鼠疫和斑疹伤寒。麻雀和鸽子会携带沙门氏菌、臭虫和螨虫，后者又会诱发脑炎等疾病。在人们开始建造封闭式下水道、化粪场和其他形式的公共卫生设施之前，向村庄生活的转变是很多疾病的来源。

农业的进化以及村庄和城市的出现还为许多传播致命疾病的昆虫创造了意想不到的良好生态条件。最糟糕的是，农民在清除植被和灌溉作物时，为蚊子创造了理想的栖息地，这些蚊子会在死水中产卵。蚊子不喜欢炎热的气候和阳光，它们也会躲藏在凉爽的房子里和房子附近的灌木丛中，从而接近人类便于吸食人类的血液。尽管疟疾是一种非常古老的疾病，但是理想的繁殖地加上大量的人类宿主，显著升高了新石器时代疟疾的患病率。农业出现后涌现出来的蚊媒疾病包括黄热病、登革热、丝虫病和脑炎。

此外，来自灌溉沟渠的水流速缓慢，促进了寄生虫病的传播，如血吸虫病，这种寄生虫的生活周期始于淡水螺，在钻入人类涉水的腿部后能够继续其生活周期。另一个对某些疾病有促进作用的是服装，因为服装为螨虫、跳蚤和虱子创造了适宜的环境。狩猎采集者就是如此，尤其是那些生活在温带气候条件下穿着衣物的人，但是农民中患有此类疾病的人数更多，并且他们穿的衣服也更多。

终于，人类为自己引来了数量庞大的一系列可怕疾病，我们会因在生活中与动物密切接触而患上这些疾病。引起这些疾病的是最可怕、最肮脏的病原体中的一些，它们严重威胁到了人类健康，其中包括结核、麻疹、白喉（来自牛）、麻风（来自水牛）、流感（来自猪和鸭子）、鼠疫、斑疹伤寒，以及天花（来自大鼠和小鼠）。例如，流感病毒是一种不断变异的病毒，起初来自水禽，后来传入了农场的动物体内，例如猪和马，后又在这些动物体内进一步进化，转变为新的类型，其中有些对人类尤其具有感染性。人体感染这种病毒后，会在鼻子、咽部和肺部的上皮细胞内产生炎症反应，导致咳嗽和打喷嚏，从而将数以百万计的病毒复制体传染给其他人。

大多数流感病毒株都很温和，但少数会在诱发肺炎或其他呼吸道感染时变得致命。1918 年正值第一次世界大战尾期，流感病毒席卷全球，造成了四五千万人死亡，死亡人数是战争本身引起的平民和士兵死亡人数的 3 倍。这场大流行有一个令人震惊的特点，就是这种流感对健康的年轻人而言尤其致命，对老人则没有，这可能是因为年轻人的免疫系统接触流感病毒较少，体内的特异性抗体也就相应较少，使得他们更容易患肺炎，后者往往是诱发死亡的真正原因。

总而言之，大概有 100 多种感染性失配性疾病，是由农业的起源导致或加剧的。幸运的是，在最近几代人中，现代医学和公共卫生学在预防和抗击这类疾病中取得了巨大的进步。在发达国家，传染病几千年来第一次在造成人们的担心或大量死亡方面失去了威力。尽管这种乐观也许是一种误导。虽然现代社会有了许多帮助我们避免、跟踪和治疗感染性疾病的新技术，但人口也比以往任何时候都要众多和密集，反过来又使我们易于遭受新的传染病流行。

农业是否值得

尽管农业造成了饥荒、工作量增加以及疾病，但人类及其身体在从狩猎采集向农业的重大转变中适应得怎么样呢？农业革命引起的失配性疾病到底值不值得？

正如经常发生的情况一样，一个人衡量成败的标准会影响他看问题的角度。如果你和大多数人一样，认为农业是人类进步历程中的最大一步，那么你可能会有些庆幸数百代之前的祖先采取了这种生活方式。最早期的农民因食物增多而受益，并迅速把这一盈余用于生更多孩子，这反过来又使他们加强了对农业的依赖，减少了对采集的投入。所以如果狩猎采集者是因人口压力而转向农业，那么肯定是利大于弊，特别是从进化的角度来看，因为在进化层面衡量成功的主要标准是你有多少孩子。

农业不仅让人们拥有了更大的家庭，人们还能在村庄、城镇和城市里定居下来，引发了持续至今的大规模人类聚落形态转变。农业带来的盈余，也使得艺术、文学、科学和人类的很多其他成就成为可能。事实上，有了农业才可能有文明。然而，硬币的另一面是：农业盈余也使得社会分层成为可能，压迫、奴役、战争、饥荒，以及狩猎采集社会闻所未闻的其他罪恶也因此出现。农业还带来了失配性疾病，从龋齿到霍乱。数以亿计的人死于瘟疫、营养不良和饥饿，而如果我们仍然是狩猎采集者的话，这些死亡根本不会发生。然而，尽管有许多人死亡，但是今天活着的人口与设想农业革命从未发生前相比，还是多了近 60 亿。

虽然农业整体上对人类这个物种来说是件好事，但对人的身体来说则是喜忧参半。评价农业对人类健康是否意味着成功的一个有用指标是看身高的变化。一般情况下，一个人可能达到的最大身高受基因的影响很大，但实际身高则高度受制于环境：患有营养不良、疾病或受到其他生理压力的人不能完全长到其遗传潜能所决定的身高。这是因为成长中的孩子通常能获得的能量是有限度的，这些能量可以用来维持身体、对抗感染、从事劳动或维持成长。如果孩子的有限能量需要大量投入对抗感染或紧张的工作，那么可供生长使用的能量就减少了。因此，研究身高的变化是一种不错的总体评价方法，可以用来研究人类食物情况的变化、疾病和经受其他压力的程度。

对人类身高的分析显示，在世界上的许多地区，当然不是全部地区，农业初始阶段给人体健康首先带来的是有益作用。农业最先起源的中东地区就是一个成功的例子。一些具体的研究表明，随着新石器时代于约 11 600 年前发端，并经过最初几千年的发展，人类的身高先是经历了增高，男性长高了约 4 厘米，女性则相对少一点。然而，大约从 7 500 年前开始，人类的身高又开始下降，同时疾病和营养压力的骨骼标志物也变得更为常见。这种先升后降的类似模式在世界其他地区也很明显，包括美洲。例如，随着种植的玉米在 1 000 ～ 500 年前逐渐被纳入田纳西州东部人群的饮食中，那里居民的身高也出现了增长，男性增高了 2.2 厘米，女性增高了 6 厘米。从身高来看，很多早期农业人群最初在他们的新生活方式中是受益的。然而，如果不是在农业革命前后短时间内的人群中进行比较，而是考虑身高的长期变化，那么农业生活方式给人体带来的影响看起来就不是那么有利了。随着农业经济的增长，人的身高在缩短，只有少数例外。例如，在新石器时代早期，随着稻作农业的进步，日本农民的身高在几千年中下降了 8 厘米，而且随着农业在中美洲扎根，那里的男性居民身高也下降了 5.5 厘米，女性居民身高下降了 8 厘米。换句话说，农业经济的发展带来了具有讽刺意味的结果：尽管农民们生产的食物总量增加了，但是每个孩子可以用于生长的能量却减少了，这可能是因为他们把相对较多的能量用在了抵抗感染、应对不时发生的食物短缺，以及长时间的田间辛苦劳作等方面。

其他类型的数据也证实，向农业的转变往往会给人类的健康带来挑战。由感染或饥饿导致的急性应激在牙齿上留下了永久的深沟；膳食中铁元素缺乏导致了骨骼受损；梅毒之类的感染在骨骼上留下了炎症的痕迹。有研究者将人类转向农业前后发生的以上病变和其他病变制成表格后，发现农业先驱者后代的骨骼具有较多征象，提示着疾病、营养不良和牙齿问题的发生，无论研究的骨骼发现于南美洲、北美洲、非洲、欧洲，还是其他地方。简单地说，随着时间的推移，农业生活往往会变得更肮脏、更野蛮、更短暂、更痛苦。

农业出现以来的失配和进化

虽然向农业经济的转变给最早的农民带来了好处，但是这种新的生活方式也导致了许多失配性疾病和其他问题。这些改变，尤其是失配性疾病，触发了什么样的进化发展呢？农业在何种程度上推动了自然选择和文化进化，抑或是仅仅导致了失配性疾病，继而带来了更多的苦难和死亡？

让我们首先考虑一下农业是如何引起自然选择的。最早的农民生活在600～500代以前，而在全世界的大部分地区，自农业出现距今不到300代。从进化的角度来看，对于许多重大的改变来说，比如新物种的进化，这段时间并不算很长，但对于那些会对生存和繁殖产生强烈影响的基因来说，这个时间足以改变它们在人群中出现的频率了。

事实上，农业是如此深刻地改变了人们的饮食、感染的病原体、工作内容，以及可能拥有的后代数量，所以农业的起源可能强化了对某些基因的选择。我们还需要考虑到，自然选择可能作用于现有的可遗传变异。在这方面，农业无疑提升了进化速度，因为随着人口数量的爆炸式增长，每一代人都提供了许多新的突变，自然恰好可以作用于这些突变。有人对这一快速增长进行了测量并发现，在最近几百代人期间，地球上不同人群中涌现出了超过100万种新的遗传变异。人体在距今较近的进化历史时期内出现了这么多突变是值得注意的，因为其中许多突变都是有害的。

在最近几百代人中出现的大部分基因突变并未经受太多选择，特别是正选择，而事实上在新出现的突变中超过86%可能具有负面作用。发生了如此多新的基因突变，也就无怪乎有研究确定了100多个为晚近自然选择所青睐的突变，其中多是因农业的出现而出现的。对所有这些基因展开细致研究需要很多年，但正如你能想到的，这些基因大部分有助于免疫系统对付一些农业时代开启以来困扰人类的致命性病原体：腺鼠疫、麻风病、伤寒、拉沙热、疟疾、麻疹和结核。

研究最透彻的一些例子表明，有一些基因有助于对疟疾的免疫。疟疾是由蚊媒寄生虫引起的一种古老疾病。随着农业的传播，疟疾的患病率也在随之升高。这主要是因为人口密度升高了，加之农业生产方式也促进了蚊子的滋生。疟原虫从血红蛋白[①]中获取养分，因此一些能影响血红蛋白的突变在遭受疟疾

① 在血液中负责运输氧气的含铁蛋白质。

肆虐的人群中被选择了出来。这些突变中有一种会导致镰刀形红细胞贫血病，此时血液细胞呈现异常的半圆形；其他一些突变会降低血液细胞感染后生成能量的能力，或延缓血红蛋白分子的形成。在以上及其他情况下，如果人体携带有一个这种基因的副本，就会产生部分免疫力，但是两个副本则会导致严重的贫血，有时甚至会致命。这种具有危及生命影响的基因能进化出来，只有在一种情况下才会被自然选择所接受，即这种基因能对一种更具灾难性影响的疾病产生免疫力：向疟疾流行地区的农民提供部分免疫的好处超过了导致他们的一些亲属死于贫血所付出的代价。

由于农业的出现，还有一些其他基因也经历了进化史上最近时期的正选择，这些基因在帮助人类适应驯化食物方面起到了重要作用。这样的例子不在少数，但研究最深入的要数帮助成人消化乳汁的基因。乳汁中含有一种特殊形式的糖——乳糖，这种糖会被乳糖酶分解。农业时代前的人类在哺乳期结束后就不必消化乳汁了，而且大多数人在发育成熟的过程中，到五六岁时消化系统就自然停止分泌乳糖酶了。

但当人类驯化了山羊和奶牛这些能提供乳汁的哺乳动物后，在婴儿期过后仍可以消化乳糖的能力就成了一种优势，促进了允许成人产生乳糖酶的基因的正选择。事实上，有多个这样的突变在东非人、北印度人、阿拉伯人，以及在亚洲西南部和欧洲的居住者中独立进化了出来。同时进化出来的其他适应可帮助农民应对摄入大量碳水化合物引起的血糖峰值。例如，TCF7L2 基因能促进餐后胰岛素的分泌，它有几个变体，大约是在新石器时代分别在欧洲、东亚和西非独立进化出来的。而在今天，这些基因和其他基因变体可以帮助这些农民的后代避免患上 2 型糖尿病。

自然选择是一个永不停息的过程，借助新近出现的大量新型基因变异，这一过程现在也必然在进行。然而，尽管农业革命带来的一些自然选择能帮助苦苦挣扎的农民应对新型饮食和感染性疾病，但不能就此认为自然选择是过去几千年间变化的主导动力。

以任何标准来衡量，世界上各个大陆的不同部分在最近阶段独立进化出来的遗传适应，与同一时间范围内人类进行的文化创新相比，在规模和程度上都只能算作一般。这些文化创新中，有许多都提高了经济生产力，如车轮、犁、拖拉机、书写，而有一些则是对农业生活方式所致失配性疾病的反应。更准确地说，这些创新中有很多担当了文化缓冲的作用，使农民可以远离农业生活方式的危险和缺点，甚至可以从中得到保护；否则的话，这些危险和缺点可能导致的选择会比我们检测到的更强。

农民比狩猎采集者更常会遇到营养不良的问题，因为农民主要依靠几种主食，这种方式降低了他们的饮食的营养多样性和质量。糙皮病就是一个例子，这种可怕的疾病是因维生素 B_3（烟酸）摄入不足所致，会导致腹泻、痴呆、皮疹等症状，如果不进行治疗的话最终将导致死亡。糙皮病在以玉米为主食的农民中较常见，因为玉米中的维生素 B_3 会与其他蛋白质结合，无法被人体的消化系统吸收。从事农业的美国原住民从未进化出帮助他们抵抗糙皮病的基因，但他们很久以前就学会制作一种特殊的玉米面粉——马萨面粉，是在研磨前把玉米浸泡在碱溶液中制成的。此过程又称为碱液处理，不仅把玉米中的维生素 B_3 释放了出来，使人易于消化，也增加了玉米中的钙含量。

制作马萨面粉是为应对农业带来的变化而产生的数千种应对方法之一。这些文化的创新，包括原始的卫生术、牙医术、陶器、家猫、奶酪，避免或减轻了许多失配性疾病，否则的话，这些疾病从我们的祖先结束狩猎采集生活时就会出现或得到强化。在这些发明中，有一些对于解决因农业引起的问题而言，是了不起的解决办法，比如制作马萨面粉和奶酪，但它们也对发生在人类身体上的自然选择形成了缓冲。

其他不那么伟大的解决办法，如创可贴，则只能治疗失配性疾病的症状。这种对症治疗的应对办法可能会产生问题，因为对症治疗不是在针对失配性疾病的病因进行治疗，有时反而会促进恶性的反馈循环，我称之为进化不良，会使疾病持续存在甚至恶化。不过，在我们考虑这种恶性循环之前，首先需要考虑人体进化史的下一个主要章节——工业时代。

THE STORY OF THE HUMAN BODY

08

身体的穿越

成也工业，败也工业

技术、经济、科学和社会变革引领的工业革命，在不到 10 代人的时间内重塑了地球。工业革命改变了我们的生活方式和工作方式，甚至是睡眠方式。在传染性疾病和营养相关疾病大幅下降的同时，2 型糖尿病、阿尔茨海默病患病率迅速提升。我们的体型更大了、寿命更长了，而失配性疾病却呈现出蔓延趋势。这些变化有些是有益的，有些则是对尚待进化以适应新环境的人体产生的负面影响。

> 木屐在人行道上咯噔咯噔地响，工厂中发出连续不断的声音，为了这一天单调的活动，那些抑郁发狂的“大象”已经加上了油，擦拭干净了，又在进行着它们剧烈的动作了。
>
> ——查尔斯·狄更斯，《艰难时世》

在最近几百万年间，人类的存在发生了许多深刻的变化，但从没有像近250年里发生的那样之多。我祖父的一生就是这种转变的一个案例。他于1900年出生在比萨拉比亚，位于俄罗斯和罗马尼亚边境交界的农村地区。跟当时东欧的许多地方一样，比萨拉比亚是一个农业经济体，几乎没有受到工业革命的波及。在他出生的村庄，没有一户人家拥有电力设备、煤气或者室内管道。所有工作都是由人力和畜力完成的。不过我祖父在少年时为了躲避大屠杀和他的家人逃到了美国。在美国，他有机会上了公立学校，参加第一次世界大战，然后又在退伍军人福利政策的支持下上了医学院，成为一名在纽约市工作的医生。我们很多人一生中也曾经历过相当大的变化，但我祖父年轻时在短短几年内就几乎经历了工业革命的整个过程，然后又经历了20世纪的大部分变迁。

少年时，他简直可以称得上热爱变化。我祖父根本不是一个反对技术进步的勒德分子[①]，他乐享科学、工业化和资本主义带来的诸多好处。也许是因为

① 19世纪初英国手工业工人中参加捣毁机器的人。

我祖父出生在农民家庭，所以他特别喜欢拥有豪华的浴室、大轿车、空调以及中央供暖。他也为他所在的儿科专业领域内发生的进步而感到骄傲。在他出生的时代，美国有 15% ～ 20% 的婴儿在出生后第一年内就会死亡，但在我祖父开始行医后，婴儿死亡率降至不足 1%。婴儿死亡率的惊人下降很大程度上应归功于抗生素，以及其他治疗呼吸道疾病、感染性疾病和腹泻的新药。

婴儿死亡率在 20 世纪大幅下降的原因还包括：环境卫生条件的改善、营养的提高，以及就医机会的增多。很多医生往往只能在成年人得病时给他们看病，但儿科医生则不同，他们会在儿童健康时就为他们定期做检查，以防止儿童得病，这种检查的次数较为频繁。儿科医学在 20 世纪取得的巨大成功证明预防医学真的是最好的医学。

我的祖父在 20 世纪 80 年代初期去世，但我确信他会对今天的美国儿童接受的预防医学服务感到失望。大多数美国儿童仍然能得到定期体检、预防接种和牙科保健等服务，但有 10% 的儿童却因为贫穷和医疗保健服务机会限制而得不到关注。美国低出生体重儿的百分比为 8.2%，这一数值已经有几十年没有下降了，事实上最近还有所上升，而低出生体重会大大增加儿童面临短期和长期健康问题的风险。

在 1900 年，美国人的平均身高为世界之最，但今天他们往往比大多数欧洲人要矮。美国和其他一些国家在预防儿童肥胖问题上也遭遇了可耻的失败。自 1980 年以来，美国肥胖儿童的百分比上升了两倍多，从 5.5% 升高到约 17%，并且类似趋势在全世界都在发生。到目前为止，在这个日益严重的问题上，医生、家长、专业公共卫生人员和教育工作者试图将其扭转的共同努力基本上都是无效的。越来越多的孩子以及他们的父母正在变胖，超重的孩子是如此普遍，以至于有些人已经习以为常。

如果从总体上来看人类目前的身体状况，那么你会发现，很多国家现在正在遭遇一个新的悖论，如美国。一方面，随着越来越多的财富和工业革命的发生，医疗、卫生和教育方面的巨大进步显著改善了数十亿人的健康状况，尤其是在发达国家。现在出生的孩子不太可能死于农业革命引起的感染性失配性疾病，他们更有可能比我祖父那一代的儿童活得更久，长得更高，一般健康状况也更好。因此，整个 20 世纪中世界人口数量增加了两倍。但另一方面，我们的身体也面临着几代以前几乎没有任何人经历过的新问题。今天的人更有可能患上新的失配性疾病，如 2 型糖尿病、心脏病、骨质疏松、结肠癌，而这些疾病在人类进化史上的大多数时间里并未出现或较为少见，包括农业时代的大部分时间。

要了解这一切是怎么发生的，为什么会发生以及如何解决这些新问题，需要从进化的角度对工业时代加以考虑。伴随资本主义、医学科学和公共卫生事业的成长而来的工业革命如何影响着我们身体的生长和运行方式？近几百年来那些重大的社会和技术变革如何改善或解决了农业带来的许多失配性疾病？同时又引发了哪些新的失配性疾病？

什么是工业革命

工业革命从本质上来说是经济和技术领域的革命，在这场革命中，人类开始使用化石燃料发电，供应机器制造和大宗货物运输。工厂首次出现于 18 世纪后期的英国，工业生产方法迅速蔓延到了法国、德国和美国。在短短 100 年内，工业革命蔓延到了欧洲东部和太平洋沿岸地区，包括日本在内。当你阅读本书时，工业化浪潮正在席卷亚洲、南美洲，以及非洲的部分地区。

一些历史学家反对“工业革命”这个术语。政治革命可以在几天或几年内发生，而从农业向工业经济的转变过渡则需要好几百年。然而从进化生物学的角度看，“革命”这个词是完全合适的，因为在不到 10 多代的时间内，人类完全改变了自己的存在方式，更不用提地球环境了，这比以前任何的文化转型都要更加快速，更加深刻。工业革命开始之前，世界人口总数不足 10 亿，其中大部分为居住在农村的农民，他们的工作主要通过人力或畜力来完成。

现在地球上有70亿人，超过半数住在城市里，人们的大部分工作是借用机器来完成的。在工业革命之前，在农庄里工作的人需要广泛的技能去做很多种类的工作，如种植植物、饲养动物以及木工。而现在我们很多人在工厂或办公室里工作，人们的工作常常要求他们只专攻几件事情，如填写数字、安装车门，或盯着电脑屏幕。在工业革命之前，科学发明对普通人的日常生活影响并不大，人们很少旅行，吃的东西都是本地出产的，只经过了很少的加工程序。

今天，技术渗透了我们生活的每个细节，飞行或驾驶数百甚至上千千米对我们来说根本不算什么，而且全世界的食物都是在其他地方的工厂生产、加工和烹煮的。我们也改变了我们的家庭和社区结构，改变了我们治理社会、教育孩子、娱乐身心、获取信息的方式，甚至是执行睡眠和排便这些生理功能的方式，甚至我们的体育运动也工业化了：更多的人通过在电视体育节目里观看职业运动员的赛事，而不是自己参加运动来获得愉悦感。

在如此短暂的时间内发生了这么多变化，真是令人印象深刻。对于一些人，像我的祖父，工业革命释放出的变化给他们带来了解放，改变令人振奋。如果说西方经济体中的现代人类一般比几百代以前更健康、更繁荣，没有什么人会提出怀疑。但对另一些人来说，工业革命带来的变化却给他们带来了困惑和不安，甚至是灾难性的后果。

无论你认为工业时代好还是不好，都应该看到这场革命背后的三个根本性转变。第一个是工业企业家使用了新的能源，主要用来生产产品。工业化以前的人们偶尔会借助风力或水力来提供动力，但他们主要依靠的是人类和动物的肌肉力量来产生动力。现代蒸汽发动机的发明者詹姆斯·瓦特这样的工业先锋想出了如何将煤、石油和天然气等化石燃料转化成蒸汽、电和其他种类的能量来发动机器。这些机器最初是为了生产纺织品，而人们在短短几十年内就发明出了用来制铁、磨木、犁地、运输的其他机器，并且可以用于生产人类可以生产和销售的任何其他东西，包括啤酒。

工业革命带来的第二个主要转变是经济和社会结构的重组。随着工业化的日益兴起，资本主义（个人以竞争的方式生产产品和服务，以此获取利润）成为世界上占主导地位的经济体制，进一步推动工业化和社会变革的发展。由于工人的工作重心从农场转移到了工厂和公司，所以有越来越多的人不得不一起工作，即使他们需要从事的是更专业的工作，而工厂也产生了更多的协调和监管需求。此外，社会发展要求必须成立新的私人公司和政府机构，来运输、销售产品，投放广告，以及投资、接纳和管理大规模迁往大型城市的人，这些大型城市都是在工厂周围如雨后春笋般出现的。

由于妇女和儿童进入劳动力市场（童工在工业革命早期阶段很常见），家庭、社区、工作时长、饮食习惯和社会阶层都出现了重新配置。随着中产阶级的扩大，一种结合了政府服务和私人企业的机构应运而生，用以满足中产阶级的需求，为他们提供教育，提供道路和环境卫生等基本的公共资源和设施，并提供信息传播和娱乐休闲等服务。工业革命不仅创造了蓝领职位，还创造了白领职位。

最后，工业革命发生时，正值科学从哲学的一个令人愉快但非必要的分支向一种充满活力并能帮人赚钱的职业转变。工业革命早期的很多英雄都是化学家和工程师，而他们往往是没有正式学位或学术职务的业余人士，如迈克尔·法拉第和詹姆斯·瓦特。这股变革之风让维多利亚时代的很多年轻人感到兴奋，跟他们一样，查尔斯·达尔文和他的哥哥伊拉斯谟斯年少时也梦想成为化学家。

科学的其他领域，如生物学和医学，对工业革命也做出了卓越的贡献，它们往往是通过对公共卫生的促进表现出来的。路易斯·巴斯德（Louis Pasteur）作为一位研究酒石酸（用于葡萄酒生产）结构的化学家开始了他的职业生涯。在研究发酵的过程中，巴斯德发现了微生物，发明了消毒食物的方法，并制造了首批疫苗。没有巴斯德和其他微生物学、公共卫生学方面的先驱，工业革命就不会进展得如此之深入，如此之迅速。

简而言之，工业革命实际上是技术、经济、科学和社会变革的结合体，这些变革迅速而彻底地改变了历史的进程，在不到10代人的时间内就重塑了地球的面貌，而这在进化的历史长河中真的只是一眨眼的时间。在同一时期，工业革命也改变了每个人的身体。它改变了人类的饮食结构、咀嚼方式、工作和奔跑方式，以及人们散热、保暖、分娩、患病、成熟、繁殖、衰老以及社交的方式。这些变化许多都是有益的，但有些则对尚待进化以适应新环境的人体产生了负面影响。因为利用能量来开动机器是工业革命的基础，所以搞清楚我们现在在做多少工作，在做哪些种类的工作，是研究这场革命如何引发了许多失配性问题的第一步。

体力活动

在1936年的电影《摩登时代》中，查理·卓别林穿着工作服来到工厂，尽职尽责地在装配线上用扳手工作着，把流水一样不断送来的螺帽拧紧。随着传送带的加速，卓别林滑稽地强调了每个工厂工人都知道的事情：流水线上的工作是高强度的辛苦工作。尽管工业革命主要以引擎代替肌肉作为机械力的来源，用于制造和搬运产品，但工厂工人往往也在从事严格的艰苦劳动。典型的19世纪工厂要求员工在工厂的哨声响起前到达工厂，并做好上工准备，否则就要扣半天工资。接下来，他们要在工头的监督下稳定快速地工作12小时以上，工头的工作是确保生产高效率地持续进行。

每周80多小时的工作时长、低工资以及危险的工作环境状况极为普遍，以至于后来工会和政府开始实施改革，用以确保工业安全，减少不人道的状况发生。1802年英国颁布《工厂法》后，不满13岁的童工每天工作不能再超过8小时，13～18岁之间的青少年每天工作不能超过12小时；而直到1901年英国才禁止使用童工。从那以后，一些国家的劳资协议继续改善着工作条件：

美国今天的普通工厂工人一周工作 40 小时，比 19 世纪的工作时间缩短了约 50%。总之，工业时代的工作时间与农业工作相当，甚至更多，直到最近才有所改观，而当下某些地方的工作时间仍然令人饱受折磨。

从身体的角度来看，衡量工作的关键是劳动者需要多少实际的体力活动。尽管《摩登时代》或《大都会》这些电影描写了工厂车间里无情的艰辛工作，但是工业时代的工作在能量消耗上的变化一直非常大。表 8-1 总结了工人从事不同种类工作每小时消耗的大卡数测定值。这些工作中有许多是典型的工厂和办公室劳动，另一些则更符合农业劳动的典型特点，所以我纳入了行走和奔跑的能量消耗，以便进行比较。如你所料，最辛苦的是采矿或装卸这样的工作，在这些工作中，劳动者需要操作重型机械或运用自己的体力。这些工作消耗的能量即使不比农业时代的劳动更多，但起码跟农业是一样的。第二类稍温和些的工作要求工人站着，在工具和机械的帮助下做事。这些工作包括组装线或做实验室工作，消耗的能量与以舒适的速度走路大致相同。

随着机器人和其他机械设备代替或改变了人类的劳动，最后一类工业工作变得越来越普遍，主要形式为坐着用手完成工作。诸如打字、缝纫，或坐在办公桌前做些一般性的工作，这些事情所消耗的热量只比坐着不动稍微多一点。以一天的典型工作来讲，一位前台接待员或每天坐在电脑前工作 8 小时的银行职员，在工作中消耗约 775 大卡热量，汽车厂的工人每天消耗约 1 400 大卡，而真正干苦力的矿工消耗的热量可能高达 3 400 大卡。按甜甜圈来算的话，一位前台接待员每天在工作中消耗的能量相当于吃三个釉面甜甜圈，但是一位矿工干的工作需要吃 15 个甜甜圈才能保持能量平衡。

换句话说，工业时代最初对能量的要求很高，但技术的发展使得许多工作者的工作在体力活动方面不那么剧烈了。这些差异是很有意义的，因为即使能量消耗方面很小的变化，长时间累积起来也不容忽视。拿缝纫这种常见的工业劳动来说，操作电动缝纫机的人通常每小时消耗约 73 大卡热量，跟坐着不动消耗的能量大致相当；但操作老式的脚踏缝纫机每小时消耗约 98 大卡，比前者多了 30%。两相对比，在一年时间里，电动缝纫机的操作者将少消耗约 52 000 大卡，这些能量足够跑 18 个马拉松！

表 8-1　不同工作的能量消耗

工作形式	能量消耗（卡路里 / 时）
编织	70.7
操作电动缝纫机	73.1
坐着办公	92.4
操作脚踏缝纫机	97.7
坐着打字	96.9
站着休息	107.0
站立，轻体力活动（洗衣服）	140.0
汽车装配线工作	176.5
锻造金属	187.9
有节奏地走路 3 ～ 4 千米（小时）	181.8
家务活（通常情况下）	196.5
实验室工作（通常情况下）	205.6
园艺	322.7
锄地	347.3
挖煤	425.3
装卸卡车	435.9
跑步	600 ～ 1 500

我们还要考虑到，坐着与站着工作的能量需求差异相比还不算大。站着要比坐着多消耗 7% ～ 8% 的热量，如果要走动的话那就更多了。一年 260 个工

作日，每天工作 8 小时，这样一年下来，一位汽车组装厂的蓝领工人将比办公室白领多消耗约 175 000 大卡，足够跑上将近 62 个马拉松。在人类历史上的过去几百万年里，对人类能量消耗情况改变最大的，得数坐在桌前使用电动机器工作带来的低能量消耗了。

工业化的讽刺之一在于，它在全球的传播需要更多的人花更多时间坐着。这个矛盾是因为，工业化程度的提高最终会减少制造业工作岗位的比例，而增加服务、信息或研究工作的工作者人数。在美国这样的发达国家，实际上只有 11% 的工作者在工厂工作。在提供产品向提供服务的转变趋势背后，有几个作用因素。一是制造业创造了更多财富，从而创造了对银行家、律师、秘书和会计师的需求。此外，财富的增加提高了劳动力成本，这就给了生产商以很强的动力，把工作机会转移到劳动力成本较低的欠发达国家去。在大多数发达经济体中，如美国和西欧，服务部类是最大也是增长最快的部分。工作内容只是打字、看电脑屏幕、打电话、偶尔在同一幢大楼里走去开会或从会场走回来的人比以往任何时候都要多。

工业革命深刻地改变了人们的体力活动量，不只是在工作上，还有一天里的其余时间。自工业革命开始以来，在人类发明和制造的最成功的产品中，许多是用于节省劳力的设备。汽车、自行车、飞机、地铁、自动扶梯、垂直电梯的发明就减少了出行的能量消耗。在过去几百万年里，普通狩猎采集者每天要步行 9 ～ 15 千米，而到了今天，一位美国人通常每天步行不到半千米，车行却平均达 51 千米。在美国的商场里，在有自动扶梯可用来使行程变得更轻松时，自愿走楼梯的购物者不到 3%，如果贴有鼓励使用楼梯的标志，那么这个百分比会翻倍。食物加工机、洗碗机、吸尘器、洗衣机显著减少了做饭和清洁所需的体力活动量。空调和中央供暖减少了我们的身体为维持稳定体温所消耗的能量。无数其他设备，如电动开罐器、遥控器、电动剃须刀、带轮行李箱，一点一滴降低着我们为了生存所需要消耗的能量。

总之，工业革命只用了几代人的时间就大大减少了我们的体力活动量。如果你像我一样，那么你就可以轻松地坐着度过大多数时间，只需要走几步路、按下各种按键，此外就不必花费太大力气了。如果你会去健身房或慢跑几千米来锻炼身体，那只是因为你想要这么做，而不是因为你必须如此。

我们的身体实际进行的体力活动比工业革命之前少了多少？如第 7 章所讨论的，关于总能量消耗有一项简单的测量指标，即体力活动水平——你每天实际消耗的能量相对于卧床休息或什么也不干所消耗的能量之比。终日久坐的文秘或行政岗位成年男性，其平均体力活动水平在发达国家为 1.56，在欠发达国家为 1.61；相比之下，制造业或农业工作者的平均体力活动水平在发达国家为 1.78，在欠发达国家为 1.86。狩猎采集者的平均体力活动水平为 1.85，与农民或其他需要强体力劳动的工作者大致相同。因此，典型的办公室工作者一般工作日消耗的能量比上一两代中的许多人减少了大约 15%。这种减少并非微不足道，如果一位普通身材的男性农民或木匠，原先每天消耗约 3 000 大卡，退休后突然转变为久坐不动的生活方式，那么他的能量消耗每天将减少约 450 大卡。除非他通过减少食量或增加运动强度来抵消，否则就会发胖。

工业时代的饮食

按《星际迷航》这部科幻小说所描述的，未来的食物将由复制器生产。所有你要做的就是走到一台看起来像微波炉的机器面前，命令它生产出你想要的东西，如“茶，格雷伯爵牌，热的”或“通心粉和奶酪”，然后，做这道菜所需要的原子就会以正确的方式组装起来。这种对未来食物的幻想其实离今天很多人吃东西维持生存的方式相去不远。而跟这种饮食相比，旧石器时代和农业时代的饮食差异就微不足道了。尽管农民既不狩猎也不采集，但他们至少会种植和加工自己的食物。反观现在，我们今天吃的东西里几乎没有任何一种是自己种植或饲养出来的。事实上，我们甚至连加工都不需要。普通美国人或欧洲人的饮食总量中大约有 1/3 不是在家里吃的，并且我们在烹饪饭菜时，所做的工作主要就是打开包装，把不同成分组合起来并加热。我喜欢烹饪，但我通常做的最繁重的工作就是削掉胡萝卜的外皮、把洋葱切成小块，或把东西放在食物加工机里打碎。

从生理角度来看，工业革命对我们饮食的改变程度不亚于农业革命。如第7章所讨论的，最早的农民从狩猎采集转变为放牧种植，从而增加了他们可以获得的食物数量，但同时也付出了代价。农民不仅必须辛勤工作，而且他们生产的食物在多样性、营养性、确定性方面都不如狩猎采集者。我们使用机器生产、运输及储存食物，就像纺织品和汽车一样，通过这种方式，工业革命减弱了上述这些代价中的一部分，但是又放大了另外一些。这些转变始于19世纪，自第二次世界大战以后尤其在20世纪70年代得到了加强，此时的大型工业企业取代小规模农场，在食品生产行业占据了主要地位。在很多发达国家，人们吃的食物与跟他们驾驶的汽车、穿的衣服一样，是通过工业化方式生产的。

工业化食品革命带来的最大变化在于，食品生产者（我们实在不能把他们称为农民）找到了尽可能便宜而高效地种植和制造食物的方法，这些食物是人们数百万年来一直渴求的：脂肪、淀粉、糖和盐。人们的聪明才智带来了大量廉价的高热量食品。拿糖来说，狩猎采集者能吃到的唯一真正的甜味食物是蜂蜜，但这通常需要走很多千米，找到蜂巢，爬树，把蜜蜂熏出来，然后才能把蜂巢带回去。甘蔗在中世纪成为一种作物，其栽培区域在18世纪得到迅速发展，很大程度上是通过使用奴隶进行大量种植的。

随着奴隶制在19世纪后期的终结，糖的生产过程也开始采用工业化的方法，如今的农民会使用专门的拖拉机在大片田地中种植驯化的甘蔗和甜菜，这些植物都被培育得尽可能甜。另一些机器则被用于灌溉这些作物，以及生产和播撒肥料与杀虫剂，这些方法都能增加产量，减少损失。这些超甜的作物成熟后，还会有更多的机器来收获和加工它们，以提取出糖，然后经过包装，通过轮船、火车和卡车运到世界各地。

20世纪70年代，化学家设计了一种方法可以将玉米淀粉转化为糖浆（高果糖玉米糖浆），于是糖的供应获得了更显著的增长。美国人目前消费的糖大约有一半来自玉米。经过对通货膨胀的调整，今天0.5千克糖的价格相当于100年前的1/5。糖的产量如此丰富，价格如此便宜，以至于普通美国人每人每年消费量超过了45千克！而反常的是，现在有些人会多付点钱去购买用较少的糖制成的食品。

除非你自己有一个菜园，或者去农贸市场，否则的话，很有可能你的大多数食物都是利用工业化手段种植的，包括散养鸡蛋和有机生菜，这些食品往往得到了政府补贴的支持，以保持数量丰富、价格低廉。1985年至2000年，美元的购买力下降了59%，水果和蔬菜的价格上涨了一倍，鱼类价格上涨了30%，乳制品价格基本保持不变；相比之下，糖和甜食便宜了约25%，油脂的价格下降了40%，碳酸饮料便宜了66%。

在同一时期，每一份食品的大小也增加了。如果你在1955年走进一家美国的快餐店，点一份汉堡和薯条，你会摄入约412大卡热量，但今天以相同的价格点这些东西，摄入的热量将增加一倍，高达920大卡。自1970年以来，美国人消费的碳酸饮料增加了一倍多，现在每人每年平均消费量达150升。据美国政府估计，食品的分量加大、热量更高，使得2000年的普通美国人每天摄入的热量比1970年多了250大卡，增加了14%。

工业化食品虽然价格低廉，但其生产会给环境和工人的健康带来重大损失。你每摄入一大卡的工业化食品，就会有10大卡左右的化石燃料被用于种植、施肥、收获、运输，以及加工食品，然后这种食品才会来到你的餐盘里。此外，除非这是有机食品，否则就意味着使用了大量的农药和无机肥料，这些东西会污染水源，有时还会使工人中毒。肉类是工业化食品中最极端、最令人不安的一类。因为人类对肉的渴望超过其他任何食物（可能除了蜂蜜）已有数百万年历史，所以人类有强烈的动机去生产大量廉价的肉类，尤其是牛肉、猪肉、鸡肉和火鸡肉。

然而，在晚近时代以前，人们要想满足这种渴望面临着不小的困难，所以肉类的消费量不算太大。尽管有驯化的动物，但是早期农民吃的肉一般少于狩猎采集者，因为动物提供的乳汁比它们死后提供的肉更有价值，还因为农民饲养动物需要大量的土地和劳动力，尤其如果在冬天还要收集和储存干草来饲养它们。食品生产工业化以后，由于采用了新的技术和规模经济，这个方程式发生了巨大变化。

美国人和欧洲人吃的大部分肉是在巨型设施中培养的，这种机构被称为动物集中饲养场。动物集中饲养场拥有巨大的场地或畜棚，在拥挤的条件下饲养着成百上千头动物，主要利用谷物（通常是玉米）来喂养这些动物。动物对这种饲养方法的反应就像我们食用大量淀粉却不运动一样：快速发胖。

这些动物的疾病发生率也很高，因为动物排泄物集中处理，以及饲养密度高，还因为牛等物种的消化系统适应于草料，而不是谷物，这些条件都会促进传染病泛滥。因此，动物需要不停地使用抗生素和其他药物，以使它们的慢性腹泻得到控制，并防止它们死去，抗生素还可以增加体重。动物集中饲养场还会产生大量的污染。以上这些还有一点值得人们反思：用工业化手段生产这么多低质量廉价肉的经济收益是否得以补偿人类在健康和环境方面付出的代价？

自食品产业工业化以来，人类饮食发生的另一个重大转变是：人类食用的食品越来越多地受到了修改和处理，以增强其诱人性、便利性和耐贮性。数百万年来为得到足够食物所做的艰苦努力解释了为什么人总是喜欢富含糖、脂肪和盐的低纤维加工食品。于是，制造商、家长、学校，以及出售或提供食品的其他任何人都乐于为我们提供我们想要的，人们还创造了食品工程师这个全新的职业，用以设计诱人、廉价、保质期长的新型加工食品。如果你那儿的超市跟我这儿的一样，那么其中所卖的食品超过一半都是高度加工的，相比大多数“真正的食物”来说，这些食品更称得上是“即食食品”。作为孩子的家长，我花了几年时间试图控制我女儿接触到加工食品。人们往往不会给她苹果，而是给她水果卷，那是一种水果味糖果，厂商在营销中荒唐地将其作为一种替代品，用以代替含相同热量和维生素 C 的水果，其中却不含任何纤维或其他营养成分。

将食物磨成细小的颗粒、去除纤维、增加其淀粉和糖含量，这些加工方法改变了我们消化系统的作用方式。当你吃东西时，你必须消耗一些能量去消化它，将大分子分解掉，并将营养物质从肠道运送到身体的其他部分。通过测定进餐后体温的上升，我们可以感觉并测量出消化所需的能量消耗。精加工食品的颗粒较小，吃这些食物时消耗的能量也相应较低——降低幅度超过 10%。如果你把一块牛排磨碎做成汉堡，或将一把花生磨碎做成花生酱，那么你的身体将从每克食物中摄取更多的热量，而消耗的热量却更少。

你的肠道用酶来消化食物，酶是一类蛋白质，能结合到食物颗粒的表面，将它们分解掉。而小颗粒食物，每单位质量的表面积较小，所以更容易被消化。另外，含纤维较少的加工食品，例如面粉和米饭，其消化所需要的时间较短，导致血糖水平升高也较快。这些食物又被称为高血糖食物，很容易被快速分解，但我们的消化系统并不能很好地适应它们引起的血糖水平快速波动。当胰腺试图以足够快的速度产生足够的胰岛素时，它往往会反应过头，导致胰岛素水平升高，这又会导致血糖水平快速跌到正常水平以下，使人体感到饥饿。这些食品都会促进肥胖和 2 型糖尿病（详见第 9 章）。

那么工业化对个人饮食究竟产生了多大的改变？我们不应该相信对饮食的简单化刻画，无论是现在还是过去的饮食，因为没有一种真正单一的狩猎采集者饮食或农民饮食，正如没有一种单一的现代西方饮食一样。即便如此，表 8–2 还是对一些合理的估值进行了比较：典型的一般化狩猎采集者饮食、典型的现代美国人饮食、美国政府推荐每日摄入量。与狩猎采集者相比，采用工业化饮食的人摄入的碳水化合物百分比相对较高，尤其是糖和精制淀粉。此外，工业化饮食中的蛋白质含量相对较低，饱和脂肪含量较高，纤维含量极低。最后，尽管制造商有能力生产高热量食品，但工业化饮食中大多数的维生素和矿物质含量是很低的，当然盐除外。

表 8-2　三种摄入量的比较

营养元素	标准狩猎采集者平均摄入量	美国人均摄入量	美国政府推荐每日摄入量
碳水化合物（每日摄入总量百分比）	35% ～ 40%	52%	45% ～ 65%
单糖（每日摄入总量百分比）	2%	15% ～ 30%	< 10%
脂肪（每日摄入总量百分比）	20% ～ 35%	33%	20% ～ 35%
饱和脂肪（每日摄入总量百分比）	8% ～ 12%	12% ～ 16%	< 10%
不饱和脂肪（每日摄入总量百分比）	13% ～ 23%	16% ～ 22%	10% ～ 15%
蛋白质（每日摄入总量百分比）	15% ～ 30%	10% ～ 20%	10% ～ 35%
纤维（g/ 天）	100	10 ～ 20	25 ～ 38
胆固醇（mg/ 天）	> 500	225 ～ 307	< 300
维生素 C（mg/ 天）	500	30 ～ 100	75 ～ 95
维生素 D（IU/ 天）	4 000	200	1 000
钙（mg/ 天）	1 000 ～ 1 500	500 ～ 1 000	1 000
钠（mg/ 天）	< 1 000	3 375	1 500
钾（mg/ 天）	7 000	1 328	580

注：标准狩猎采集者平均摄入量、美国人均摄入量与美国政府推荐每日摄入量的比较数据为男性与女性的平均值。

总之，农业的发明引起了人类食物供应数量的增加，但质量出现了下降，而食品工业化则进一步放大了这种影响。过去 100 多年来，人类发明了许多技术，生产的食物多了几个数量级，但这些食物往往营养成分不全面，只是富含热量。由于工业革命开始于大约 12 代人以前，这些变化使我们能够多养活超过一个数量级的人，并且每个人获得的食物总量也更多。虽然目前大约有 8 亿人面临食物短缺，但已有超过 16 亿人超重或肥胖。

工业时代的医学和卫生

在工业革命以前，医学进步（如果可以用这个词的话）主要是以庸医式的医术取代完全的无知。可以肯定的是，那时人们仍然在使用民间偏方，其中一些大概可以追溯到旧石器时代，而关于如何处理鼠疫、贫血、维生素缺乏、痛风这些与文明相伴的疾病，他们几乎没有什么有用的知识。这些疾病出现于农业革命以后，狩猎采集者很少甚至根本没有这些困扰。在欧洲和美国，有一些疾病的疗法曾颇为流行，但其实并无效果，包括放血、把自己浸在泥里，或摄入少量有毒物质，如汞。那时还没有发明麻醉手段，拔牙或接生前洗手这样的卫生习惯也很少有人会考虑，有时甚至会被嘲笑。而且毫不奇怪的是，明智的人们不会去看医生，那时的医生大多认为，人生病就是因为四种基本体液失衡：黄胆汁、黑胆汁、黏液和血。

与这种低劣的医学知识水平相匹配的是令人吃惊的卫生条件，这往往是导致人们生病甚至死亡的根本原因。狩猎采集者在任何一个营地居住的时间，以及他们的人口密度，都不足以积累起大量污秽物，因此他们的清洁程度通常都保持得比较好。只要人在村庄里定居下来，生活环境就会变得越来越肮脏。随着人口的膨胀并聚集到乡镇和城市中，生活环境变得越来越不卫生，甚至发出恶臭，城市和乡镇像猪圈一样弥漫着臭味。

欧洲的城市里到处都是污水池，这是一种巨型地下洞坑，人们会向里面倾倒粪便和其他垃圾。污水池的一个主要问题是，它们会泄漏液体排泄物，当时的人们委婉地称其为“黑水”。“黑水”会污染当地的小溪和河流，从而也就污染了人们的饮用水。下水道即使有，数量也很少，或者根本没有效果。厕所是一种富人的奢华享受，而通常也没有污水处理设施。肥皂是奢侈品，很少有人能有机会经常洗淋浴和盆浴，服装和床上用品也很少清洗。在所有这一切中最重要的是，杀菌和制冷技术还没有被发明。可以说，在农业出现后数千年间，人类的生活始终散发着臭味，腹泻很常见，霍乱流行更是经常发生。

尽管当时城市是不卫生的死亡陷阱，但随着农业经济的进步，它们就像磁铁一样吸引着人们。人们纷纷拥向城市，因为城市地区通常比贫困的农村地区有着更多的财富、更多的工作岗位和更多的经济发展机会。在1900年以前，伦敦等一些大城市的人口死亡率实际上高于农村地区，这就需要经常有农村移民流入，以维持城市人口规模。不过，随着工业革命的进程，城市的条件开始发生明显改善，这多亏了现代医学、卫生措施和政府职能的兴起。

事实上，工业革命的经济转型与医学、卫生措施和公共卫生的当代革命息息相关。这些不同的革命都拥有相似的根源，可以追溯到启蒙运动。如果没有医学和卫生方面的进步，很难想象工业革命会取得成功，因为这些进步本身为产品和服务提供了更大的动力。工厂的产品既需要工人生产,也需要有人购买。此外，产业化提供了设计下水道、制造肥皂、生产价格低廉的药品所需的技术能力和金融资本。这些可以用于拯救生命的技术进步促进了人口爆炸，增加了对经济产出的需求。

如果说有一种医学进步最彻底地改变了人类的健康状况，那么就是微生物的发现，以及随后出现的如何抗击微生物的知识。安东尼•范•列文虎克（Antonie van Leeuwenhoek）在显微镜上取得了重大的进步，他在17世纪70年代发表了对细菌和其他微生物的首次描述，但他和他同时代的人没有意识到的是，他们所谓的这些“小动物”（animalcules）可能是病原体。不过，人们早就知道或者说早就怀疑：环境中存在着无形的传染介质，接触受感染的人是有一定危险的。

有些文化中的人们已经知道天花患者的脓液可以使人受到感染，但有时也能使人接种而获得免疫力，中国人就把它制成了药用鼻烟。1796年，爱德华•詹纳（Edward Jenner）进行了他那著名的发明验证：从一位感染牛痘的农夫女儿身上取得脓液，划破一位 8 岁男孩的手臂，完成疫苗接种过程。几周后，詹纳壮起胆子用人的天花脓液再次划破了这位男孩的手臂，结果并没有引起感染。

尽管早已有了这些知识，但微生物引起感染的事实要到 1856 年才被证实，当时法国葡萄酒业委托化学家路易丝·巴斯德帮助他们防止珍贵的葡萄酒莫名其妙地变成醋。巴斯德不仅发现是空气中的细菌污染了酒，还发现把酒加热到 60℃，就足以杀死这些麻烦的微生物。巴氏消毒法，这一把酒、牛奶和其他物质加热的简单过程，立即提高了酿酒商的利润，后来又避免了数十亿次感染和数百万人死亡。巴斯德很快认识到他的发现有着更深广的意义，所以他把注意力转向了其他“邪恶”的微生物，并发现了链球菌和葡萄球菌，开发出针对炭疽、鸡霍乱和狂犬病的疫苗。巴斯德还发现了一种会杀死蚕的瘟疫并找到了其病原，从而拯救了法国丝绸业。

巴斯德的发现让科学世界变得“电气化”，他开创了微生物学这个全新的领域，引发了接下来几十年里连锁反应式的更多发现，崛起的微生物学家们狂热地追寻并发现了导致其他疾病的细菌，如炭疽、霍乱、淋病、麻风病、伤寒、白喉和鼠疫。导致疟疾的元凶——微小的疟原虫于 1880 年被发现，而病毒被发现于 1915 年。同样重要的是，当时的人们发现许多感染性疾病是由蚊子、虱子、跳蚤、老鼠和其他害虫传播的。

接下来是药物的发现。虽然巴斯德和其他微生物学家先驱观察到特定的细菌或真菌能抑制炭疽这些致命性细菌的生长，但第一个有效杀死细菌的药物是由保罗·埃尔利希（Paul Ehrlich）于 19 世纪 80 年代在德国开发的。20 世纪 30 年代人类合成了第一个含硫抗素。青霉素是在 1928 年无意中被发现的，而且它的意义并没有被马上认识到，这种第一个真正意义上的神奇药物要到第二次世界大战才开始大规模生产。青霉素挽救的生命已经多得无法计数。

改善人类健康的愿望和方法，加上新兴医疗卫生行业的盈利能力，在工业革命后的第一个 100 年左右的时间里引发了许多其他伟大的医学进步。这些带来丰厚利润的重要进步包括维生素的发现、X 光等诊断工具的发明、麻醉手段的发展以及橡胶避孕套的发明。麻醉手段的发明恰当地说明了工业时代利润与科技进步之间的相互影响。

1846 年 9 月，一位名叫威廉·莫顿（William Morton）的牙医在位于波士顿的麻省总医院用乙醚作为麻醉剂，进行了第一次成功的公开手术，然后他立即为这种麻醉剂申请了专利。为医学发现申请专利现在看起来并没什么大不了，但莫顿的行为在当时引发了医学界的愤怒，他们反对莫顿的这种行为：对一种能够减轻人类病痛的物质施加控制并从中牟利。莫顿的余生都被诉讼纠缠着，即使他的发现很快就被更便宜、更安全，也更有效的氯仿抢了风头。

当然，对利润的渴求也有可能激发大量不良的医学思想，并且现在仍在激发。那些患病或担心患病的人把金钱花在了各种形式的江湖医术上，对于自己所选择的治疗，他们心甘情愿地收起了对其疗效的怀疑。例如，在 19 世纪，定期灌肠在营销中经常被称为促进身体健康的魔弹。一些像约翰·哈维·凯洛格（John Harvey Kellogg）这样的企业家建造了豪华的“疗养院”，富人们在这些“疗养胜地”慷慨解囊，每天灌洗他们的结肠，同时进行大量锻炼，吃全谷类食物做成的高纤维饮食，并接受其他治疗。

工业时代抗击疾病战役的另外一个主要成就是通过更好的清洁和卫生手段预防疾病。细菌的发现对这些创新起了很大的推动作用，建筑和制造领域的新方法也起到了促进作用。需求是发明之母，由于快速扩大的城市无法应对这么多人口产生的大量排泄物，因此更好的清洁和环境卫生就成了一个迫切的问题。罗马等一些早期城市拥有的下水道网络产生了一定的效果，其中有很多下水道是把原有的溪流遮盖住而建起来的，这些溪流可以把垃圾带走。但有更多城市依靠的是巨大的、散发恶臭的、会泄漏的污水池。

伦敦市拥有几千个脏水横溢的污水池，它们是如此让人难以忍受，以至于该市在1815年做出了一个愚蠢的决定，允许让这些污水池的污水排入泰晤士河，最终导致排入伦敦主要饮用水源的排泄物一发不可收拾。对于这些条件以及其导致的频繁霍乱流行，简直无法想象伦敦人是怎么忍下来的；直到1858年（这一年被称为“大恶臭年”）那个异常炎热的夏天，整座城市变得臭不可忍，以至于其建筑毗邻泰晤士河的议会终于决定采取行动来建造新的排水系统。这个排水系统让维多利亚女王万分激动，她下令要修建一条地下铁路，通过穿越泰晤士河的那段下水道来向排水系统的建设致敬。

下水道，这一市政工程的重要成就，从那以后在全世界的城市都开始建造了起来，使城市居民感到了莫大的欣慰和骄傲。巴黎市现在还开着一个有趣但有点臭味的博物馆——巴黎下水道博物馆（Le Musée des Égouts de Paris），在这里你能看到、闻到巴黎的下水道，并了解其光荣的历史。

除下水道的建设以外，室内管道和个人卫生的进步也起到了补充作用。现在当我们使用冲水式厕所时，可能觉得这是理所当然的，但在19世纪末以前，在干净的地方大便简直是件奢侈的事情，保持人类废弃物和饮用水分开的技术也很原始，效果并不显著。虽然冲水式厕所不是托马斯·克拉普（Thomas Crapper）发明的，但他是大批量生产这一设施的先驱，从而使得每一个人都能安全地将自己的排泄物排到新建的下水道里去。

20世纪初，大亨约翰·洛克菲勒帮助在美国南部各地建起了厕所，以抗击钩虫感染。现在我们都会用肥皂清洗双手，但是方便、便宜、有效的自我清洁方法是在19世纪室内水管和肥皂生产取得进步后，才得到了极大的改善。洗衣肥皂和容易洗涤的棉布服装在工业革命期间才变得让普通民众日常负担得起，在此之前，衣服和床上用品也很难清洗。

事实上，在19世纪以前，很少有人认识到清洗给健康带来的好处。19世纪40年代，当伊格纳兹·塞麦尔维斯（Ignaz Semmelweis）和老奥利弗·温德尔·霍尔姆斯（Oliver Wendell Holmes）分别在匈牙利和美国提出医生和护士通过洗手能极大降低产后产褥热的发病率时，他们得到的是嘲笑。幸运的是，巴斯德对微生物的发现，加上基本卫生措施挽救生命的证据，最终说服了那些怀疑他们的人。抵御细菌之战的另一个重大进展是约瑟夫·李斯特（Joseph Lister）在1864年使用石碳酸杀死了微生物，这导致了消毒剂的出现以及此后出现的消毒技术。李斯特在1871年还获得了一个奇特的荣誉：在维多利亚女王的腋窝处动手术。

此外，工业革命改变了食品安全。狩猎采集者储存食物不会超过几天，但是农民如果不把食物储存几个月甚至几年的话，他们就无法生存。在工业时代以前，盐是最常见和最有效的食物防腐剂。拿破仑相信，军队是靠肚子行军打仗的，在他的要求下，法国军队于1810年首次发明了罐装食品。罐装食品的早期开拓者很快发现，罐装食品必须加热才能防止其变质，但在巴斯德发明巴氏消毒法后，食品生产商迅速想出办法，用罐头、瓶子和其他各种密闭包装来安全经济地存储种类繁多的食物，如牛奶、果酱和油脂。

另一个重要的进步是制冷和冷冻。人们长期以来一直把食物储存在地窖里以保持低温，有钱人有时在夏天还能获得冰块，但许多食物必须在做好后很快吃掉，否则就会腐败发臭。美国在19世纪30年代开发出了有效的冷藏技术，主要是利用新技术来制造冰块，此后数十年内，铁路冷藏车将各种食物运到了遥远的地方去销售。

医学、卫生和食物存储的进步显示了工业革命和科学革命并非独立发生的；相反，通过奖励和激发那些能赚钱和拯救无数人性命的发现和发明，这两大革命互相刺激，实现了共同进步。不过，工业时代带来的许多变化，对于人类身体的生长和运作方式而言，不一定都是好事。我们已经讨论过工业化对我们所吃的食物和我们所做的工作产生的一些负面影响。由于人类生命中大约有1/3的时间花在睡觉上，那么如果这里不讨论一下工业革命如何改变了我们的睡眠方式，就有点不负责任了。

工业时代的睡眠

你昨晚的睡眠充足吗？一个典型的美国人每晚平均在床上躺 7.5 小时，但睡眠时间只有 6.1 小时，比 1970 年的全国平均水平少 1 小时，比 1900 年少 2 ～ 3 小时。此外，仅有 1/3 的美国人睡午觉。大多数人独自或与一位伴侣睡在柔软、温暖、高出地面几十厘米的床上；我们经常强求我们的婴儿和孩子像成年人一样单独或接近单独地睡在他们自己的房间里，同时尽可能减少感官刺激：微弱的光、没有声音、没有气味以及没有社交活动。

你可能很喜欢这种睡眠习惯，但这种习惯是现代才有的，事实上也是比较怪异的。一份关于狩猎采集者、牧民、自给农民的汇编报告提出，在晚近时代以前，人类很少在单独、隔绝的情况下睡觉，也很少不与子女和其他家庭成员同睡一张床。人们通常每天都要午睡，并且通常他们的睡眠时间也比我们长。一位典型的哈扎狩猎采集者每天会在黎明时分醒来，在中午享受一两个小时的午觉，晚上 9 点上床睡觉。人们通常也不会一觉睡到天亮，而是认为夜间醒来然后再睡“第二觉”也是正常的。

在传统文化中，人们的床通常都是硬的，床上用品可以不要，以尽量减少跳蚤、臭虫和其他寄生虫的滋生。人们在睡眠状态下的感官环境也要复杂得多，通常是靠近火的，可以听到外面世界的声音，需要忍受彼此的声音、动作，以及偶尔的性生活。

许多因素导致我们今天的睡眠方式与过去有了很大的不同。一个是工业革命改变了人们的时间观念，为我们提供了明亮的灯光、广播、电视节目，以及其他有趣的东西，这些东西给我们带来的娱乐和刺激所造成的影响远超进化史上正常睡眠时间所带来的影响。数百万年来第一次，世界上许多地方的人现在都可以很晚睡觉，睡眠剥夺成了受鼓励的事情。最重要的是，如今也有很多人遭受失眠之苦，因为他们承受着较多的生理和心理的混合压力，如饮酒过度、不良饮食、缺乏运动、焦虑、抑郁，以及各种担心。

也有可能我们现在喜欢在不同寻常的无刺激环境中睡觉，而这又进一步促进了失眠。入睡是一个逐步的过程，身体会经历几个阶段的浅睡眠，脑部对于外界刺激逐渐意识不到，然后才进入深度睡眠阶段，这时人就感知不到外部世界了。在人类进化的大部分时间里，这种缓慢的过程可能是一种适应，帮助人类避免在危险环境中陷入深度睡眠，例如当有狮子在附近潜行时。夜间睡眠分为第一次和第二次可能是适应性的。有时候失眠的发生可能正是因为人们把自己关在隔绝的卧室里时，我们听不到进化上对人们而言正常的声音，如火炉的噼啪声、人的打鼾声、远处鬣狗的吠叫声，这些声音能让我们大脑的潜意识部分感到放心，一切都平安无事。

不管原因是什么，我们的睡眠质量跟以前相比，确实是越来越差，发达国家至少有 10% 的人口经常发生严重失眠。缺乏睡眠很少会导致死亡，但慢性睡眠剥夺会妨碍大脑正常工作，慢慢削弱人体健康。当长时间睡眠不足的时候，身体的激素系统会在多个方面做出应对，而这些在过去只适应于短期的应激。通常在睡着的时候，人体会脉冲式地分泌生长激素，刺激身体的全面生长、细胞修复和免疫功能，但睡眠剥夺减少了这种脉冲式分泌，相反诱使机体产生了更多的皮质醇激素。

高皮质醇水平通过提高警觉，使糖进入血液，从而使身体代谢从生长合成状态转变成惊恐和逃避状态。这种转变对我们早上起床是有用的，也能帮助我们逃离狮口，但长期高皮质醇水平会降低免疫力，干扰生长，增加患上 2 型糖尿病的风险。长期睡眠不足还会促进肥胖。

在正常睡眠时，身体处于休息状态，会导致瘦素水平升高，而另一种激素——生长激素释放肽，则会下降。瘦素会抑制食欲，而生长激素释放肽会刺激食欲，所以这个升降变化可以帮助避免在睡眠时感到饥饿。但是，如果你一贯睡眠太少，那么你体内的瘦素水平下降，生长激素释放肽水平上升，就会把饥饿状态的信号有效地传递到脑部，而与你的营养状态发生失调。因此睡眠剥夺的人更喜欢吃东西，尤其是富含碳水化合物的食物。

工业时代关于睡眠最残酷的讽刺是，良好的睡眠是富人的特权。高收入人群的睡眠更有效率，所以他们能得到更多的睡眠，因为他们躺在床上无法入睡的时间较少。可能的解释是，越富有的人压力越小，因而更容易入睡。对于那些还在努力保持收支平衡的人来说，日常压力和睡眠不足形成了一种恶性循环，因为压力抑制睡眠，而睡眠不足又增加了压力。

好消息：更高、更长寿、更健康的身体

过去这150年深刻地改变了我们的饮食、工作、出行、抗病和清洁习惯，甚至是睡眠习惯。人类物种仿佛经过了一次彻底的改革：几代前的祖先恐怕基本上无法理解我们的日常生活，但我们和他们在基因、解剖和生理方面却大致相同。变化发生得如此之快，以至于在这么短的时间里连一点点自然选择都来不及发生。

值得如此吗？从人体的角度来看，这个问题的答案一定是“非常值得，但一开始并不是这样的”。当最初的工厂都建在欧洲和美国时，工人们在危险的条件下被长时间残酷剥削，同时他们拥入了污染严重、疫病横行的大城市。在城市里的工厂工作可能比在农村挨饿好点，但是对许多人来说，这种早期进步的代价在过去是一个悲剧，甚至现在也是。在发达的工业化国家中，比如美国、英国和日本，随着财富的迅速积累和医学的飞速进步，普通人的健康状况确实获得了改善。

下水道、肥皂和疫苗接种，阻止了数千年前农业革命带来的传染病不断爆发。食物生产、存储和运输的新方法提升了大多数人摄入食物的数量和质量。可以肯定的是，战争、贫穷和其他疾病仍然造成了很多痛苦和死亡，但最终工业革命使更多人的生活比几百年前好转了。人类的出生机会增加了，而患病或夭折的风险降低了，并且有可能长得更高更结实。

如果说工业化和医学引起的变化背后有一个根本性的变量的话，那么它一定是能量。如第 4 章提到的，人类跟每一种其他生物一样，都是借助能量来完成三种基本使命的：生长、维持身体运作以及繁殖。在农业革命以前，狩猎采集者获得的能量只是略高于他们生长、维持身体运作以及以一定的人口替换率来繁殖所需要的能量。他们的日常体力活动和能量回馈为中等水平，儿童死亡率高，人口增长缓慢。而农业使得可获得的能量大幅增长，人口繁殖率升高近一倍。

几千年来，农民们付出了大量体力劳动，而且承受着许多失配性疾病的困扰。但后来工业化的出现突然使得来自化石燃料的可用能量看似可以无限供应，而发动机和机械织布机这样的技术又把这种能量转化用来生产，从而使得人类拥有的财富实现了指数式增长，当然也包括食物。同时，现代卫生措施和医学不仅大幅降低了人口的死亡率，而且大大减少了人们在抗击疾病方面所消耗的能量。如果消耗较少的能量就能保持健康，那么人们就将不可避免地把更多的能量投入生长和繁殖。所以，工业革命给人体带来的三种最可想而知的影响是：体型更高大、孩子更多、寿命更长。

我们首先从身高角度来看人类体型的变化。人们的身高受到遗传和生长期环境因素的双重影响：良好的健康状况使你能够长到遗传所决定的身高，但不会超越；糟糕的健康状况和营养不良则会阻碍你的生长。正如我们的能量平衡模型所预测的，自工业革命以来人类的体型实际上变得更高大了。但如果仔细研究过去几百年来的身高变化趋势，我们就会发现大多数的变化是在最近发生的。

作为一个例子，图 8-1 展示了自 1800 年以来法国男性身高的变化情况。可以看出，在工业革命早期，男性身高有了中等程度的增加。而在当时比较贫穷的国家，如荷兰，实际上是下降了。身高的增加在 19 世纪 60 年代略有加快，但在过去 50 年里可以称得上是“起飞”了。具有讽刺意味的是，如果我们在更长的时间范围内，如过去4万年内来考虑身高的变化（见图8-1），那么可以明显看出，最近的进步使欧洲人恢复了旧石器时代的身高，并稍微有所提升。欧洲人的身高在冰河时期结束后开始下降，可能部分是由于欧洲人适应了较为温暖的气候，他们的基因发生了改变，但随后在新石器时代早期的数千年艰难岁月里，欧洲人甚至变得更矮了。

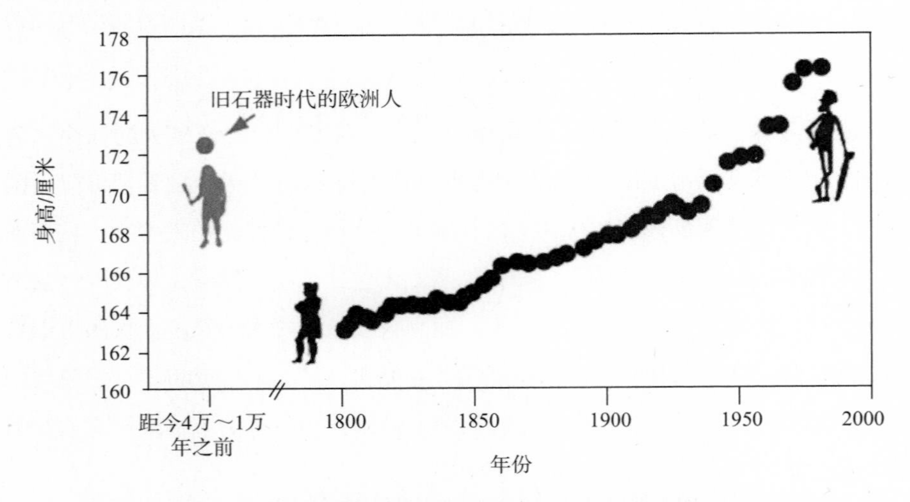

图8-1 1800年以来法国男性身高变化（与旧石器时代的欧洲人相比）趋势图

农业的进步扭转了过去千年来的这一趋势，到20世纪，欧洲人才恢复了和洞穴人一样的身高。事实上，身高数据表明，欧洲人现在比地球上任何其他地方的人都要高。1850年，荷兰男性平均身高比美国男性矮4.8厘米。从那时算起，荷兰男性的身高增高了将近20厘米，但美国男性只增高了10厘米，这使得荷兰人被称为现在世界上最高的人群。

那么体重呢？我们会在第9章讨论人们越来越粗的腰围和越来越普遍的肥胖，不过来自各国的长期数据显示，很多人现在获得的额外能量已经增加了体重与身高之比，这是可想而知的。这种关系往往用体重指数来衡量，即一个人的体重（千克）除以身高（以米为单位）的平方。图8-2显示了过去100年里

40 ～ 59 岁美国男性体重指数测定值，数据来自罗德里克·弗拉德（Roderick Floud）及其同事的一项里程碑式研究。该图显示，1900 年的典型美国成年男性有着健康的体重指数，约为 23，但从那以后体重指数就在稳步上升，尽管在第二次世界大战后出现了轻微下降。今天，美国男性普遍超重，定义为体重指数大于 25。

图 8-2　1900 年以来 40 岁至 59 岁美国男性体重指数的变化（部分数值为外推所得）

可悲的是，过去 100 年左右时间里成年人身高和体重的增加，并没有转化为低出生体重婴儿比例的下降。婴儿出生时的体型是一个重要的健康问题，因为低出生体重的婴儿[①]，在儿童期和成年期死亡或健康状况不佳的风险要高得多。弗拉德及其同事的研究数据显示，美国黑人的平均出生体重显著低于白人，但在这两组人群中，低出生体重婴儿的比例自 1900 年以来几乎没有变化：非

① 临床定义为小于 2.5 千克。

裔约为 11%，白人约为 5.5%。这种差距主要是社会经济状况差异造成的，因为出生体重直接反映了母亲能够投入在后代身上的能量有多少。在为所有居民提供良好医疗保健的国家，如荷兰，低出生体重儿的百分比就相对较低，约为 4%。

从能量模型得出的其他明显预测还包括：来自大量高能量食物的热量增加，加上体力活动减少，以及疾病减少，将改变人类群体的人口特征。除长得更高更重以外，获得能量正平衡的人还能活得更久，拥有更多孩子，并且他们的孩子存活的可能性也更高。事实上，如果说有一个衡量指标取得了公认的进步的话，那就是婴儿死亡率降低了。这一衡量指标反映出工业革命是一项了不起的成就。从 1850 年到 2000 年，美国白人的婴儿死亡率从 21.7% 下降到了 0.6%，仅为当初的 1/36。婴儿死亡率的降低，加上其他方面的进步，人口期望寿命增加了一倍。

如果一个人出生于 1850 年，那么他很可能只能活到 40 岁，并且他的死因很可能是感染性疾病。而在 2000 年出生的美国婴儿有望活到 77 岁，最有可能的死因将是心血管疾病或癌症。这些统计数字令人振奋，不过我们也要冷静地看到，过去几百年里发生的这些变化并不能使每个人都从中受益。自 1850 年以来，非洲裔美国人的婴儿死亡率下降至不到当初的 1/20，但仍然是白人的三倍。非洲裔美国人的期望寿命比白人低 6 岁。一个 2010 年出生的女孩，如果她是津巴布韦人的话，她有望活到 55.1 岁，但如果她是日本人，那么她就有望活到 85.9 岁。这些持续存在的差异反映了长期的社会经济差距，后者限制了人们对医疗保健、营养和较好卫生条件的获得。

工业革命对生育率的影响较为复杂，因为食物增加、工作量减少、疾病减少，会导致繁殖力提高，即生育孩子数量增加，但多种文化因素会影响女性的实际生育数，即实际生育孩子的数量。在人类进化史上的大多数时间里，女性往往有很高的生育率，因为婴儿死亡率高，避孕方法有限，还因为孩子是一种有经济价值的资源，能帮助照看其他孩子、做家务、干农活（详见第7章）。这个方程式在工业时代发生了变化，有太多孩子变成了一种经济负担。人类家庭开始借助新的避孕方法来限制生育。

1929年，美国人口学家沃伦·汤普森（Warren Thompson）提出，当人类群体经过工业革命时，会发生“人口增速变化”，如图8-3所示。汤普森的基本观察结果是，工业化以后，因为生活条件的改善，所以人口死亡率下降，于是人类家庭通过降低生育率来做出反应。因此，人口增长速度在工业化早期阶段一般都很高，但随后就会趋平，有时甚至出现了下降。汤普森的人口增速变化模型一直存在争议，因为它并不适用于所有国家。例如，在法国，人口出生率下降实际上发生在死亡率下降之前，而在整个发展中世界的许多国家，如中东、南亚、拉丁美洲、非洲等地区的国家，人口出生率一直很高，尽管死亡率下降明显。这些国家的人口增长速度非常高。但这没什么可奇怪的：经济发展对家庭规模有影响，但不起决定性作用。

总之，婴儿死亡率降低、寿命延长等一些因素的共同作用引发了世界人口爆炸，如图8-3所示。由于人口增长本质上是指数式的，所以即便是微小的生育率提升或死亡率降低都会激发快速的人口增长。如果一个初始人口100万的人群以每年3.5%的速度增长，那么每过一代人，人口就会增加大约一倍，20年内增长到200万人，40年内达到400万人，以此类推，100年内将达到3 200万人。事实上，全球人口增速于1963年达到顶峰，为每年2.2%，此后降至每年1.1%，也就是说，每64年世界人口会增加一倍。在1960年至2010年的50年里，世界人口增加了一倍多，从30亿增加到69亿。按当前的增长速度，到21世纪末有望达到140亿。

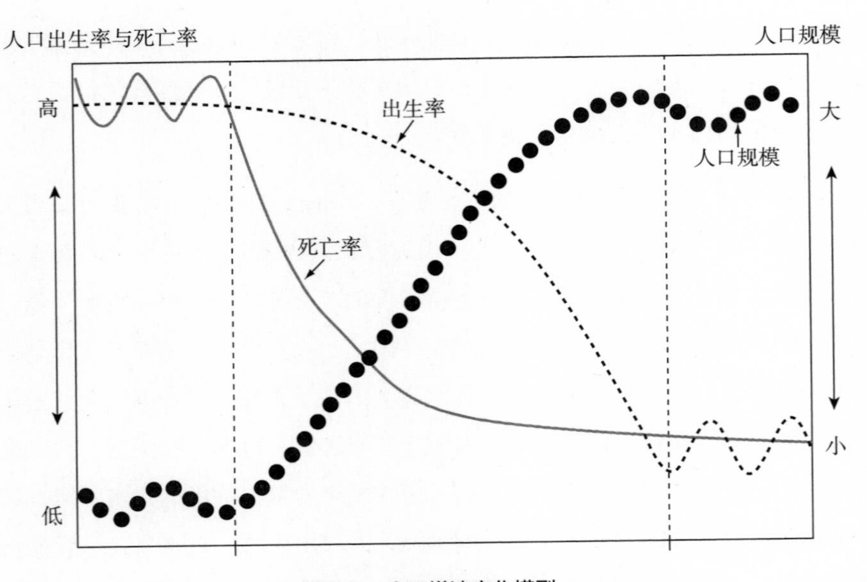

图 8-3 人口增速变化模型

随着经济的发展，死亡率一般会下降，然后是出生率降低，从而使得最初的人口快速增长最终趋平。然而，这个有争议的模型仅适用于部分国家。

人口增长加上财富集中于城市，产生了一个主要的附加产物，那就是城市化加剧。1800 年时只有 2 500 万人居住在城市里，大约占世界人口的 3%。2010 年，全世界人口的一半是城市居民，约有 33 亿人。

坏消息：更多的失配性疾病

从很多方面来看，工业时代给人类健康带来了长足的进步。确切地说，工业革命早期的日子很艰难，但经过了几代人的发展以后，技术、医学、政府、公共卫生方面的创新给农业革命引起的很多失配性疾病带来了有效的解决办法，对于高人口密度下与动物共同生活，以及不卫生的生活环境带来的感染性疾病负担，效果尤其显著。不过，不幸生活在贫困中的人们并没有享受到所有这些进步，尤其是在欠发达国家。

此外，过去150年里取得的进步也伴随着一些对人类健康不利的重要缺陷，最主要的是流行病学上的转变。患营养不良和感染性疾病的人，尤其是年轻时患这些病的人减少了，随年龄增长而患其他各种非传染性疾病的人却增加了。直到现在这种转变仍在进行中：在1970年至2010年的40年里，全球范围内死于感染性疾病和营养不良的人数占比下降了17%，期望寿命提高了11岁，而死于非传染性疾病的人数占比升高了30%。因为越来越多人的寿命得到了延长，所以有更多的人遭受残障之苦。用技术术语来说，就是死亡率的降低伴随着疾病（意为由任何疾病引起的不良健康状态）发生率的增高。

要想全面地看待这个流行病学方面的转变，就要将今天美国老年人的生活方式与他们祖父母或曾祖父母年老时的生活方式相比较。富兰克林·罗斯福于1935年签署《社会保障法》时，老年的定义为65岁，而当时美国的人均期望寿命为男性61岁，女性64岁。但现在老年人的期望寿命比那时延长了18到20岁。不利之处在于，人们死亡的过程也更加缓慢。1935年美国最常见的两大死因是呼吸道疾病，如肺炎和流感，以及感染性腹泻，这两类疾病致死的过程都很快。

相比之下，2007年美国最常见的两大死因是心脏病和癌症，大约各占总死亡人数的25%。有些心脏病发作的患者会在几分钟或几小时内死亡，但大多数患心脏病的老年人都能继续生存多年，而在此期间他们要面对高血压、充血性心力衰竭、全身虚弱、周围血管疾病等并发症。许多癌症患者在确诊后也能靠化疗、放疗、手术，以及其他治疗方式存活多年。此外，今天的许多其他主要致死性疾病也是一些慢性疾病，如哮喘、阿尔茨海默病、2型糖尿病以及肾脏疾病，并且非致命性慢性疾病的发生率也在急剧上升，如骨关节炎、痛风、神经退行性疾病、失聪。总而言之，中老年人群慢性疾病的患病率提升加剧了医疗保健危机，因为第二次世界大战后婴儿潮期间出生的孩子现在正在进入老年，而且这一代老年人当中有空前比例的人患有挥之不去、致人残障、费用高昂的疾病。流行病学家通常采用“病态延长”一词来描述这种现象。

目前用来对病态延长进行定量分析的方法是一种叫作伤残调整生命年（DALYs）的指标，伤残调整生命年是指以不良健康状态和死亡所致的健康寿命损失年数来衡量疾病的总负担。根据最近对 1990 年至 2010 年间全世界医疗数据所做的一项令人印象深刻的分析，传染性疾病和营养相关疾病造成的伤残负担下降超过了 40%，而非传染性疾病造成的伤残负担有所增加，尤其是在发达国家。

例如，2 型糖尿病、阿尔茨海默病等神经系统疾病的伤残调整生命年指标上升了 30% 和 17%，慢性肾病、关节炎和背痛等肌肉骨骼系统疾病的伤残调整生命年指标上升了 17% 和 12%，乳腺癌、肝癌的伤残调整生命年指标上升了 5% 和 12%。即使对人口增长因素进行调整后，仍显示有更多的人正罹患非传染性疾病造成的相对慢性伤残。在上述疾病中，癌症、心脏和循环系统疾病患者的预期生存年数延长了 36% 和 18%，神经系统疾病、糖尿病、肌肉骨骼疾病患者预期生存的年数分别延长了 12%、13% 和 11%。对很多人来说，老年现在就等同于各种残疾以及高昂的医疗费用。

这种流行病学转变是进步的代价吗

当今的人类健康趋势是如此矛盾：越来越多的人活到了更大的年纪，但由治疗费用高昂的慢性疾病导致的痛苦也更多更漫长，这就是进步的代价吗？毕竟，我们终究会因某种原因死去。由于传染性疾病致死的年轻人减少了，因此我们有理由预期更多癌症和 2 型糖尿病这样的疾病会缠上老年人。想象一下，随着年龄增长，你的身体器官和细胞功能变得不那么有效，关节磨损，突变积累，并且你碰到了更多毒素和其他有害物质。按照这种逻辑，如果你年轻时可能因患上营养不良、流感或霍乱而英年早逝的可能性降低了，那么你就很有可能在老年时死于心脏病或骨质疏松。同样的逻辑，肠易激综合征、近视、龋齿这些不致命但是很麻烦的健康问题必然是文明的附带结果。

工业时代是否以病态延长的代价换来了死亡率降低？某种程度上，答案无疑是确定的。由于食物多起来了，卫生和工作条件改善了，因此罹患感染性疾病和遭受食物短缺之苦的人数减少了，尤其是儿童，所以人们活得更久了。但不可避免的是，随着年龄的增长，致癌突变、动脉硬化、骨量流失，以及其他功能恶化的风险也会增加。

很多健康问题与年龄有着很强的相关性，因此随着人口的增长和中老年人比例的增加，这些健康问题越来越普遍。根据一些估计，仅因人口增长一项，全球人口伤残调整生命年就增加了 28%，另有近 15% 是因为老年人口的比例增加了。自 1990 年以来，人口寿命每延长一年，其中就只有 10 个月是健康的。到 2015 年，大于 65 岁的人数将超过小于 5 岁的人口数，而超过 50 岁的人口中，有将近一半将处于病痛、伤残或某种需要医疗护理的缺陷状态。

然而，从进化的角度来审视，这种流行病学的转变不能仅以死亡和病态之间的交换来解释。关于健康趋势的改变，几乎每一份公开发表的分析都只从过去 100 年左右的时间尺度来考量人类在死亡与病态之间的转换，使用的数据也仅仅来自工业时代和自给农业时代的人。但是，如果不考虑狩猎采集者的健康数据，那么针对全球健康状况改变的这些评估就像仅根据足球比赛最后几分钟的进球来猜测整场比赛的赢家一样。此外，目前医生和公共卫生官员是根据感染、营养不良和肿瘤等病因来对疾病进行分类的，尽管这很有意义，但从进化的角度来看，我们还应该考虑疾病在多大程度上是由人类进化适应的环境条件，包括饮食、体力活动、睡眠以及其他因素，与我们现在所处的环境条件之间的进化失配所致的。

如果我们重新考虑当前因感染性疾病而英年早逝与非传染性疾病的病态延长之间的消长的流行病学转变，从进化角度出发我们会看到一些略有不同的情景。很明显，随着人口增长以及人们的寿命更长，更多的人会罹患失配性疾病，这些疾病在过去很罕见甚至根本不存在，它们并不一定，或者说并不完全是进步过程中不可避免的附加产物。

支持这一观点的一条重要证据来自我们从少数狩猎采集者群体获知的有关他们健康状况的信息，当然这些群体仍有待进一步研究。狩猎采集者生活的群体很小，因为他们中的雌性生育次数不多，而他们的后代却有着很高的婴儿和儿童死亡率。即便如此，晚近时代的狩猎采集者并非一定如很多人想象的那样，生活在肮脏、野蛮、物质短缺的条件下。没有在儿童期死去的狩猎采集者通常能活到老年：他们最常见的死亡年龄在 68 ～ 72 岁之间，他们中的大多数能够成为祖父母，甚至是曾祖父母。他们最可能的死因是肠道或呼吸道感染、疟疾或结核等疾病，或者是暴力和意外。

健康调查也显示，在发达国家导致老年人死亡或伤残的非感染性疾病，在中老年狩猎采集者中很罕见，或根本不为人所知。这些研究诚然还很有限，但已经发现狩猎采集者很少甚至不会罹患 2 型糖尿病、冠心病、高血压、骨质疏松、乳腺癌、哮喘，以及肝脏疾病。痛风、近视、龋齿、失聪、扁平足，以及其他常见疾病，似乎也没有给他们造成很多痛苦。确切地说，狩猎采集者并非生活在永远完美的健康状态中，尤其是他们越来越容易获得烟草和酒精，但有证据显示，尽管他们从未接受过任何医疗服务，但与当今的许多美国老年人相比，他们还是很健康的。

总之，如果将世界各地人们的当代健康数据与狩猎采集者的相应数据进行比较，你不会得出结论说，心脏病和 2 型糖尿病这些常见失配性疾病的发病率上升是经济进步和寿命延长所不可避免的直接附加产物。此外，如果你仔细审视就会发现，关于年轻时死于感染性疾病和年老时死于心脏病或某些癌症之间的交换，一些用于支持这一观点的流行病学数据是经不起推敲的。例如最近的乳腺癌发病趋势，在英国，50 ～ 54 岁女性乳腺癌的发病率在 1971 年至 2004 年间几乎增加了一倍，但这个年龄段的女性人口数并没有增加一倍。相反，同一期间期望寿命仅延长了 5 岁。

此外，2 型糖尿病和动脉硬化这些代谢性疾病并不仅仅是因为人们的寿命延长而突然爆发的，实际上它们在年轻人中也更普遍了，因为年轻人中肥胖的发生率也在升高。当然，有些疾病现在的诊断手法比以前简便，因此它们也显得更常见了，如前列腺癌，但发达国家的医生现在必须治疗的许多疾病在过去是极为罕见的，很少出现在非工业世界中。一个例子是克罗恩病，这是一种由于身体的免疫系统攻击肠道引起的可怕症状，包括痉挛、皮疹、呕吐，甚至是关节炎。世界各地克罗恩病的发病率都在上升，尤其是在十几岁和二十几岁的年轻人当中。

关于流行病学转变并非由于进步所致的不可避免的交换，另一条重要的证据来自死亡和病态变化趋势原因的消除。这是一个棘手的任务，因为难以精确地分辨大多数慢性非传染性疾病是由哪些因素、在多大程度上引起的。即便如此，有一些研究还是一致将以下因素列为发达国家人口尤为重要的致病因素：高血压、吸烟、过度饮酒、环境污染、水果摄入过少、体重指数高、空腹高血糖、缺乏体力活动、高钠饮食、坚果和种子摄入太少、胆固醇高。值得注意的是，这些因素中很多都不是独立作用的。众所周知，吸烟、不良饮食习惯和缺乏体力活动等因素都会导致高血压、肥胖、高血糖和不良胆固醇水平。而在农业革命和工业革命之前，这些危险因素没有一个是常见的。

同样重要的一点是，关于病态延长必然伴随着寿命延长这一假设，还有一些证据对其提出了质疑，或至少对其有削弱作用。詹姆斯·弗莱斯（James Fries）及其同事进行的开创性研究分析了来自 1 741 人的数据，这些受试者分别于 1939 年和 1940 年进入宾夕法尼亚大学，并在接下来的 50 多年里接受了多次随访调查。研究者针对以下方面收集了受试者的数据：三个主要危险因素，包括体重指数、吸烟习惯、运动量、罹患的慢性疾病、伤残程度（即根据受试者进行以下 8 种基本日常活动的表现进行定量分析：穿衣服、起床、进食、行走、梳洗、伸手、抓握、办事）。因超重、吸烟、不运动而被列为高危的受试者，死亡率比低危者高出 50%。

此外，如图 8-4 所示，这些高危者的伤残评分比低危者高 100%，并且超过最低伤残水平的年龄也比低危者小 7 岁。换句话说，到这些毕业生 70 多岁的时候，仅这三个危险因素就会导致他们面临的死亡风险比其他受试者高 50%，而伤残风险则要高一倍。此外，这一分析结果对男女而言都一样，而研究设计早已将教育和种族的影响设置为恒定变量。

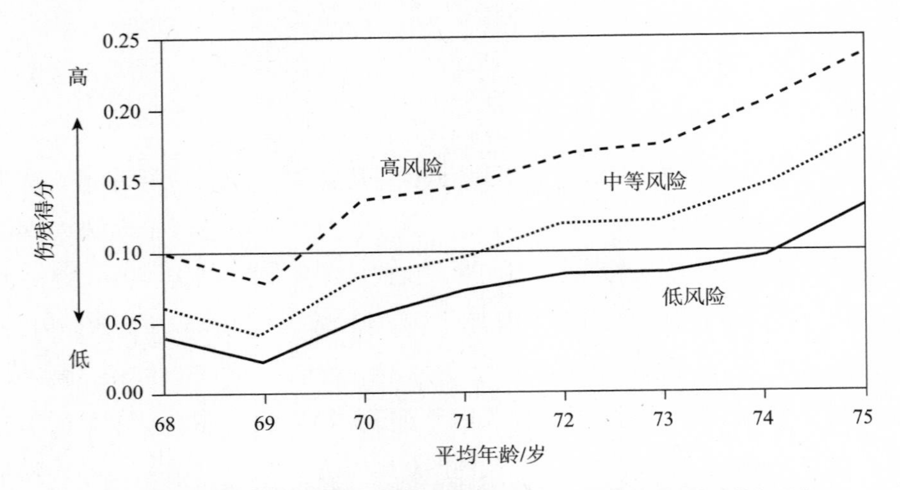

图 8-4　一项在宾夕法尼亚大学毕业生中进行的研究发现的“疾病压缩”现象

根据体重指数、吸烟、锻炼习惯等因素，受试者被分为不同的风险类别。结果显示，危险因素较高者在较低年龄偏向于发生较多伤残。

最后的分析结果显示，对于农业革命带来的失配性疾病，工业时代已经相当成功地解决了其中的许多种。但同时又产生或升级了一系列新的非传染性失配疾病，这些疾病仍不在人类的掌控之中，尽管人类在共同努力抑制它们，但其在世界范围内的发病率和严重程度仍在提升。这些疾病以及伴随着仍在进行中的流行病学转变而出现的病态延长，都不是寿命延长、感染性疾病减少不可避免的简单附加产物。寿命延长和发病率升高之间的关系，并不是不可避免的互相交换。

相反，有证据证明了常识所认为的，即人类有可能活得既长寿又健康，那些会导致长期伤残的慢性非感染性疾病并不是必然会得的。然而，可悲的是，能够健康地老去的人并不多。为了试着理解这些趋势，我们可以用进化的镜头来更深入地观察那些自农业革命和工业革命以来涌现出的失配性疾病的原因。另一个同样重要的问题是，我们对这些疾病原因的治疗不力如何促进了有害的反馈回路，使得这些疾病继续盛行，甚至发病率持续上升。

在我们面对的各种失配性疾病中，一些最令人担忧的疾病是由于某种过去罕见的刺激在当前环境中太常见了。在这些疾病中，最典型最普遍的是与肥胖有关的疾病，而肥胖正是因为摄入能量太多所致。

THE

第三部分

当下与未来

THE STORY OF THE HUMAN BODY

09

能量太多的恶性循环

为什么能量太多会使我们生病

为什么人类如此容易变胖？如果储存脂肪是人类的进化适应的话，为什么肥胖又会使人易患某些疾病呢？问题的关键在于，人体对源源不断的过量能量供应适应不足，引发了许多我们现在面临的最严重的失配性疾病，如 2 型糖尿病、动脉硬化和某些恶性肿瘤。我们治疗这些能量富余所致失配性疾病的方式，有时又会造成恶性反馈回路，使问题更加复杂。

> 我的退出是因为吃进的正菜太多。
>
> ——理查德·蒙克顿·米尔恩斯

我从小就被灌输要当心脂肪：当心吃太多脂肪，当心长太多脂肪。根据“人如其食”的假设，我母亲认为奶酪、黄油和其他富含脂肪的任何东西都是需要尽可能回避的毒药。鸡蛋更是巨大的毒丸。在什么食物会使人变胖这一点上，她并不完全正确，但她担心发胖是对的。在人类今天面临的许多健康问题中，肥胖无论在实质上还是在象征意义上，都已成为最大的问题。肥胖本身不是一种疾病，但它的诱因——某种以前稀缺的刺激，现在变得太多了：能量。能量太多，包括体内脂肪太多，尤其是腹部脂肪，可引起疾病的患病率迅速升高，这正是由于我们创造的环境，也是我们不能有效预防其产生的原因。

肥胖是一个明显而普遍的问题，激起了许多讨论，以至于很多人觉得关于这一主题的阅读、讨论或思考已经太多了。在美国这样的国家，有 2/3 的成年人超重或肥胖，他们的孩子有 1/3 过重，肥胖者的百分比在 20 世纪 70 年代以来增加了一倍：这些信息你需要多久被人提醒一次？我们可以消化多少加大号服装和新节食计划的广告？如果有一件关于肥胖的事情应该让每个人都知道，那就是试图减肥是极其困难的，有时甚至是不可能的。此外，肥胖引发的最大的问题是什么？如果史前的“维纳斯”小雕像[①]是一种迹象的话，这就意味着我们在石器时代曾经崇拜过丰盈的身体脂肪。

我无意于炒作一个重要的话题，但当前存在的关于肥胖这个流行病的混淆、争论、愤怒和焦虑，已经说明我们迫切需要更好地了解肥胖是何时以及为什么成了一个问题。为什么人类如此容易变胖？如果储存脂肪是人类进化适应的结果的话，为什么肥胖又会使人易患某些疾病呢？为什么与肥胖相关的疾病的发病率和严重程度现在在持续升高？为什么有些超重的人会得病，而另一些超重的人则不会？要解决这些和其他一些“为什么”的问题，需要从进化的角度来看。

进化视角证明，人类经过进化，巧妙地适应了体重增加的趋势，储存相对较大量的体脂是正常的。进化视角明确显示出，我们对臀部、腿部和下颏脂肪没有完全适应，但对于腹部多余的脂肪是适应的。进化视角有助于唤起我们对这一问题根源的注意。其中最主要的是，有影响的不仅仅是我们吃的多少，还有我们吃的什么，以及我们的身体对源源不断的过量能量供应适应不足，这种过量的能量供应促进了许多我们现在面临的最严重的失配性疾病，如 2 型糖尿病、动脉硬化和某些恶性肿瘤。最后，进化视角揭示出，我们治疗这些能量富余所致的失配性疾病的方式有时会造成恶性反馈回路，使问题更加复杂。

身体如何储存、利用和转化能量

肥胖及其相关的富余型疾病，如 2 型糖尿病和心脏病，这些类型失配的原因在于，吃的东西和摄入的能量与消耗之比的不均衡。尽管我们凭直觉就能明显感觉吃太多冰激凌对身体不好，但是能量这样的好东西怎么也会有害呢？要弄清这一问题，第一步是要掌握身体如何将不同种类的食物转化为能量，又是如何燃

① 这些女性雕像多面目不清、乳房丰满、大腿肥硕、腹部隆起。

烧或储存能量的。我会尽我所能，以尽量简单的方式解释这些复杂的过程。

每当你做任何事时都会消耗能量，如生长、行走、消化、睡觉或阅读。你的身体用来支持这些活动的几乎所有能量都存储在一种无处不在的小分子中，这种分子被称为三磷酸腺苷（ATP）。三磷酸腺苷就像在你身体细胞中循环的微小电池，在需要时释放出能量。你的身体通过燃烧燃料来合成三磷酸腺苷分子，并为它们“充电”，使用的燃料主要是碳水化合物和脂肪。你吃东西不但是为给这些能量“商店”补货，而且要创建能量储备，这样你在任何时候就都不会没有三磷酸腺苷可用。因此，三磷酸腺苷在身体内的功能就像钱，让你可以获得、使用和储存。

正如你的银行账户余额取决于你赚取的钱与花的钱之差，身体的能量平衡则是你在一段特定时间内摄取的能量与消耗的能量之差。在短期内测量的话，你很少能实现能量平衡：当你吃东西或消化食物时，你通常处于能量正平衡状态，而在一天或一夜中的其他时候，你往往处于轻微的能量负平衡状态。而在一段较长时间内，如数天、数周或数月内，如果你的体重既不增加也不减少，那么你的能量平衡就处于稳定状态。简而言之，体重的增加或降低是由长时间处于能量正平衡或负平衡状态造成的。由于数周或数月的能量负平衡不利于繁殖成功，因此，包括人类在内的大多数生物都经过了很好的进化适应来避免这种状态。

避免能量负平衡的一种方法是调节你所消耗的能量多少。正如你把工资花费甚至挥霍在食物、房租和娱乐这样的商品和服务上，你的身体也把能量消耗在了不同的功能上。人体的静息代谢占了身体能量消耗的很大部分。这部分能量消耗用以满足身体的基本需求，比如为大脑提供能量，维持血液循环、呼吸、修复组织，以及维持免疫系统运行。

一个典型成人的静息代谢每天需要 1 300 ～ 1 600 大卡能量，但这种消耗的个体差别很大，很大程度上是由于无脂体重的变化：体型越大消耗的能量越多。能量消耗的其余部分用在做事情上，主要是体力活动，但还包括消化和保持恒定体温。如果你整天都在床上休息，那么你只需要在静息代谢需求之外，再多摄入一小部分就能保持能量平衡。然而，如果你决定去跑马拉松，那么你将需要额外摄入 2 000 ～ 3 000 大卡能量。

调节能量平衡的另一种方法是吃东西，食物中的能量以化学键形式存在。大脑主要是享受刚刚吃下的一顿美餐，消化系统则主要把这顿美餐当成燃料来处理，把食物分解成其基本成分：蛋白质、碳水化合物和脂肪。蛋白质是氨基酸组成的螺旋链状结构；碳水化合物是长链糖分子；脂肪由一个无色无味的甘油分子与三个长链脂肪酸分子结合而成，故脂肪的化学名称是甘油三酯。蛋白质主要用来构建和维护组织，在较少的情况下才会分解为燃料。

相比之下，碳水化合物和脂肪则会被存储起来，在需要时燃烧产生能量，但两者的作用方式不同。最关键的区别在于：碳水化合物的燃烧远比脂肪来得容易、快速，但它们储存能量的密度不如脂肪。1 克糖含有 4 大卡能量，而 1 克脂肪则含有 9 大卡。如果你要存的钱数目较大的话，那么以大面额钞票来存效率较高，同样，人体也很聪明地以脂肪的形式来存储绝大部分的多余能量，而以碳水化合物形式存储少量能量。而植物则是将多余的碳水化合物以密度较高的淀粉形式存储。

脂肪和碳水化合物的不同属性体现在身体如何把它们作为燃料来使用和存储。想象一下，你刚刚吞下一大块巧克力蛋糕，其主要成分是面粉、黄油、鸡蛋和糖。蛋糕一进入体内，你的消化系统就开始分解其中含有的脂肪和碳水化合物成分，并将其从小肠运至血液，然后它们就会随着血流经历不同的命运。脂肪的命运主要由肝脏掌控。一部分脂肪会在肝脏内存储起来，一部分会立即燃烧，一部分会存储在肌肉中，而其余则由血液运送至全身专门的脂肪细胞。单个个体一般拥有数百亿个这样的细胞，每一个细胞都含有一个脂肪滴。当更多的脂肪进入细胞内时，细胞会像气球一样膨胀。

在个体处于成长发育状态时，脂肪细胞的体积如果膨胀得太大，它们就会分裂。但大多数人成年以后，脂肪细胞的数量会保持恒定。这些细胞有些位于皮肤下面，因此被称为皮下脂肪；有些则位于肌肉和其他器官内，有些包绕在腹部器官周围，被称为内脏脂肪。皮下脂肪和内脏脂肪的对比很重要。内脏脂肪细胞的作用方式与其他脂肪细胞不同，因此，对于许多与肥胖有关的疾病来说，内脏脂肪过多带来的风险远比体重超重要严重得多，这一点我们在后文还将展开讨论。

蛋糕的其他主要成分是碳水化合物。唾液中的酶会将蛋糕中的各种碳水化合物分解成糖类，进入肠道后，更多的酶会将这一工作继续进行下去。糖有许多不同的种类，但两种最常见的基本形式是葡萄糖和果糖。不幸的是，你买的食品上的营养标签不会对这些糖类做出区分，但你的身体会。接下来就让我们看看身体是如何以不同的方式处理它们的吧。

葡萄糖不是很甜，是构成淀粉的基本糖类，所以蛋糕里的淀粉可以被迅速地分解为葡萄糖。此外，蔗糖和乳糖都含有 50% 的葡萄糖。因此，蛋糕含有非常大量的葡萄糖，肠道会尽快将葡萄糖运送到血液中，因为身体需要稳定的、不间断的葡萄糖供应。不过这里有一个问题：血液中始终需要保持足够的葡萄糖，才能防止细胞死亡，尤其是脑细胞，但太多葡萄糖却会对全身组织产生严重的毒性。因此，大脑和胰腺会不断监测血糖水平，并通过胰岛素这种激素的水平来调节血糖。每当血糖水平升高，通常是在摄取食物后，胰腺会分泌胰岛素，然后将其泵入血液中。

胰岛素还有其他一些功能，但最重要的功能就是防止血糖升得太高，这项功能是在不同器官中以多种方式实现的。胰岛素作用的一个主要部位是肝脏，蛋糕中的葡萄糖大约有 20% 会以这里作为最终位置。通常情况下，肝脏要把这些葡萄糖转化为糖原，但它不能在太短时间内储存太多糖原，所以任何过剩的葡萄糖都会转化为脂肪，积累在肝脏中或排入血液中。蛋糕中其他 80% 的葡萄糖会被输送到全身，在数十种器官中，如大脑、肌肉、肾脏，被摄取并作为燃料燃烧。胰岛素也会使剩余的葡萄糖被脂肪细胞摄取，并转化成脂肪。需要记住的关键的一点是，当餐后血糖水平上升时，身体在当时的目标是尽快降低血糖水平，把不能使用的多余葡萄糖快速地储存为脂肪。

蛋糕还含有果糖，它尝起来很甜，经常和葡萄糖一起出现，天然存在于水果、蜂蜜和蔗糖中，其中蔗糖含有 50% 的果糖。假设烘焙师使用大量的糖，那么蛋糕中大概就会含有相当数量的果糖。葡萄糖可以被全身的细胞代谢，主要是燃烧，果糖则不同，它几乎完全是在肝脏中代谢的。不过，肝脏一次只能处理一定量的果糖，所以它会把多余的果糖转化为脂肪，后者也是被储存在肝脏中或排入血液中。正如我们将看到的，这些处理方式都会带来问题。

我们已经讨论了身体把脂肪和碳水化合物作为能量储存起来的基本方式，那么当几小时以后机体需要提取这些能量，比如去健身房燃烧掉那块蛋糕时，会发生什么情况呢？当肌肉和其他组织消耗的能量较多时，血糖水平会下降并导致几种激素的分泌，这些激素的功能是释放储存的能量，其中一种是胰高糖素，也是由胰腺产生的，但它对肝脏的作用与胰岛素相反，会使肝脏将糖原和脂肪转化为糖。另一种重要的激素是皮质醇，由位于肾脏上方的肾上腺分泌。皮质醇有多种作用，包括阻断胰岛素作用、刺激肌肉细胞燃烧糖原，并使脂肪细胞和肌肉细胞将甘油三酯释放到血液中。如果你现在跳起来跑上几千米，那么你体内的胰高糖素和皮质醇水平将会飙升，使你的身体释放出大量存储的能量。

如果不了解这些细节，你至少需要知道，身体就像一家燃料银行，在你进食食物时储存能量，而当你需要的时候则支取能量以供使用。这种交换由激素介导，通过脂肪和碳水化合物不断从肝脏、脂肪细胞、肌肉和其他器官的流入和流出来实现。人类像其他动物一样，也适应了在长时间的能量负平衡状态下维持活动的生活，如空着肚子狩猎和采集。不过要记住的是，身体只能存储一定量的糖原，当身体需要在短时间内或快速获取能量时，主要燃烧的是糖原。因此，身体会将绝大多数的多余能量存储为脂肪，从而通过后续的脂肪燃烧来获得大量持续的能量。所以，当身体没有足够的食物来保持体重恒定，维持能量平衡时，那么通过缓慢地燃烧储备脂肪并降低活动水平，就可以生存数周或数月。事实上，当肝脏内糖原水平下降太多时，身体会自动切换到以燃烧脂肪为主要能量来源，如果需要的话，也会燃烧一些蛋白质，以保持脑部的能量供应，因为大脑本身并没有能量储备。

在近代以前，大多数人经常承受着长期的能量负平衡状态，挨饿是常事。尽管今天世界范围内仍有近 1/8 的人面临食物短缺，但另外数十亿人现在面对的情况是进化史上罕见的：食物不再缺乏了。这种富裕带来的窘境可能成为一个问题，因为摄取的热量长期大于人体所消耗的，就会使身体储存过多的脂肪。实际情况还要复杂得多，因为现在许多食物都是深加工过的，含有大量糖和脂肪，并被去除了纤维。虽然这种加工过程提升了口感，却给身体造成了双重打击；不仅仅是获得的热量多于日常消耗的，而且纤维的缺乏会导致机体吸收热量的速度超过肝脏和胰腺处理的速度。

我们的消化系统从未进化适应于以如此快的速度燃烧那么多糖，其唯一的应对方式就是，将大量过剩的糖转化为内脏脂肪。内脏脂肪有一点是有益的，但太多就不好了，会引发一系列问题，统称为代谢综合征。这些症状包括高血压、血液中的甘油三酯和葡萄糖水平升高、高密度脂蛋白（HDL，通常被称为“好胆固醇”）水平过低，以及低密度脂蛋白（LDL，通常被称为“坏胆固醇”）水平过高。

如果具有这些症状中的三个或以上，就会显著增加患上许多疾病的风险，风险最大的疾病包括：心血管疾病、2 型糖尿病、生殖系统癌症、消化道组织癌症，以及肾脏、胆囊和肝脏疾病。肥胖是代谢综合征的一个重要危险因素，所以体重指数过高会增加死于这些疾病的风险。与分值为 22 的健康体重指数相比，如果你的体重指数超过 35，那么患 2 型糖尿病的风险会升高 40 倍，患心脏病的机会将增加 70%。但体力活动和其他因素会改变这些概率，这些其他因素包括个体的基因、体内的内脏脂肪及皮下脂肪含量。

掌握这个信息后，我们现在来讨论一下为什么今天的人在摄入过多能量时体重会很容易增加，为什么减肥那么困难，以及为什么不同的饮食对增加或减轻体重的作用不同。

我们为什么容易变胖

从灵长类动物的角度来看，所有人相对来说都是胖子，哪怕是骨瘦如柴的人。其他灵长类动物成年后的平均体脂含量约为 6%，它们的幼仔出生时的体脂含量约为 3%，而人类狩猎采集者新生儿的体脂含量通常为 15%，在童年期升至约 25%，成年后降至男性约 10%，女性约 20%。从进化角度来看，由于第 4 章讨论的原因，体脂含量高是有意义的。简单地说，人类硕大的脑部需要大量能量的不间断供应，约占静息代谢的 20%。因此，人类婴儿受益于充分的脂肪储备，可以确保他们始终能够获得供应给脑部的能量。

除这种需求外，人类母亲会在她们的孩子年龄较小时选择断奶，她们需要供养自己拥有大型脑容量的身体，还要供养拥有庞大脑容量的孩子以及脑容量更大的其他大孩子。作为母亲，光是产生乳汁就需要每天多消耗 20% ～ 25% 的热量，并且她在缺乏足够食物的时候仍需要供应乳汁。所以，母亲体内的脂肪储备对于孩子的生存和成长来说，是一个重要的保障。最后，狩猎采集者需要每天都进行长距离跋涉，并且经常饿着肚子。因此，充足的能量储备会让狩猎采集者获益匪浅，即使在食物不足的时候，他们也能利用体内的能量储备来供养他们的孩子，维持恒定的体重。多几千克体脂对他们来说可能就是生与死的差异，对繁殖成功率有至关重要的影响。

在人属的进化中，自然选择青睐于体脂多于其他灵长类动物的人类。并且因为脂肪在繁殖中的重要性，所以自然选择特别塑造了女性的生殖系统，使其能对她们的能量状态进行精细调节，尤其是对能量平衡的改变进行调节。当女人怀孕时，她必须摄取足够的能量来滋养自己和胎儿；分娩后，她又必须产生大量的乳汁，而这些都是非常消耗能量的。自然经济体系中的食物很有限，而人从事的体力活动很多，所以，当育龄妇女体重较轻时就不容易受孕。体重正常的女性即使在一个月内减轻 0.5 千克体重，在接下来一个月里她怀孕的能力都会大大下降。因为储存较多能量的女性有较多可能生下更多的存活率高的后代，所以自然选择倾向于女性体脂含量比男性高 5% ～ 10%。

脂肪对所有物种都很重要，但是对人类尤为重要，这是一个需要牢记的基本原理。人体脂肪在进化上的重要意义催生了许多理论，这些理论试图探讨为什么人类这么容易变得肥胖，并罹患糖尿病之类的代谢性疾病，以及为什么有些人比其他人更易患有这些疾病。这些理论中的第一个至今仍在被引用，即节约基因型假说，由詹姆斯・尼尔（James Neel）在 1962 年提出。这篇具有里程碑意义的论文给出的推论是，在石器时代的自然选择中，节约基因占据了优势，这种基因的拥有者倾向于存储尽可能多的脂肪。

由于农民的食物比狩猎采集者多，并可能因失去这些基因而获益，因此尼尔推测，较晚进入农业时代的人群更有可能保留节约基因。因而，这些人与高能量食物丰富的现代环境的失配更严重。节约基因型假说经常被用来解释为什么南亚人、太平洋岛民以及土著美洲人这些较晚开始采用西方饮食的人群尤其易患肥胖和糖尿病。皮马印第安人是一个得到充分研究的群体，他们生活在墨西哥和美国的边境地区。生活在墨西哥的成年皮马印第安人大约有 12% 患有 2 型糖尿病，而生活在美国的皮马印第安人则有超过 60% 患此病。

人类通常拥有一个节约基因型使我们倾向于储存脂肪，在这一点上尼尔是对的；但是几十年的密集研究却不支持节约基因型假说的很多预测。一个问题是，目前已经发现了一些节约基因，但没有一个在皮马印第安人这样的人群中表达更为普遍，并且这些基因并没有很强的作用。基因很重要，但以饮食和体力活动作为肥胖与疾病的预测指标要可靠得多。

节约基因型假说的另一个问题是，没有什么证据显示石器时代经常出现饥荒。狩猎采集者很少有大量的剩余食物，虽然他们也缺少食物，但他们的体重在季节之间的波动并不大。如第 7 章讨论的，农业出现后，饥荒变得更为常见也更为严重。因此，人们会认为节约基因在较早进入农业时代的人群中更为普遍，而不是较晚进入农业时代的人群。现有证据也不支持这一预测。虽然有些肥胖和代谢综合征发病率高的人群很晚才开始从事农业，如太平洋岛民，但另一些却并非如此，如南亚人。相反，高危人群最常见的特征是：他们往往在经济上比较贫穷，食用的是便宜且富含淀粉的食物，他们在很晚的时候才改变这种饮食习惯，并且他们体内缺乏保护机体免于出现胰岛素不敏感的基因。

这些观察结果和其他数据的另一种重要解释是节约表型假说，由尼克 • 黑尔斯（Nick Hales）和戴维 • 巴克（David Barker）于 1992 年提出。这个假说的基础是有研究观察到，低出生体重儿成年后出现肥胖和代谢综合征的可能性更高。荷兰饥荒是一个得到良好研究的范例，这场饥荒从 1944 年 11 月一直持续至 1945 年 5 月。在这场剧烈的饥荒期间，处于胎儿期的人成年后，健康问题的发生率显著较高，包括心脏病、2 型糖尿病和肾脏疾病。在实验中，在子宫内遭遇能量匮乏的啮齿动物也出现了相似的结果。从发育和进化的角度来看，这些影响是有合理性的。如果怀孕的母亲没有足够的能量，她未出生的孩子就会通过让体型长得较小来调节：肌肉量较少，制造胰岛素的胰腺细胞较少，肾脏器官也较小。于是这些较小的个体不但在子宫内，而且在出生后都能适应于能量匮乏的环境。

然而，这些个体成年后在应对能量丰富的环境时却适应得不太好，因为他们发展出了节约的特性，如倾向于储存内脏脂肪。另外，因为他们的器官较小，所以他们处理高能量食物过多时的代谢需求的能力较差。结果就是，当低出生体重儿成年后，如果他们的身材矮小，那么他们往往是健康的；但如果他们身材高大，那么他们患有代谢综合征的风险就比较高。因此，节约表型假说解释了为什么对能量匮乏环境的适应使人在能量丰富的环境下更容易患失配性疾病。

节约表型假说是一个重要的思想，因为它考虑了在塑造身体的发育期内，基因和环境是如何相互作用的，它也解释了代谢综合征在低出生体重儿，以及身材矮小的人群中的普遍性。但节约表型假说不能解释的是，为什么健康或超重的母亲生的许多孩子在富裕环境下也患上了失配性疾病。发达国家中患代谢综合征的大多数人出生时身材并不矮小。相反，这些人是高出生体重儿，尤其从进化的正常标准看，并且他们没有呈现节约表型，而是呈现出了奢侈表型，即高出生体重的孩子身材硕大，主要是因为他们拥有很多体脂，往往两倍于正常人。长期研究显示，这样的婴儿长大后如果不再超重，那么他们的身体通常是健康的，但如果他们的体重继续不成比例地增长，那么他们患上代谢综合征的机会就高得多。

综合这些证据来看，最关键的一点就是：儿童期体重相对于身高来说增长过度，对于将来患有代谢综合征相关疾病是一个强有力的危险因素。超重儿童成年后易出现超重或肥胖的主要原因是，他们发育出了多于普通体重儿童的脂肪细胞，而成年后这些细胞数目是恒定的。至关重要的是，这些多出来的脂肪细胞往往位于腹部，分布在肝脏、肾脏和肠道等器官周围。

这些内脏脂肪细胞的行为在两个重要的方面不同于身体其他部位的脂肪细胞。首先，它们对激素的敏感性很强，因此更具有代谢活性，这意味着它们与身体其他部位的脂肪细胞相比，存储和释放脂肪的速度更快。其次，当内脏脂肪细胞释放脂肪酸时，这也是脂肪细胞一直在做的，它们将脂肪酸分子几乎直接转运到了肝脏，于是脂肪就在肝脏部位堆积了起来，并最终损害了肝脏调节葡萄糖释放入血液的能力。所以，过量的内脏脂肪作为诱发代谢性疾病的危险因素，风险比高体重指数大得多。

虽然我们还不明白为什么有些人比其他人更容易储存脂肪，但我们可以肯定地说，所有人都善于将过多的能量储存为脂肪，并且我们所有人都继承了这种有利有弊的方式：将能量用于生长和繁殖，但却不能适应在能量过剩的条件下茁壮成长。不过，如果你观察任何一张过去几十年人口肥胖发生率的走势图，就会很明显地发现，超重者的百分比数值没有发生太大波动，而肥胖者的百分比在 20 世纪 70 年代和 20 世纪 80 年代迅速上升。究竟发生了什么呢？

我们是如何变胖的

关于为什么肥胖者空前增多这个问题，最常见的解释是吃得多动得少的人比以前多了，这个解释部分正确，但过于简单化了。如第 8 章所述，有很多证据显示，过去几十年的粮食产业化使得单份食物的量变大了，并且食物的能量密度也增高了。其他产业的“进步”，如汽车和节省劳力的设备的大量使用，以及坐着的时间更多，导致人们的体力活动减少，再加上人们摄入的能量增加，消耗的能量减少，获得的能量剩余进一步增多，后者就会转化为更多的脂肪。

用“能量进出”来解释肥胖这一流行病，并非完全错误，但实际情况更为复杂，因为我们吃的东西也改变了。而且能量平衡也会受到激素调控，尤其是胰岛素。胰岛素的主要功能是把能量从消化的食物转运到身体细胞中。有必要再提一下，血糖水平升高时，胰岛素也会升高，导致肌肉和脂肪细胞将一部分升高的糖存储为脂肪。胰岛素也会导致血液中的脂肪进入脂肪细胞，同时抑制脂肪细胞将甘油三酯释放回血液中。所以胰岛素会使人体发胖，无论这个脂肪是来自摄入的碳水化合物还是脂肪。

根据一些估计，21 世纪的美国青少年分泌的胰岛素与他们的父母在 1975 年跟他们同样年龄时相比，是相对较高的。相应地，他们中超重的人也比较多。因为胰岛素只在吃含葡萄糖的食物后才会升高，所以显而易见，进食较多富含葡萄糖的食物，如碳酸饮料和蛋糕，肯定是胰岛素水平升高和脂肪增加的罪魁祸首。不过，还有许多其他促进肥胖的因素，包括与糖有关的另外两个因素。一个是机体将食物分解成葡萄糖的速度，它决定了身体产生胰岛素的速度有多快。另一个是间接因素，是进食果糖的量及其涌入肝脏的速度。

要探讨糖对肥胖的影响，让我们先来比较一下吃了一个重 100 克的新鲜苹果和一包重 56 克的水果卷以后，身体的不同应对方式。水果卷是将苹果经过工业加工制成的，加入了糖来增加甜味，并去除了所有纤维以及苹果的营养成分，用以延长产品保质期。如果我们只注意糖的话，那么这两种食物之间最明显的区别是，苹果大约含 13 克糖，而水果卷含有 21 克糖，因此后者含有的热量约是前者的两倍。另外一个区别是不同糖类的比例。苹果含大约 30% 的葡萄糖；水果卷含大约 50% 的葡萄糖。所以，吃水果卷摄入的果糖基本上与吃苹果相同，葡萄糖则超过了苹果的两倍。此外，苹果有皮，苹果中的糖会存储在细胞里，不管带不带皮吃，你都会吃掉纤维。

纤维是苹果当中不能被消化的部分，但它在机体消化苹果中的糖方面起着关键性作用。细胞壁是由纤维形成的，用于包裹住苹果中的糖，可以减缓机体将碳水化合物分解成糖的速度。纤维到了肠道中，还会像一道屏障一样覆盖住食物和肠壁，从而降低肠道将所有这些热量运送到血液和器官中的速度，尤其是糖。因此，纤维会加快食物通过肠道的速度，并且让人产生饱腹感。所以，当我们比较两种苹果食物时，真正的苹果不仅提供的糖更少，而且更容易让人产生饱腹感，并延缓机体对糖的消化速度。与此相反，水果卷被称为高糖食物，因为它们会迅速而明显地提高血糖水平，这种情况被称为高血糖。吃太多苹果可能会发胖，而现在我们也已经知道为什么水果卷引起体重增加的可能性要高得多。最明显的是，水果卷含有更多热量。

此外，人们摄取这些热量的速度也不同。当吃苹果时，人体内的胰岛素水平会升高，但这种提升是缓慢的，因为苹果中含有的纤维会减慢身体摄取葡萄糖的速度。因此，身体有足够的时间来弄清需要产生多少胰岛素，以保持血糖水平的稳定。相比之下，水果卷的双重葡萄糖负荷会迅速进入血液中，导致血糖水平急速上升，继而导致胰腺拼命泵出大量胰岛素，这种情况下往往会产生过多胰岛素。这种过量分泌通常会导致随后的血糖水平暴跌，于是机体又会出现饥饿感，渴望更多的水果卷或其他高热量食物，从而使血糖迅速升高，如此循环往复。

简单来说，食物中如果富含易于快速消化的葡萄糖，就会在较短时间内提供大量热量，并使人感到更加饥饿。膳食中蛋白质和脂肪供能比例较高的人，在较长时间内不容易感到饥饿，因此，与热量主要来自糖类和淀粉类食物的人相比，前者摄入的食物总量较少。加工程度较低的食物含有较多纤维，能使食物在胃里停留的时间相对较长，同时胃部还可以释放出抑制食欲的激素，因而饥饿感也不会出现得那么快。

不过，葡萄糖还不是全部，还有一种糖也像房间里或者说苹果里的大象一样显而易见，但也被人们忽视了，这就是果糖。现在，我们常常看到有人妖魔化果糖，在很大程度上是因为高果糖玉米糖浆的发明使糖便宜和丰富得近乎荒唐，而有时这些做法确实是有理有据的。但我希望你注意到，苹果和水果卷含有几乎等量的果糖。事实上，黑猩猩的饮食几乎完全是水果，所以它们必须消化大量的果糖。然而它们以及其他爱吃水果的动物却不会发胖。为什么比起加工过的水果或其他富含果糖的食物，如碳酸饮料和果汁，新鲜水果中所含的果糖比较不容易促进肥胖？

答案还是在于肝脏处理果糖的数量与速度的关系。在数量方面，其中一个因素是水果的驯化。我们今天吃的水果大多经过了很大程度的驯化，要比其野生祖先甜得多。在晚近时代以前，大多数苹果就像山楂一样，含有的果糖要少得多。事实上，我们祖先吃的几乎所有水果的甜度都和胡萝卜差不多，而后者是一种几乎不会引发肥胖的食物。即便如此，与水果卷和苹果汁这样的加工食品相比，驯化的水果也并不是充满了果糖，它们还含有大量纤维，前文已经讨论过，很多工业食品是去除了纤维的。由于有了纤维，新鲜苹果中的果糖是逐渐被消化的，从而会以较慢的速度到达肝脏。于是，肝脏有充分的时间应对苹果中的果糖，可以随时不慌不忙地将其燃烧掉。

然而，当加工食品把果糖太快太多地推给肝脏时，肝脏不堪重负就会将大部分果糖转化为脂肪。这些脂肪中的一部分会填充在肝脏中从而引起炎症，进而会阻断胰岛素在肝脏中发挥作用。这会引发有害的连锁反应：肝脏会释放其储存的葡萄糖进入血液，继而驱使胰腺释放更多的胰岛素，然后将额外的葡萄糖和脂肪运送到细胞内。肝脏利用快速进入的果糖产生的其余脂肪被排入血液中，最后经血流到达脂肪细胞、动脉和其他各个可能产生不良影响的地方。

果糖听起来很危险，事实上也确实如此，不过只有在快速大量摄入时才会如此。在人类进化史上的大多数时间里，蜂蜜是我们的祖先唯一能获得的可被快速大量消化的果糖来源。如第 8 章所述，由于有了高果糖玉米糖浆，在 20 世纪 70 年代首先出现了大量廉价的果糖。在第一次世界大战前，普通美国人每天摄入约 15 克果糖，主要由水果和蔬菜缓慢提供；而今天的普通美国人每天摄入 55 克果糖，其中许多来自由蔗糖制成的碳酸饮料和加工食品。总而言之，肥胖者，尤其是腹型肥胖，越来越多的主要原因，是精加工食品提供了太多热量，这些热量又有许多来自糖——葡萄糖和果糖。从加工食品中摄入的大量糖类对于我们继承而来的消化系统来说太高太快了。

虽然人类的进化适应了进食大量碳水化合物，并能高效地存储它们，但我们并未很好地适应于如此巨大的量，这么大量的碳水化合物常见于碳酸饮料和果汁等甜味饮料，以及蛋糕、水果卷、糖果和其他无数种工业食品中。工业饮食造成的问题解释了为什么全球不同农业社群中进化出的传统饮食都能很好地预防体重增加。

举例来说，经典的亚洲和地中海饮食似乎没有什么共同点，除了两者都含有大量淀粉，如米饭、面包和意式面食，但是这两种饮食都包括大量富含纤维的新鲜蔬菜，并且两者都富含蛋白质及健康脂肪，如鱼和橄榄油（关于脂肪后文将详细讨论）。这些饮食也往往富含其他有益健康的营养成分（另一个重要主题）。总之，老式的、常识性的饮食含有大量未经加工的水果和蔬菜，如果你通过这些饮食摄入碳水化合物，那么超重就比较困难，保持体重也就比较容易了。

在解释为什么全世界有越来越多人正在变胖这方面，饮食的作用是主导性的，但还有其他几个因素也很重要：基因、睡眠、压力、肠道细菌和运动。

基因，如果我们发现了一种导致肥胖的基因，不是很好吗？如果是这样，我们就可以设计出一种药物来关闭这种基因，从而解决问题。不幸的是，这种基因并不存在，但由于身体的每个方面都来自基因和环境之间的相互作用，所以我们不应为下面这个结果感到奇怪：几十种基因被发现会提高人们体重增加的易感性，主要是通过影响脑部。目前为止，我们发现的最强的基因是肥胖基因（FTO），它会影响脑部对食欲的调节。如果你体内拥有这种常见基因的一个副本，那么你比没有这种基因的人平均要重 1.2 千克；如果你不幸拥有两个这种基因的副本，那么你可能会重 3 千克。 FTO 基因的携带者需要多付出一点努力来控制他们的食欲，但除此之外，他们在试图通过运动或节食来减轻体重时，和非携带者没有什么不同。

此外，早在人类晚近时代肥胖率升高之前很久，FTO 基因和其他与超重有关的基因就已经出现了。会导致体重增加的基因并没有在过去几十年里一下子横扫人类物种。相反，上千代人以来，几乎所有携带这些基因的人都有着正常的体重，这充分说明发生改变最显著的是环境，而不是基因。因此，如果我们要想平息这一流行病，需要重点关注的不是基因，而是环境。

环境造成的改变比饮食更加多元。如第 8 章所述，变化的一个主要领域在于，我们承受的压力更大、睡眠更少，这两个相关的因素相互勾结，促进了体重的增加。“压力”一词有负面的含义，但压力是一种古老的适应方式，是为了把你从危险的境地解救出来，并能在你需要的时候激发能量储备。如果有一头狮子在附近吼叫，或者你差点被车撞倒，或者你在跑步，那么你的大脑就会给你的肾上腺（位于肾脏的上方）发出信号，让肾上腺分泌小剂量的皮质醇。皮质醇不会让你感到压力；但当你感到压力时，体内就会释放出皮质醇。皮质醇有许多功能，包括提供身体所需的瞬时能量：它会使肝脏和脂肪细胞将葡萄糖释放到血液中，尤其是内脏脂肪细胞；它会加快心率，导致血压升高，并抑制睡眠，让人更加警觉。皮质醇也能使机体产生想要去吃能量丰富的食物的欲望，从而帮助人们从压力中恢复。总而言之，皮质醇是一种必要的激素，能帮助人们活下去。

但是，如果压力居高不下，那么它就会使人发胖，这是它的阴暗面。慢性而长期的压力的问题在于，它会长期导致皮质醇水平升高。皮质醇过高的状态持续几小时、几周，甚至几个月的话，会产生有害作用，原因有很多，其中一个比较重要的原因是通过如下方式形成一个恶性循环，从而促进肥胖：皮质醇不仅会使机体释放葡萄糖，还会让人们渴望高热量食物，这也就是为什么压力大时人们会渴望通过吃东西来获得安慰。

如你现在所知，这两种反应都会升高体内的胰岛素水平，进而促进脂肪存储，尤其是内脏脂肪，后者对皮质醇的敏感性大约是皮下脂肪的 4 倍。更糟糕的是，居高不下的胰岛素水平也会对脑部产生影响，其作用机制是抑制脑部对瘦素的反应，瘦素是由脂肪细胞分泌的，作用是传递饱腹感信号。因此，压力之下的脑部认为你饿了，就会激活让你感到饥饿的反射和其他一些反射，让你减少活动。而且，只要引起压力的环境因素依然存在，如工作、贫困、通勤等，你就会继续分泌过多皮质醇，皮质醇又会导致胰岛素过多，后者再引起食欲增加、活动减少。

另外一个恶性循环是睡眠剥夺，这个问题有时是由压力水平升高，以及因之出现的高水平皮质醇导致的，但它反过来又会升高皮质醇水平。睡眠不足还会导致生长激素释放肽水平升高。这种“饥饿激素”由胃部和胰腺产生，其作用是刺激食欲。许多研究发现,睡眠较少的人体内的生长激素释放肽水平较高，并且更容易超重。显然，我们的进化史并未能让我们很好地适应于应对无尽的巨大压力和睡眠不足。

我们也从未适应于体力活动很少的情况，但运动与肥胖之间的关系经常被误解，有时这种误解令人感到悲哀。如果你现在蹦起来，慢跑 4 千米，你会燃烧大约 300 大卡的热量，具体数值取决于你的体重。你可能认为这些额外消耗的热量会帮助你减肥，但是许多研究显示，中度至剧烈程度的运动只能引起体重中度下降（通常为 1 ～ 2 千克）。针对这种现象，有一种解释是：每周几次额外消耗 300 大卡热量，与身体的总代谢预算相比，是个相对较小的量，尤其是如果你已经超重的话。更重要的是，运动会刺激暂时抑制食欲的激素，但也会刺激让你感到饥饿的其他激素，如皮质醇。所以如果你一周跑 16 千米，要保持能量平衡的话，你需要额外吃进或喝进 1 000 大卡热量，大约相当于两三个松饼，只有在你能够克服这种自然冲动时，你的体重才会减轻。

此外，有些类型的运动会使肌肉替代脂肪，导致体重没有净减少，尽管这是一种健康的情况。增加体力活动可能无法帮你轻易地减掉体重，但它确实能帮助你避免体重增加。体力活动的最重要机制之一是增加肌肉对胰岛素的敏感性，但并不会提升脂肪细胞对胰岛素的敏感度，从而导致你的肌肉摄取脂肪，而不是你的肚子。体力活动也会增加线粒体的数量，它们能燃烧脂肪和糖。这些和其他一些代谢的转变有助于解释为什么体力活动多的人能吃这么多，却不会产生什么明显的不良影响。

环境因素几乎没有被研究过，那就是我们吃下去的食物不仅仅是给我们自己享用的。人体肠道内充满着数十亿微生物，它们能消化蛋白质、脂肪和碳水化合物，并提供酶来帮助身体吸收热量和营养素，它们甚至能合成维生素。跟我们每天观察到的植物和动物一样，肠道微生物也是我们所处环境的一部分，天然存在，至关重要。有切实的证据可以表明，饮食结构变化以及广谱抗生素的使用可能会改变人们体内的微生物群，从而导致肥胖。事实上，给工业化饲养的动物使用抗生素的原因之一就是促进体重增加。

不管你如何看待，人类就是适应于存储大量的脂肪，但主要是皮下脂肪。从进化角度看待人体的新陈代谢，也有助于解释为什么超重的人想减轻体重非常困难。试想一下，超重或肥胖者的体重如果不再增加，那么他们就不是处于能量正平衡状态，而是跟骨瘦如柴的人一样，处于中性的能量平衡状态。如果他们开始节食或增加运动量，这就意味着他们摄入的热量少于消耗的，那么就会不可避免地变得又饿又累，而这又会激活他们体内的原始冲动：增加食量、减少运动。饥饿和嗜睡是古代的适应机制。

在人类的进化史上，恐怕没有什么时候是适应于无视或克服饥饿的。但这并不意味着我们适应于过度肥胖。正如我们接下来将看到的，有些人即使超重也很健康，但肥胖则与 2 型糖尿病、心血管疾病和生殖系统癌症等代谢性疾病有关，尤其是内脏脂肪过多。为什么呢？而我们采用的治疗这些疾病症状的方法，在有些时候又是如何促进不良进化的呢？

糖是“毒药”吗

我的祖母患 2 型糖尿病几十年了，她认为糖是一种毒药，毒性跟颠茄一样强。为了让我和弟弟明白糖的危险性，她一直把一碗糖放在厨房桌子上作为诱饵，只要我们敢用这个糖来给我们的茶或早餐麦片增加点甜味，她就会骂我们。我祖母的态度有一定的道理，因为血液中糖分太多对全身各处组织都是有毒性的。但童年时代的我并没有理会祖母的警告。我认识的其他人，包括我的祖辈中的其他人，都会食用大量的糖，并且他们中间没有人患糖尿病。

糖尿病实际上是一组疾病，其特点都是无法产生足够的胰岛素。1 型糖尿病主要发生在儿童身上，是因免疫系统破坏了胰腺中产生胰岛素的细胞。妊娠期糖尿病会在怀孕期间偶尔发生，是由于孕妇体内的胰腺产生的胰岛素太少，从而使得孕妇和胎儿处于危险的长期高血糖状态。我祖母患的是第三种，也是最常见的类型，2 型糖尿病，又叫成年发病型糖尿病，这也是我们讨论的重点，因为它是一种在过去较为罕见的失配性疾病，与代谢综合征有关，而现在它却是世界上患病人数增长最快的疾病之一。从 1975 年到 2005 年，全世界 2 型糖尿病的发病率提升了 6 倍多，速度也在不断加快，不仅在发达国家，在发展中国家也是如此。我的祖母认为 2 型糖尿病是由太多糖引起的，这可以说是部分正确的，但这种疾病还有其他病因，如内脏脂肪过多和体力活动太少。

从根本上说，当脂肪、肌肉和肝细胞对胰岛素的敏感性下降时，2 型糖尿病就开始了。这种敏感性的下降被称为胰岛素抵抗，这会触发一个危险的反馈回路。通常情况下，在饱餐一顿之后，人体内的血糖水平会上升，导致胰腺分泌胰岛素，后者指挥肝脏、脂肪和肌肉细胞从血液中吸收葡萄糖。但如果这些细胞不能对胰岛素做出适当反应，那么血糖水平将持续保持高位。如果吃得多的话，还有可能继续上升，这会刺激胰腺产生更多的胰岛素进行代偿。高血糖给 2 型糖尿病患者带来的症状包括经常需要小便、极度口渴、视力模糊、心悸和其他问题。

在疾病的早期阶段，饮食和运动可以逆转或阻止其进展，但如果反馈回路持续时间较长，那么胰岛素抵抗在全身各处都会加剧，合成胰岛素的胰腺细胞会因工作负担过重而变得疲惫不堪。最终，胰腺细胞就会停止运作，所以晚期 2 型糖尿病患者需要定期注射胰岛素以保证血糖水平得到控制，避免心脏病、肾衰竭、失明、肢体感觉丧失、神经退行和其他一些可怕的并发症。在许多国家，糖尿病在死亡和伤残等致病致死原因中排名前列，并且治疗费用相当高昂。

由于 2 型糖尿病造成的病痛，所以这是一种令人痛苦的疾病；它又是一种令人沮丧的疾病，因为这种病大多可以避免，且在过去很少见，现在却因生活富足变得几乎不可避免，这可谓流行病学转变的一种附加产物（关于这种转变的讨论详见第 8 章）。事实上，我们已经知道如何预防大多数疾病，甚至知道如何在其早期阶段治愈这些疾病。在寻找治疗方法的过程中，许多医学科学家着眼于如何帮助糖尿病患者应付其病症，以及探索有些人患糖尿病而有些人得以避免的原因。这些都是关键性问题，但是在如何预防糖尿病，让它一开始就不要发生这方面，有关的严肃思考却比较少。而进化视角能给这一问题带来什么启示呢？

为了评估这些问题，我们先来了解一下引起胰岛素抵抗这一 2 型糖尿病的基因和环境因素之间的相互作用方式。正如我们多次讨论过的，当身体消化吃下的食物时，血糖水平会上升并给细胞提供燃烧所需的燃料。为了让葡萄糖从血液进入每个细胞，需要有一种特殊的蛋白质来运送葡萄糖穿过细胞外膜，这种蛋白质被称为葡萄糖转运蛋白，几乎存在于身体的每一个细胞中。肝脏和胰腺细胞中的葡萄糖转运蛋白是被动的，只是让葡萄糖自由流入，就像小颗粒通过筛子一样。而脂肪和肌肉细胞中的葡萄糖转运蛋白在胰岛素未与其附近的受体结合的情况下，不会让任何葡萄糖分子进入细胞。

如图 9-1 所示，当一个胰岛素分子与这些受体的其中一个结合时，细胞内会发生一系列级联反应，导致葡萄糖转运蛋白允许血液中的糖进入细胞。葡萄糖分子进入细胞后，会迅速燃烧或转化为糖原或脂肪，这一过程也由胰岛素引导。概括地说，在正常条件下，脂肪、肝脏和肌肉细胞中只要有胰岛素存在就会摄取糖，尤其是在餐后。

胰岛素抵抗可发生于许多不同种类的细胞中，包括肌肉、脂肪和肝脏细胞，甚至是脑部细胞。虽然胰岛素抵抗的确切原因尚未完全清楚，但是肌肉、脂肪和肝细胞的胰岛素抵抗与过多内脏脂肪中的高甘油三酯水平密切相关。最值得注意的是，内脏脂肪多的人，尤其是有脂肪肝的人，以及采用容易导致血液中甘油三酯水平升高饮食的人，他们发生胰岛素抵抗的风险显著较高。在实际意义上，苹果形身材的人大多把脂肪存储在腹部，患糖尿病的风险往往要高于梨形身材的人，后者大多是将脂肪存储在臀部或大腿。

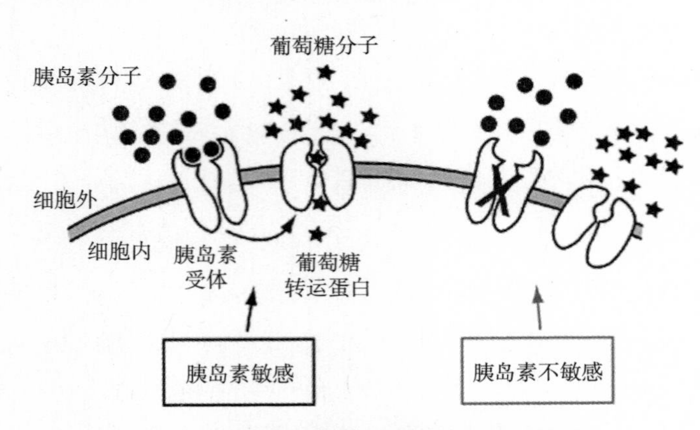

图 9-1　胰岛素对细胞摄取葡萄糖的影响机制

肌肉、脂肪和其他细胞类型中含有胰岛素受体，胰岛素受体位于细胞表面的葡萄糖转运蛋白附近。通常情况下，血液中的胰岛素分子与胰岛素受体结合，然后后者传递信号给葡萄糖转运蛋白用以摄取葡萄糖。在胰岛素抵抗发生时（见右侧图），胰岛素受体变得不敏感，会阻止葡萄糖转运蛋白摄取葡萄糖，导致血糖水平升高。

事实上，有些发生胰岛素抵抗的人表面上并不胖，他们的体重指数是正常的，但他们确实有脂肪肝。如我们已经看到的，对脂肪肝和其他形式的内脏脂肪贡献最大的，是含有大量可迅速消化的葡萄糖和果糖的食物，这些糖通常来自高果糖玉米糖浆或蔗糖。在这方面，含有大量果糖却不含纤维的碳酸饮料、汽水、果汁和其他含糖食物尤其危险，因为肝脏容易将大部分果糖转化为甘油三酯，后者会在肝脏中堆积，还会被直接排入血液。低不饱和脂肪酸饮食和缺乏体力活动对内脏脂肪，以及随之发生的胰岛素抵抗也有贡献。

认识到过量内脏脂肪会引起胰岛素抵抗，后者又是 2 型糖尿病的发病基础，就可以理解为什么这种失配性疾病几乎是完全可以预防的，以及为什么一些相互关联的因素会导致有些人患这种疾病，而另一些人不会。我们无法控制这些因素中的两个：基因和出生前的环境。但我们对另两个因素能够有一定程度的控制，这两个因素对于决定身体的能量平衡来说也更为重要：饮食和运动。

事实上，一些研究显示，减肥和剧烈运动有时甚至可以逆转这种疾病，至少在其早期阶段可以。在一项极端的研究中，11 位糖尿病患者接受了令人煎熬的超低热量饮食，每天只摄入 600 大卡，持续 8 周。600 大卡的热量摄入是一种极端的饮食，对大多数人而言都是一个挑战，这相当于一天只吃两份金枪鱼三明治。然而，两个月后，这些被严格限制饮食的糖尿病患者的体重平均减轻了 13 千克，减掉的主要是内脏脂肪，他们的胰腺可生成的胰岛素增加了一倍，并且他们体内的胰岛素敏感性恢复到了接近正常水平。

剧烈的体力活动也会对病情起到很强的逆转作用，因为体力活动可使身体产生一些激素，如胰高糖素、皮质醇等，这些激素可引起肝脏、肌肉、脂肪细胞释放能量。在运动状态下，这些激素能暂时抑制胰岛素的作用，在每次运动后，它们能增强这些细胞对胰岛素的敏感性，时间长达 16 小时。让胰岛素抵抗水平高的肥胖青少年进行中度运动：每天 30 分钟，一周 4 次，持续 12 周，他们的胰岛素抵抗会下降到接近正常水平。简单地说，增加体力活动量、减少内脏脂肪含量，可以逆转早期 2 型糖尿病。在一项效果显著的研究中，10 位患 2 型糖尿病的中年超重澳大利亚原住民被要求回归狩猎采集的生活方式。7 周后，这种饮食和运动结合的生活方式几乎完全逆转了这种疾病。

饮食和运动干预对 2 型糖尿病患者的长期影响还需要更多的研究，但这些研究和其他一些研究也带来了疑问：为什么我们不能成功地遵循强体力活动和改善饮食的医嘱来预防这些疾病的发生和发展呢？当然，最大的问题是我们所创造的环境。工业化使最便宜、最丰富且纤维含量低而富含简单碳水化合物和糖的食物被大量生产出来，尤其是高果糖玉米糖浆。所有这些都会促进肥胖，尤其是内脏肥胖，从而引发胰岛素抵抗。罗伯特·勒斯蒂格（Robert Lustig）和他的同事发现，在对肥胖、体力活动和酒精摄入等因素进行校正后，每天从糖中摄入的热量增加 150 大卡，2 型糖尿病患病率就会升高 1.1%。汽车、电梯以及其他机械设备降低了体力活动水平，使问题变得更加复杂。别说是患上2型糖尿病，一旦变得超重或肥胖，再想改变饮食和运动习惯就已经非常费力、费钱、费时了。

而一个次要的问题可能是我们治疗这种疾病的方法。很多医生要到患者生病以后才会看到他们，此时，除了广泛认可的合理的治疗方法以外，并没有其他选择。首先，医生鼓励患者增加体力活动并减少热量摄入，尤其是避免摄入太多的糖、淀粉和脂肪。同时，大多数医生也会开药使病人能够应对2型糖尿病的症状。一些流行的抗糖尿病药物能改善脂肪和肝细胞的胰岛素敏感性，另一些药物能提高胰腺细胞合成胰岛素的能力，还有些药物能阻断肠道对葡萄糖的吸收。虽然这些药物可以持续在多年内控制2型糖尿病的症状，但其中许多药也伴随着不良副作用，并且只是部分有效。一项在3 000多人中进行的大型研究将最流行的药物二甲双胍的效果与生活方式干预进行了比较，研究结果发现，改变饮食和运动的效果几乎是二甲双胍的两倍，并且作用效果更持久。

从这个角度看，2型糖尿病是一种进化不良。因为我们没有预防其原因，所以这种疾病的患病率在一代代升高。首先，也是最重要的，这种疾病是一种失配性疾病。随着长期能量盈余经年累月促成肥胖（尤其是内脏肥胖）和胰岛素抵抗，这种疾病在短期内变得越发常见。虽然良好的旧式饮食和体力活动仍是迄今为止防治2型糖尿病的最佳办法，但有太多的人是在等到疾病症状出现后才开始行动的。

有些糖尿病患者能够通过饮食和锻炼的显著改变使自己治愈；还有些患者则不够坚定，不能剧烈运动或在更大程度上改变饮食习惯；而大多数糖尿病患者采用的是中度的饮食运动改变与药物相结合的方法，管理期限长达数十年。从某种程度上来说，这种方法对许多人来说是行得通的，因为它具有现实性，并且能满足眼前的需要，也符合大多数患者的现实状况，他们无法采用剧烈运动和节食的方法。

另外，许多医生多年致力于帮助患者减轻体重、参与更多运动，结果却徒劳无功，也因此而变得悲观，或者说是现实，他们往往只建议中级的减肥和运动目标，因为较极端的处方往往会失败，结果反而适得其反。更不幸的是，越来越多的人满足于把疾病的症状管控在一定程度，这就使得这种不良循环延续了下去。而且更糟的情况是，许多人一边在对抗糖尿病，同时还患有其他相关疾病，最常见的是心脏病。

“沉默杀手”——心脏病

在大部分的时间里，即使在运动状态下，我们也很少关注自己的心脏。我们的心脏负责泵血，把血液从肺部送进送出，并使血液流经每条动脉和静脉。然而，人群中大约有 1/3 的人将会因为循环系统的渐变式恶化而死亡。某些心脏病，比如充血性心力衰竭，可能会在极其缓慢的进程下导致死亡，但死于心血管疾病的最常见原因是心脏病急性发作。通常情况下，这种危险的情况以胸闷、肩膀和手臂疼痛、恶心和呼吸急促开始。如果得不到及时治疗，这些症状会加剧成为烧灼样疼痛，接着是意识丧失，再然后就是死亡。还有一种相关的杀手是中风。脑血管破裂的当下你可能不会感觉到，但你可能会在突然之间感到头痛、身体的一部分变得无力或麻木，并且出现意识混乱，无法言语、思考或执行动作。

心脏病发作和中风有些相似，都是因循环系统中的一个明显设计缺陷而导致的。心脏和大脑像其他组织一样，依靠极窄的血管输送氧气、糖、激素和其他所需要的分子。随着年龄的增长，血管壁会变硬变厚。如果堵塞发生在供应心肌的一根细长的冠状动脉，那么这个区域就会整体坏死，心脏会停止跳动。同样，如果供应脑部的几千根细小血管中的其中一根堵塞破裂，就会导致大量的脑细胞死亡。为什么这些血管和其他重要血管这么细小，这么容易被堵塞呢？为什么中风和心脏病在人群中发生得如此频繁？心血管疾病在何种程度上算是一种进化不良？我们往往无法根治许多疾病，所以就只能坐视其持续下去并日益加重吗？要回答这些问题和其他相关问题，我们首先需要考虑一下造成心血管疾病的基本机制，以及为什么这些疾病是由能量过多导致的失配性疾病。

中风或心脏病发作表面看上去都很像突发事件，但在大多数情况下，这些突发事件一定程度上都是一个漫长的、渐进式发展的动脉硬化过程的终点，这个过程叫作动脉粥样硬化。动脉粥样硬化是动脉管壁上的一种慢性炎症，炎症的根源是体内运输胆固醇和甘油三酯的方式。胆固醇—— 一种饱受诟病的分子，是一种蜡状、脂肪样的微小物质。所有的细胞都需要利用胆固醇发挥许多重要功能，所以如果摄入的胆固醇不足，那么肝脏和肠道就会利用脂肪快速合成胆固醇。

由于胆固醇和甘油三酯都不溶于水，所以需要借由脂蛋白这种特殊蛋白质来运输。这个运输系统十分复杂，但是有几个事实值得我们了解。首先，低密度脂蛋白可以把胆固醇和甘油三酯从肝脏运送到其他器官，但它们的大小和密度变化非常大：主要运送甘油三酯的低密度脂蛋白与主要运送胆固醇的低密度脂蛋白相比，密度较高，体积较小，后者则又大又轻。高密度脂蛋白主要负责将胆固醇运回肝脏。图 9-2 显示了当低密度脂蛋白，尤其是那些体积较小、密度较高的低密度脂蛋白停在动脉壁上并与经过的氧分子发生反应时，动脉粥样硬化是如何发生的。它们会缓慢地燃烧，就像苹果果肉慢慢氧化变成棕色一样。

如果你觉得动脉壁缓慢燃烧听起来是件坏事，那么你的感觉是对的。这种氧化作用是引起身体各组织慢性炎症的几种过程之一，慢性炎症会加速衰老和诱发许多疾病。以动脉来说，低密度脂蛋白氧化会导致组成动脉壁的细胞发生炎症，继而诱导白细胞前来清理炎症造成的脏乱。不幸的是，白细胞会触发一个正反馈循环，因为这些反应中的一部分会产生一种泡沫，将更多小的低密度脂蛋白包住，然后将其氧化。最终，这种泡沫状的混合物在动脉壁上凝固，堆积形成硬化的污垢，我们称之为斑块。身体对付斑块的主要武器是高密度脂蛋白，它能从斑块中清除胆固醇，并将其送回肝脏。所以，斑块的形成不仅发生于低密度脂蛋白水平升高时，尤其是体积较小的那些，也发生于高密度脂蛋白水平降低时。

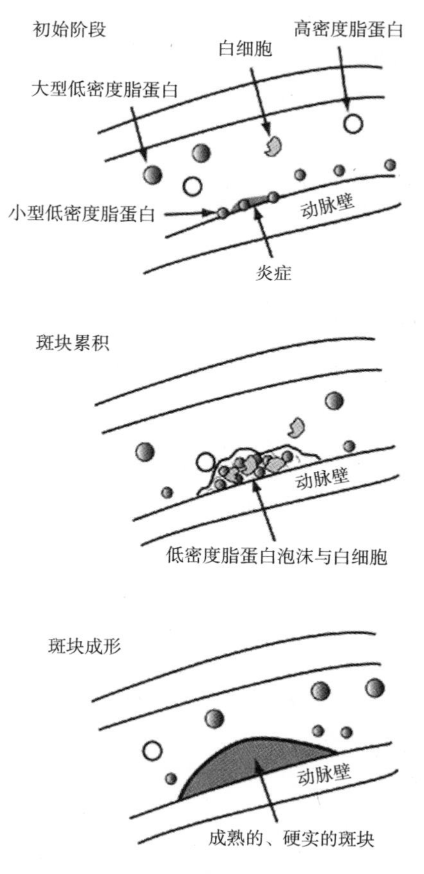

图 9-2　动脉斑块的形成过程

首先，低密度脂蛋白（通常是其中较小的，主要负责运输甘油三酯）氧化触发动脉壁炎症。炎症吸引白细胞，并导致泡沫状斑块的形成，后者使得动脉变窄、硬化。

如果斑块扩展，有时就会长到动脉壁上，动脉就会永久窄化和硬化。斑块也增加了堵塞的概率，或者斑块会释放到血液中。流动的凝块会堵塞较小的动脉而触发危险，这种堵塞往往发生在心脏或脑部，从而导致心脏病发作或中风。

更糟糕的是，当管道狭窄时，就需要较高的压力才能保证同样的流量。随着动脉的硬化、窄化程度提升，血压也会继而升高，恶性循环接踵而至。而心脏负荷过重，又会提升血栓或发生破裂的风险。

斑块形成和导致心血管疾病的方式无疑是非智能设计的典范。自然选择怎么会搞砸，这又是为什么呢？正如你对某一种复杂疾病的设想一样，某些基因变异可能会小幅度提升你的患病风险，但这种疾病主要是由其他因素引起的，包括这一不可避免的敌人：年龄。随着年龄增长，对动脉的损伤不断累积，会使得全身动脉都发生硬化。在对古代木乃伊的研究中，对其心脏和血管进行 CT 扫描成像的结果证实，这种老化也发生于古代人群中，包括生活在北极圈的狩猎采集者。

虽然某种程度的动脉粥样硬化是不可避免的，当然这也不是什么新发现，但有明确的证据显示，大多数心血管疾病即使不是主要属于，至少也是部分属于失配性疾病。举例来说，在古代木乃伊身上诊断出动脉粥样硬化，并不能证明这些人确实死于心脏病发作；并且，目前为止对狩猎采集者和其他传统人群进行的每一项研究，包括尸体解剖，都证实尽管他们体内也存在一定程度的动脉粥样硬化，但他们显然不曾患有心脏病或其他心脏疾病，如高血压。

此外，心脏病发作是由冠状动脉粥样硬化的特异性引起的，这些细小的动脉负责给心脏提供血液供应。有扫描结果发现，木乃伊体内的冠状动脉粥样硬化的发生率至少比西方人口低 50%。最合理的假设是，在晚近年代以前，人类体内很少发生足以导致心脏病发作的动脉粥样硬化。心脏病在当代社会之所以非常普遍，其原因正是促使 2 型糖尿病患病率提升的新型环境条件：缺乏运动、不良饮食习惯和肥胖。一些新的危险因素，特别是酗酒、吸烟和情绪压力，对此更是雪上加霜。

这些因素中首先要考虑的是体力活动，它是心血管系统生长和正常工作所必需的。有氧运动不仅能增强心肺功能，还可以调节脂肪在全身的储存、释放和利用方式，包括在肝脏和肌肉中。许多研究都得出了一项一致的结果：即使是中度水平的体力活动，如每周步行 24 千米，也能大幅提升血液中的高密度脂蛋白水平，并降低甘油三酯水平，这两方面都能降低心脏病风险。

体力活动的另一个重要好处是降低动脉炎症水平，而后者证实了我们观察到的动脉粥样硬化的真正罪魁祸首。一般来说，活动的持续时间相比活动的强度而言，具有更多有益作用。剧烈的体力活动也能通过刺激新血管生长以降低血压，同时还能增强心脏肌肉和动脉管壁。在对其他危险因素进行校正后，经常锻炼的成年人心脏病发作或中风的风险几乎可以降低一半，运动强度越大，风险降低幅度也越大。从进化角度来看，这些统计数字是合理的，因为心血管系统预期需要体力活动的刺激来激活其正常的修复机制（关于其原因和机理将在第 10 章详述）。人在一生中都从事剧烈运动也很正常，所以体力活动缺乏使得身体积累出各种病变并不令人意外。

能量平衡的另一个主要决定因素——饮食，对动脉粥样硬化和心脏病也有很大影响。一个常见的看法是，高膳食脂肪会促进低密度脂蛋白升高、高密度脂蛋白降低、甘油三酯水平升高，这三种变化统称为血脂异常，意味着体内的“坏脂肪”过多。因此，大多数人认为高比例的膳食脂肪是不健康的。在现实中，由于若干原因，脂肪对动脉粥样硬化的作用程度要复杂得多。其中颇为重要的一点是，并非所有脂肪都是一样的。脂肪中含有脂肪酸分子，这些分子具有由碳原子和氢原子组成的长链。这些长链的结构差异使它们形成了不同类型的脂肪酸，其性质也具有非常重要的差异。氢原子数较少的脂肪酸是不饱和油脂，在室温下呈液态；拥有一整套氢原子的脂肪酸是饱和脂肪，在室温下为固体。

在消化过程完成后，上述那些看似不重要的差异就变得相当关键了，因为饱和脂肪酸会刺激肝脏产生较多所谓不健康的低密度脂蛋白，而不饱和脂肪酸则会引起肝脏产生较多健康的高密度脂蛋白。这种差异导致了一个普遍的共识，即摄入饱和脂肪含量高的饮食会提升动脉粥样硬化的风险，因而也会提升心脏病的患病风险。这也解释了不饱和脂肪的明显好处，尤其是含有 ω-3 脂肪酸的不饱和脂肪，常见于鱼油、亚麻籽和坚果中。富含这些食物和其他高不饱和脂肪酸食物的饮食，已被证明能提升高密度脂蛋白水平，降低低密度脂蛋白和甘油三酯水平，从而减少与心血管疾病相关的危险因素。

所有脂肪中最不好的，是工业上高温高压下转化为饱和脂肪的不饱和脂肪。这些非天然的反式脂肪不会腐败，也因此被用于许多包装食品中，但它们对肝脏有损坏作用：它们会提升低密度脂蛋白水平，降低高密度脂蛋白水平，并干扰人体对 ω-3 脂肪酸的利用。反式脂肪本质上是一种慢性毒药。

读到这里，你可能会觉得，非洲和其他地方的狩猎采集者是如何得到含有有益心脏脂肪的食物的呢，比如橄榄油、沙丁鱼和亚麻籽？他们会吃大量红肉吗？这一问题有两个答案。一个答案是有关狩猎采集者食物的研究发现，狩猎采集者的饮食实际上以不饱和脂肪为主，包括 ω-3 脂肪酸。种子和坚果中这类脂肪酸的含量很丰富。同时，狩猎采集者吃的肉也较为特殊，因为以草和灌木为食的野生动物会在它们的肌肉中存储较多的不饱和脂肪酸。用草喂养的动物的肉质较瘦，脂肪含量是用饱和脂肪含量丰富的谷物喂养的动物的 1/5 ～ 1/10。另外，尽管北极的狩猎采集者会食用大量的动物脂肪，如因纽特人，但是他们也会吃很多健康的鱼油，这有助于使他们的胆固醇水平保持在合理范围。

另一个答案坦率地说是有争议的，即我们可能妖魔化了饱和脂肪，它可能并不像一般观念中那么有害。摄食饱和脂肪会提升低密度脂蛋白水平，但人们早已知道，并有多项研究显示，低水平的高密度脂蛋白与心脏病的关系强于高水平的低密度脂蛋白。还要记住的是，动脉粥样硬化是由高低密度脂蛋白水平和低高密度脂蛋白水平，加上高甘油三酯水平共同引起的。吃高脂肪、低碳水化合物饮食的人，如阿特金斯饮食，与吃低脂肪、高碳水化合物饮食的人相比，前者体内的高密度脂蛋白水平往往较高，而甘油三酯水平较低。因此，与吃低脂肪、高简单碳水化合物饮食的人相比，吃低碳水化合物饮食的人发生动脉粥样硬化的风险较低。低脂肪、高碳水化合物饮食能降低低密度脂蛋白水平，但也会降低高密度脂蛋白水平，升高甘油三酯水平。

还有一个非常重要的因素是，较小、较致密的低密度脂蛋白与较大、密度较低的低密度脂蛋白相比，前者引起的动脉壁炎症要多得多，虽然高饱和脂肪饮食往往会使对健康危害较低的较大、密度较低的脂蛋白变得更大。虽然不饱和脂肪一般要比饱和脂肪来得健康，但饱和脂肪可能也并不像一些人想的那么邪恶。

最后需要记住的是，并不是饮食中所有的碳水化合物都是一样的，很多碳水化合物会转化为脂肪，继而增加动脉粥样硬化的风险。正如我们已经讨论过的，快速地把大量葡萄糖和大量果糖送入血液和肝脏的食物是最有害的，因为这样会损害肝脏功能，并提升血液中的甘油三酯水平。这些垃圾食品与过多的内脏脂肪关系最为密切，内脏脂肪是健康的头号威胁，因为主要就是它把甘油三酯排入了血液中，而甘油三酯最终会导致炎症，继而诱发动脉粥样硬化。因此，富含新鲜蔬菜和水果的饮食毫无疑问是健康饮食，因为新鲜蔬菜和水果大多是复杂碳水化合物，含有的简单碳水化合物极少。这类食品不仅能防止内脏脂肪堆积，还能提供抗氧化剂，有助于减少炎症。

除了与脂肪的战争以外，在对动脉粥样硬化和心脏病的影响方面，现代生活方式的其他特点也与我们的祖先有所不同。其中之一是盐的过度摄入，而盐是我们所摄入的唯一矿物质。大多数狩猎采集者能从肉中得到足够的盐，每天 1 ～ 2 克，并且他们如果不是生活在海洋附近的话，就没什么其他自然来源可以获得这种矿物质了。今天我们的饮食中出现了盐过剩；我们用它来保存食物，并且盐的味道非常好，以至于很多人每天要多摄入 3 ～ 5 克。然而，多余的盐分最终会到达血液中，并把水分从身体的其他部分抽出来。就像气球中空气增加会升高压力一样，循环系统中水分增加也会导致动脉血压升高。

慢性的高血压继而会增加对心脏和动脉壁的压力，产生损伤，随后导致炎症，炎症又会导致前述的斑块形成。慢性情绪应激也与血压升高具有相似的作用。另一个问题是过度加工的食物提供的纤维太少。大量经过消化的纤维可以加快食物通过下半段肠道的速度，并能吸收饱和脂肪，从而使低密度脂蛋白保持在低水平。最后，我们不能忘记酒精和其他药物。适度饮酒能降低血压，改善胆固醇比例，但过度饮酒则会损害肝脏，导致肝脏不能正常发挥调节脂肪和葡萄糖水平的作用。吸烟也会损害肝脏，提升低密度脂蛋白水平，并且吸入的毒素会使动脉壁发生炎症，刺激斑块形成。

把以上所有证据放在一起，我们就不会对关于狩猎采集者的研究显示他们年龄增长时发生心脏病的风险较低感到奇怪了，因为他们从事的体力活动多，并且采用的是自然健康的饮食。而我们生活在旧石器时代的祖先也没有机会抽到香烟。尽管狩猎采集者的饮食中有大量的肉，但在他们体内检测到的胆固醇水平要远比工业化时代的西方人低。此外，如上文所述，通过临床或尸体解剖对狩猎采集者的健康评估没有发现什么有关心脏病的证据，即使是在老年个体中。这些数据当然有其局限性，而且它们不是来自随机对照研究，因而我们只能得出这样的结论，即心脏病发作和脑卒中主要源于进化失配，很大程度上是由农业产生以后，特别是工业化以后的饮食加上久坐不动的生活方式相结合而造成的。

从事体力活动较多的农民患这些疾病的风险也不太高，沦为心脏病牺牲品的倾向可能直到人类文明允许上层阶级出现以后才开始发生。由 CT 扫描发现，已知最早的动脉粥样硬化病例之一是一具埃及的木乃伊——雅赫摩斯－梅尔耶特－艾蒙公主，死于公元前 1550 年。这位富有的公主是法老的女儿，想必是在众人的悉心照顾下过着久坐不动的生活，享用着高热量的美食。

越来越普遍的癌症

如果有一种疾病会让每个人都闻之色变，那一定是癌症。大约 40% 的美国人会在生命中的某一时刻被诊断患上癌症，其中约 1/3 将死于这种疾病，这一数字使癌症成为美国和其他西方国家仅次于心脏病的第二死因。癌症是一种古老的问题，并非人类独有。癌症也可能发生在其他哺乳动物身上，如猿类和狗，有些癌症已经折磨人类长达几千年了。

事实上，癌症是由古希腊医生希波克拉底（约公元前 460—前 377 年）首次正式命名并描述的。尽管癌症很古老，但很少有人怀疑现代的癌症要比过去更为普遍这一说法。关于癌症患病率的首次分析是在 19 世纪由维罗纳医院的主任医师多梅尼克·里格尼 - 斯特恩（Domenico Rigoni-Stern）发表的。在里格尼 - 斯特恩记录的 1760 年至 1839 年间的 150 673 例维罗纳人的死亡案例中，不到 1%（1 136 例）是死于癌症，其中 88% 是女性。即使有人假设里格尼 - 斯特恩和他的同事们漏掉了许多癌症案例，并且如果当时能有更多维罗纳人活到更老的年龄，癌症的患病率将会更高一些，但是这些患病率最多只有现代癌症患病率的 1/10。

癌症是一类棘手的疾病，既难以了解也难以治疗，因为癌症有许多种类型，每一种都有不同的病因。但是，所有的癌症都源自某个出错细胞的偶发突变。你体内可能已经有几个这样具有潜在致命性的细胞。幸运的是，多数人体内的这些细胞会保持休眠状态，什么都不做，但有时其中的某个细胞则会发生其他基因突变，导致其功能异常，无限制地克隆，从而形成肿瘤。更多的突变会使这些细胞像野火一样在人体的组织间扩散，消耗其他细胞的资源，最终导致器官衰竭。正如梅尔·格里夫斯（Mel Greaves）指出的，癌症实际上是体内发生的一种出错的无限制自然选择，因为癌细胞是自私的细胞，它们拥有了其他正常细胞无法比拟的生殖优势。

此外，正如环境压力在促进人群的进化一样，毒素、激素以及其他给身体带来压力的因素设置了条件，这些条件有利于癌细胞比正常细胞更有效繁殖，并入侵本不属于它们的组织器官。然而，癌细胞繁殖与自然选择的相似性到此为止，癌细胞的相对优势并不持久，最终还会适得其反。癌细胞在生物体内的蓬勃发展最终会导致宿主的死亡，所以癌症很少能从一代传到下一代。所以，除了少数由病毒传递的癌症以外，癌症这类疾病几乎在每一位患者体内都会独立地自我重现，但会略有不同。

癌症的诱因有很多种。一个原因就是衰老的过程，由于衰老的过程比较缓慢，因此细胞有足够的时间发生突变，这也解释了为什么癌症风险会随着年龄增长而升高。此外，如果不幸遗传到干扰细胞修复突变或阻止突变细胞复制的基因，也会患上癌症。另一组广泛分布的癌症常见病因包括毒素、辐射和其他激发潜在致癌突变的环境介质，有一些癌症就是由病毒引起的。不过，我们在这里讨论的重点是长期能量正平衡和肥胖引起的癌症。这些因能量富余而引起的癌症最常见于与人类生殖有关的器官，尤其是女性的乳房、子宫和卵巢，以及男性的前列腺，长期能量过剩还会导致其他器官癌症，如结肠癌。

能量平衡促进生殖系统癌症的原因和机理至今没有人彻底搞清楚，因为其因果关系是间接而复杂的。能量与癌症相互关系的第一条线索出现于孩子和乳腺癌之间令人费解的相关性。里格尼 - 斯特恩早年间的研究显示，修女得乳腺癌的风险远高于已婚女性，乳腺癌也因此曾有很长一段时间被称为“修女病”，他们对其原因感到困惑。这些观察后来得到了大规模研究的支持，研究显示，女性患乳腺癌、卵巢癌或子宫癌症的风险随着她所经历的月经周期数而显著升高，并随其生育的子女数量而降低。

现在，已经有数十年的研究表明，高水平生殖激素的累积暴露，尤其是雌激素，是这些相关性的主要原因。雌激素的作用遍及全身各处，对女性乳腺、卵巢和子宫的细胞分裂具有特别强的刺激作用。在每个月经周期中，雌激素及其他相关激素水平上升，如孕激素，会导致子宫壁细胞扩增并变大，为受精的胚胎植入子宫壁做好准备。这些激素的飙升也会刺激乳腺细胞分裂。因此，当女性有月经时，就会反复暴露于高剂量的雌激素，后者会引起生殖细胞增殖。

每次月经都会升高致癌突变发生的风险，并导致任何突变细胞的拷贝数增加。然而，当女性生孩子时，怀孕和哺乳会降低生殖激素的暴露，从而降低乳腺癌和其他生殖系统癌症的风险。母乳喂养可能还有助于冲刷乳腺导管壁，清除潜在的突变细胞。

雌激素及其他一些雌激素相关激素与生殖系统癌症的关系，突出显示了为什么这些疾病是受能量正平衡慢性状态所影响的进化失配。请记住，数百万年的自然选择使得将任何多余能量都用于生殖的女性占据了优势。然而，自然选择并没有让女性的身体适应长期的能量、雌激素及其他相关激素过剩的情况。因此，今天的女性与过去有了很大不同，她们患上癌症的风险大大升高了，因为她们的身体运作方式仍然像以前一样，在朝着适应于生育尽可能多的孩子的方向进化。其结果是，女性摄入的能量越多，暴露于生殖激素的累积量就越高，而大量生殖激素会显著升高患癌风险。

再仔细看，有两个途径可以将能量、雌激素与发达国家女性生殖系统癌症发生率升高联系起来。第一个是女性经历的月经周期次数。美国、英国、日本这些国家的普通女性在 12 岁或 13 岁时开始来月经，并持续至 50 岁出头。因为她们有办法进行节育，所以她们一生中只怀孕一两次。此外，生下孩子后一年不到的时间里，她们可能会给孩子提供母乳喂养。总而言之，她们一生中预计可能会经历 350 ～ 400 次月经周期。

相比之下，一个典型的女性狩猎采集者从 16 岁开始来月经，她成年期的大部分时间都用于怀孕或哺乳，且往往难以得到足够的能量用于怀孕和哺乳。因此她总共只经历约 150 个月经周期。而每个周期中都会有强大的激素对女性的身体进行冲击，所以近几代人中随着节育措施和富足生活越来越普遍，生殖系统癌症患病率成倍增长也就不足为奇了。

慢性能量正平衡与女性生殖系统癌症相关的另一个关键途径是脂肪。早些时候，我讨论了女性如何特别良好地适应于在脂肪细胞中储存多余的能量，而脂肪细胞整体上作为一种内分泌器官，能合成雌激素并释放到血液中。女性肥胖者的雌激素水平可能比非超重女性高 40%。因此，绝经后女性生殖系统癌症患病率与肥胖密切相关。一项对 85 000 多名美国绝经后女性的研究结果显示，肥胖女性患乳腺癌的风险是不超重者的 2.5 倍。这些关系解释了为什么许多生殖系统癌症患病率的升高密切反映了肥胖发生率的上升。

能源盈余与生殖系统癌症之间的关系可能同样适用于男性，虽然没有那么强烈。男性的主要生殖激素睾酮的许多功能之一，是刺激前列腺产生一种有助于保护精子的乳白色液体。前列腺会持续不断地产生这种液体。有一些研究显示，终生暴露于高水平的睾酮之下会提升男性患前列腺癌的风险，尤其是生活在发达国家并经常保持能量正平衡的男性。

因为生殖系统癌症是通过生殖激素与能量过剩联系起来的失配性疾病，所以体力活动对于某些癌症的发生率有很强的影响。这是非常合理的：身体在体力活动上消耗的能量越多，消耗在分泌生殖激素上的能量就越少。经常从事体力活动的女性雌激素水平比久坐的女性低大约 25%。这些差异可以部分地解释为什么有些研究显示每周数小时中等强度运动可大幅降低许多癌症的发生率，其中包括乳腺、子宫和前列腺癌症。其中的一些研究发现，运动强度越大，患癌症的风险越低。一项研究将 14 000 多位女性分为低、中和高强度运动组进行观察，对年龄、体重、吸烟及其他因素进行控制后的结果显示，中等强度运动的女性乳腺癌发生率降低了 35%，高强度运动者的乳腺癌发生率降低了超过 50%。

总之，进化视角解释了为什么现在很多人享受的富裕生活提高了他们的生殖激素水平，加上节育措施的普及，人们的乳房、卵巢、子宫或前列腺发生癌变的可能性也在随之升高。因此，许多生殖系统癌症就是失配性疾病，都与大量能量剩余有关。随着经济的发展和富含加工食品的饮食方式横扫全球，越来越多的人处于能量正平衡状态，甚至经常处于能量过剩状态，这大幅升高了男性和女性生殖系统癌症的比例。但是这些癌症是不是进化不良的实例呢？我们现在治疗生殖系统癌症的方法会不会使它们变得更严重或更普遍呢？

在很多方面，答案似乎都是不会。虽然有些人可以通过少吃多动来降低他们患生殖系统癌症的风险，不过我们治疗癌症的方法似乎是合理的。如果我被诊断为癌症，我怀疑我会试图使用每一种可用的武器，如药物、手术和放射手段，来尽早杀死这些突变的细胞，并防止它们转移到全身。这些方法已经提高了某些类型癌症的生存率，包括乳腺癌。然而，我们治疗癌症的方法在两个重要的方面有时可能会导致进化不良。首先是癌症比我们通常想象的更容易预防。增加体力活动和改变饮食习惯，可显著降低生殖系统癌症的发生率；在控制污染和控烟方面多做些工作的话，可以显著减少因呼吸和摄入致癌物质导致的其他类型癌症。

癌症基本上是一种失控的进化，在此过程中突变细胞会在体内无限制地复制。正如用抗生素治疗细菌感染有时会产生新问题：加快耐药菌株进化，用毒性化疗药物治疗癌症有时可能也会使新的耐药癌细胞占据优势。所以，从进化角度来考虑癌症可能有助于我们制定更有效的策略，来跟疾病作斗争。一个途径是，促进良性细胞击败有害的癌细胞；另一种途径是，首先促使对某种化学药物敏感的癌细胞增生，然后在它们处于脆弱状态时攻击它们。因为癌症是一种身体内的进化过程，所以或许进化逻辑可以帮助我们找到办法，更有力地打击这种可怕的疾病。

过于富足是坏事吗

2 型糖尿病、心脏疾病和生殖系统癌症不是仅有的“富贵病”，其他还包括痛风和脂肪肝综合征。超重还对一组其他疾病有促进作用，如呼吸暂停以及肾脏和胆囊疾病，还会增加背部、髋部、膝盖和足部受伤的风险。随着全球各地人们的运动量减少，摄入的热量增加，尤其是糖和简单碳水化合物的增加，这些疾病和其他与富足相关的疾病——所有在人类进化过程前段罕见的疾病，将延续它们近年来的持续上升势头。

进化不良是指我们因进化失配而患病，又由于不能根治其病因而导致患病率居高不下，甚至更加严重，那么与富足相关的疾病在多大程度上可以算是进化不良呢？第 6 章总结了这种失配性疾病的三个特点。第一，它们多是慢性非传染性疾病，具有多个相互作用的病因，且这些病因难以治疗或预防。第二，这些疾病往往对生殖能力的影响较小，甚至可以忽略不计。第三，促使这些疾病发生的因素有一些其他的文化价值，导致需要在其利弊之间进行权衡取舍。

2 型糖尿病、心脏疾病和乳腺癌具有以上所有属性。它们的发生都受到多种复杂环境的刺激，特别值得一提的是，尤其受到新型饮食和体力活动缺乏的影响，也受到寿命延长、成熟期提前、使用较多节育措施以及其他因素的影响。此外，这些疾病通常在中年以后才会发生，导致它们对人们可生育后代数量的影响可以忽略不计，如大多数患乳腺癌的女性是在 60 多岁后才被诊断出来的。最后，对于农业、工业化，以及其他对富足相关疾病的盛行起作用的文化发展，我们很难总结其得失利弊。例如，农业和工业化发展使得食物更便宜、更丰富，使我们能够多养活数十亿人。同时，这些廉价的热量有很多来自糖、淀粉和不健康脂肪。仅靠健康的水果和蔬菜，以及源于食草动物的肉类，足够供养这个世界吗？

经济力量也是一种影响因素。一方面，市场体系在很多方面带来了进步，使得欠发达世界中也有越来越多的人活得比他们的祖父母更加健康、更加长寿。然而，并不是所有的资本主义都对人体有益，因为营销商和生产商会利用人们的冲动和无知来获利。例如，欺骗性的“零脂肪”食品广告在引诱着人们去购买富含糖和简单碳水化合物的高热量产品，这些产品实际上会使消费者变得更胖。

更吊诡的是，现在要吃热量较少的食物反而需要付出更多的时间和金钱。

往冰箱里匆匆一瞥，我们就可以发现，一小瓶约 450ml 看似健康的蔓越莓汁竟然含有 120 大卡热量，再仔细一看更会发现，这一瓶居然不可思议地含有双份的热量。所以你喝了这一瓶蔓越莓汁，就实际上摄入了 240 大卡热量，相当于一瓶 580ml 的可口可乐。我们还心甘情愿地让周围的环境中遍布汽车、椅子、自动扶梯、遥控器以及其他设备，这些设备会一大卡一大卡地减少我们的体力活动水平。我们处在一个完全不必要的致肥环境中。同时，制药行业开发出了一系列出色的药物，其中有些药物在治疗这些疾病的症状方面极其有效。这些药物和其他产品能够拯救生命，减少残疾，但这些药物也可能对疾病产生纵容和扶持作用。总而言之，我们创造了这样一个环境：通过能量过剩而使人患病，然后让这些患者不必削减能量也能活下去。

我们应该怎么办？很明显，根本的解决办法是帮助更多的人养成健康的饮食习惯，多做运动，但这恰是我们这个物种面临的最大挑战之一。其他重要的解决办法还包括：更明智合理地关注这些疾病的原因，而不是症状。拥有太多脂肪，尤其是内脏脂肪，是许多疾病的风险因素之一，也是能量不平衡的一种症状，但超重或肥胖不是疾病。有些人关注体重甚于健康，还有人对肥胖者加以污名化和谴责，这当然会让大多数超重或肥胖的人感到厌烦。而指责穷人的贫穷也是出于同样的卑劣逻辑。事实上，这两种谴责经常存在联系，因为肥胖与贫穷密切相关。

对肥胖“流行病”的广泛迷思导致了可以理解的反弹。有些人怀疑那些危言耸听的人是否夸大了问题。根据这一观点，我们不仅毫无必要地谴责了肥胖者，而且还浪费了数十亿美元来对付这一人为制造出来的危机。某种程度上，这些反对危言耸听的人是有些道理的。超过推荐体重不一定是不健康的，正如许多超重的人也很长寿，并且过着相当健康的生活。约有 1/3 的超重者没有出现任何代谢紊乱的症状，也许是因为他们拥有适应超重的基因。但正如这一章中反复强调的，对于健康来说最重要的并不是脂肪本身。

健康和长寿有一些更重要的预测因素，那就是你体内的脂肪储存在什么地方、你摄入了什么以及你的体力活动水平如何。一项里程碑式的针对近 22 000 名各种体重、身材和年龄的男性随访了 8 年的研究发现，在对其他因素如吸烟、饮酒、年龄等调整后，不运动的消瘦者面临的死亡风险是经常运动的肥胖者的两倍。经常运动可以减轻肥胖带来的负面影响。因此，在超重甚至轻度肥胖者中，过早死亡者比例较高的风险并不高。

为了更好地理解充分的体力活动对健康如何发挥着重要影响及其作用方式，现在是时候考虑另一类涉及进化不良的失配性问题了：废用性疾病。导致这些疾病的原因则是好东西太少，而不是太多。

THE STORY OF THE HUMAN BODY

10

用进废退

为什么我们不用就会失去

如果人体接受不到自然选择给它匹配好的足够压力，许多失配性疾病就会发生。导致骨质疏松最重要的因素是年轻时的体力活动不足，雌激素和钙摄入不足也起着推波助澜的作用。如果你不通过咀嚼食物来给你的面部提供足够压力，那么你的颌骨就不会长得足够大，也就无法给你的智齿提供足够的空间。哮喘等过敏类失配性疾病，则与我们跟微生物的接触越来越少密切相关。

> 凡有的，还要加给他，叫他有余；凡没有的，连他所有的，也要夺去。
>
> ——《马太福音》

THE STORY OF THE HUMAN BODY

你是否曾经因交通堵塞被堵在一座桥上，且担心这座桥是否能承受住所有人和汽车的重量？试想一下大桥坍塌后的混乱和恐怖，每个人都会掉入桥下的河水中，头上还有金属、砖块和混凝土像致命的雨点般砸下来。好在发生这种事故的可能性极小，因为大多数桥梁在修建时都考虑过要承受比实际多得多的车辆和人。例如，约翰·罗布林（John Roebling）特意将布鲁克林大桥设计为可承受6倍于预计承重的重量。用工程术语来说，布鲁克林大桥的安全系数为6。值得欣慰的是，工程师在设计所有重要的设施时，如桥梁、电梯电缆和飞机机翼，通常都会使用相似的高安全系数。虽然安全系数会增加建设成本，但这又是明智和必要的，因为我们并不真正知道应该把东西造得多么结实。

你的身体怎么样？任何遭受过骨折或者肌腱、韧带断裂的人都可以证实这一点，自然选择显然未能给这些结构以足够高的安全系数，以应对人们的一些活动。显然，进化未能使人类的骨骼和韧带适应于高速车辆碰撞和自行车事故产生的外力，但是为什么有这么多人只是走在路上或只是在奔跑途中摔倒也会导致自己的手腕、小腿或脚趾骨折呢？更令人担心的是骨质疏松，这种疾病的病程表现为骨量逐渐丢失，骨骼变得脆弱、易损，甚至于裂开或塌陷。骨质疏松引起了美国超过 1/3 的老年女性骨折，但这种疾病在晚近时代以前的老年人中非常罕见。如第 3 章所述，在人类的进化过程中，老祖母们并不是在拄着拐杖蹒跚走动或在卧床休息，而是积极地帮忙供养他们的子女和孙辈。

可悲的是，相对于需求，能力不足的失配不仅体现在骨骼方面。为什么有些人经常感冒，而另一些人的免疫系统却能够更好地抵御感染呢？为什么有些人不能适应极端的温度？为什么那些赢得环法自行车赛的人能足够快地吸进氧气，而另一些人连爬一段楼梯都会气喘吁吁呢？这些和其他类似失配问题对生存和繁殖有着重要的影响，为什么还如此普遍呢？

如同所有的失配性问题一样，缺乏足够的能力来应对身体的需求，往往是基因与环境相互作用的结果，其中，环境在晚近时代发生了变化，以至于我们的身体不能充分适应。随着年龄的增长，我们身上的遗传基因不断与环境发生强烈的交互作用，从而影响到我们身体的生长和发育。然而，这些疾病与第 9 章讨论的和富足相关的疾病相比，是由于过去常见的刺激现在较为稀缺导致的，而与富足相关的疾病则是由于过去罕见的刺激现在太多所导致的，比如糖。

如果在年轻时不给骨骼负重，那么它永远不会变得坚强，如果在年轻时不给大脑以足够的刺激，后期就会面临很快失去认知功能的风险，甚至导致神经退行性疾病这样的损害。当无法预防这些疾病的病因时，我们就只能坐视进化不良的有害反馈回路发生。在这个反馈回路中，我们将把相同的环境传给我们的孩子，使得这种疾病保持高发，甚至患病率变得更高。废用性疾病在发达国家的致残和致病中占相当大的比重。这些疾病一旦出现，往往很难治疗，但如果我们能够注意到我们的身体在进化过程中是如何生长和运作的话，那么这些疾病在很大程度上是可以预防的。

为什么成长需要压力

试想一下，如果你是一位未来的机器人工程师，能够建造出在技术上非常高超的机器人，它可以说话、走路以及从事其他复杂的任务。你可能会根据特定的目的建造每一个机器人，并将它的能力调节到适应其预期的功能，如机器人警察会有武器，机器人服务员会有托盘。你还可以针对特定的环境条件设计每一个机器人，例如酷暑、极寒或水下的环境。但现在你正在奉命设计一些机器人，你不知道它们需要执行什么功能，或者在什么环境条件下工作。那你要如何建造一个适应能力超强的机器人呢？

答案是，你将把每个机器人都设计成可以动态发展，这样它就能根据所处的环境来调整其能力和功能。如果遇到水，它将发展出防水功能，而如果它需要从火中救人，它就会发展出阻燃能力。因为机器人是由大量集成零件组成的，所以你还需要使机器人的组件能够在它们发展的过程中彼此交互，从而使每个零件都功能正常并良好协作。例如，防水性能不会干扰其手臂或腿部的运动。

也许未来的工程师可能会获得这种设计能力，但由于进化的作用，植物和动物已经这样做了。生物体是通过基因与环境之间的无数相互作用发展而来的，所以能够构建极其复杂、高度集成的机体，不仅运作良好，而且能够适应各种不同的环境。当然，我们不能随意长出新器官，但许多器官在生长时如果遭受到压力，就会使它们的能力适应这种应对压力的需求。例如，如果你在儿童时期跑动比较多，那么你就是在给自己的腿部施以负荷，于是它们就会长得比较粗壮。

另外一个不太讨人喜欢的例子是排汗。人类天生就拥有数以百万计的汗腺，但当你觉得热时，实际上分泌汗液的腺体比例，受到的是幼年时经受暑热程度带来的压力的影响。其他一些调节机制在一生中都会对环境压力产生动态响应，即使在成年期也是如此。如果你在接下来的几周里经常练举重，那么你的手臂肌肉就会感到疲劳，接着会变得更粗大、更强壮。相反，如果你卧病在床数月或数年，你的肌肉和骨骼也会萎缩。

身体能应对环境压力，从而调整其可观测特征，即其表现型，这种能力的正式名称为表型可塑性。所有生物的生长和运作都需要表型可塑性，并且随着越来越多的生物学家参与这方面的研究，他们发现的实例也越来越多。如果一个人将要生活在一个极其炎热的环境中，那么他的身体将会发育出更多汗腺；如果一个人的腿或手臂比较容易骨折，那么他的骨骼就会变得较厚；如果一个人的皮肤比较容易晒伤，那么他的肤色在夏天就会变得较深；这些都是很合理的变化。

然而，对这些交互作用的依赖也有其弊端，因为当关键的环境信号消失、减弱或异常时，就会导致失配。当从冬天进入春天时，我的肤色通常会变黑，这样可以防止我的皮肤被晒伤，但如果我在冬季乘飞机前往赤道地区，那么如果没有衣物或防晒霜的隔离保护，我的皮肤就会在转眼之间被晒伤。

人体的进化论观点提示，因为在近几代人的时间里我们改变了自己赖以生长的环境条件，并且有时这种改变是自然选择没有为我们准备好的，所以现在的失配现象比以前更常见了。这些失配可能是有害的，因为它们有时出现在生命的早期，却在许多年后才引起问题，而此时要纠正这个问题已经太晚了。

再回到安全系数上来说，为什么大自然不像工程师建造桥梁一样建造人体呢：把安全系数提得高高的，这样我们就能适应各种条件？对这个问题，主流的解释是权衡取舍。一切都涉及妥协：一样东西多了，别的东西就会相应减少。例如，较粗的腿骨比较不容易折断，但它们运动起来就要消耗更多的能量。黝黑的皮肤能防止皮肤晒伤，但它又会减少体内维生素 D 的合成。

自然选择的选择机制使得表现型会根据特定环境进行调节，从而帮助人体找到不同任务之间恰当的平衡点，并达到恰当的功能程度：足够，但又不会太过。有些特征，比如肤色深浅和肌肉多少，在人的一生中都能调节。例如，肌肉这种组织维持起来代价高昂，消耗的热量占静息代谢的近 40%。那么当你不需要肌肉时，它们就会萎缩，当你需要时它们又会再度长起来，这种动态变动是合理的。然而，大多数特征不能根据环境变化而不断变化，如腿的长度或脑容量，一旦发育完成后就无法重组。对于这些特征，身体必须在发育早期，往往在子宫内或生命的最初几年，使用环境信号——压力，来预测出成年期组织的最佳结构。虽然这些预测能帮助人体根据特定环境进行相应的调整，但是在幼年时没有接受过适当刺激的组织可能最终并不能很好地适应未来遇到的条件。

综上所述，进化使得人体能够“用进废退”。因为人体不是工程师设计出来的，而是生长和进化而来的，所以在发育成熟期间，为了正常发育，身体会预期将会碰到某些压力，而且真的会面临这些压力。大脑中的这种相互作用广为人知：如果你剥夺了孩子的语言或其他社交能力，那么他的大脑将永远不能正常发育，而学习新语言或小提琴的最佳时机就是儿童时期。其他与外界密集互动的系统，如免疫系统，以及帮助人体消化食物、维持体温稳定的器官等，也都是借由类似的重要互动形成的。

从这个角度看，当人体不能接受到自然选择给它们匹配好的足够压力时，我们就能预测许多失配性疾病的发生了。这些失配中有许多在人体发育早期就会显现出来，但另一些，如骨质疏松，要到年老时才会显现。当然，骨质疏松和其他年龄相关疾病较常见是因为现在人类寿命延长了，但有证据表明，这种疾病是可以预防的，并不是不可避免的。

60 岁时骨骼变脆是一种进化失配。并且，如果我们不能预防这些失配的原因，它们还容易发展为进化不良。废用性疾病有很多，但本章将着重讨论一些常见并有代表性的例子。我们先从有关骨骼的两个例子开始：为什么人们会患上骨质疏松？为什么会出现阻生齿？其实这两者都与骨骼应对压力的生长方式有关。

为什么骨骼需要足够的压力

人体的骨骼就像房子的房梁，要承担很大的重量。但与房梁不同的是，人体骨骼还要支持运动、储存钙质、容纳骨髓，并为肌肉、韧带和肌腱提供附着的位置。此外，在人的一生中骨骼都会保持生长，根据需要改变大小和形状，而不损害人体的运动能力。受损时，它们还需要自我修复。没有一位工程师能够成功地创造出一种像人体骨骼一样多功能且实用的材料。

骨骼能做到这么多，还能做得那么好，是因为自然选择。数亿年来，骨骼进化成了一种含有多种成分的单一组织，这些成分像钢筋混凝土一样共同创建出了一种材料，这种材料坚硬牢固，还能根据遗传和环境信号的共同作用实现动态生长。骨骼的初始形状受到基因的高度控制，但骨骼的正常发育需要适当的营养和激素，才能与身体的其余部分协同生长。此外，成年人的骨骼要达到正常的形状，必须在其生长过程中经受某些机械应力。每次移动时，体重和肌肉就会对骨骼施加压力，这会产生极小的变形。这些变形很轻微，我们甚至都注意不到，但足以让骨骼细胞感知到，并据其做出反应。

事实上，这些变形对于骨骼发育到适当的大小、形状和强度来说是必要的。生长中的骨骼如果不经受足够的负荷，就会始终脆弱易折，像一个坐在轮椅上的孩子的腿骨。相反，如果骨骼在发育期经受了很多负荷，那么它将长得更粗，也更强壮。网球运动员的手臂就很好地说明了这一现象。小时候经常打网球的人，他们挥拍的主力手臂的骨骼比对侧手臂要厚实并强壮 40%。其他一些研究显示，行走和奔跑较多的儿童，腿骨发育得较厚；而经常咀嚼较硬、较韧食物的儿童，颌骨也要发育得相对较厚。没有压力，就没有收获。

基因和营养等因素会对骨骼生长产生重要影响，但是骨骼在发育期应对机械负荷的能力特别具有适应性。如果没有这种可塑性，骨骼就需要像布鲁克林大桥那样，要把承重能力建造得比实际高出很多，才能避免垮塌，这样一来人体骨骼就会变得笨重，运动起来就需要消耗较多能量。然而，骨骼适应其力学环境的方式有一个不幸的局限性：一旦骨骼停止生长，它就不再能变粗很多了。如果你成年以后才开始经常挥拍打网球，那么你的手臂可能会稍微增粗，但不会像青少年网球选手那样明显。事实上，骨骼的健壮程度在你成年后不久就会达到峰值，女孩一般在 18 ～ 20 岁，男孩一般在 20 ～ 25 岁。从那以后就没有什么办法能把骨骼变得粗大了，并且此后不久，骨骼就会开始出现骨量流失，直至余生。

成年的人体骨骼可能不能再长粗很多，但它们并非毫无活力，它们保留有自我修复的能力，这一点你可以感到欣慰。如上所述，每次你移动的时候，你对每一块骨骼施加的力量都会导致轻微变形。这种变形是正常和健康的，但是如果它们太多、太快、力量太大，就会形成破坏性的裂痕。如果这些裂痕累积变大，并开始合并成更大的裂痕，那么骨骼就会像被过多车辆碾压的桥梁一样发生断裂。不过，一般情况下这类灾难不会发生，因为骨骼能够自我修复。在这个修复过程中，陈旧受损的骨质会被吸收，并被新的健康骨质所取代。

事实上，修复过程往往是通过对骨骼施加压力启动的。每当你奔跑、跳跃或爬上一棵树时，所导致的微小变形都会产生信号，在最需要修复的地方刺激修复过程。你越多使用你的骨骼，它就越能保持良好状态。不幸的是，反过来也是如此：骨骼的使用不足会导致骨量丢失。宇航员居住在几乎无重力的太空环境中，这个环境对骨骼几乎没什么压力，所以宇航员的骨量会快速流失，经过长时间的执勤任务返回地球时，骨骼的脆弱度就会达到危险的程度。因此，当他们返回地球时往往需要被抬着，以防止他们的腿骨在行走时骨折。显然，自然选择没有让人类适应在太空中生活，但是在地球上，如果对骨骼的使用达不到进化为人体制定的标准，就会导致常见的骨骼系统失配性疾病，包括骨质疏松和阻生智齿。

骨质疏松

骨质疏松是一种会使人持续衰弱的疾病，常常会在没有预警的情况下偷偷找上老年人，尤其是女性。一种极为常见的情况是，一位老年女性摔倒在地，她的髋关节或手腕就会骨折。在一般情况下，她的骨骼应该能够承受摔倒带来的冲击，但事实上她的骨骼变得如此薄弱，以致不能承受因摔倒产生的外力。另一种常见的骨折是当某块变弱的脊椎骨不能承受上半身的重量时，突然像煎饼一样塌陷。这种压缩性骨折会导致慢性疼痛、身高降低以及驼背。总体而言，至少有 1/3 超过 50 岁的女性，以及至少 10% 的同龄男性，都为骨质疏松所苦，并且患病率在发展中国家中还在不断攀升。这种日益严峻的流行病是一个严重的社会和经济问题，造成了太多的痛苦和数十亿美元的医疗费用。

从表面上看，骨质疏松是一种老年病，所以随着长寿者的增多，其患病率的上升几乎不应该令人感到惊讶。不过，即使是农业时代的考古记录中，由骨质疏松引起的相关骨折仍非常少。相反，有证据表明，骨质疏松主要是一种由遗传基因与一些危险因素，如体力活动、年龄、性别、激素、饮食，相互作用引起的现代失配性疾病。最易患有这种疾病的人群是久坐不动的绝经后女性，她们往往在年轻时很少运动，钙摄入量不足，得不到足够的维生素 D 补充。而吸烟也会加剧这种疾病。若要了解年龄、性别、运动、激素及饮食如何相互作用并导致骨质疏松，我们需要先了解这些危险因素对骨骼建构的两种主要影响：成骨细胞和破骨细胞。

成骨细胞是制造新骨的细胞，破骨细胞是溶解并清除旧骨的细胞。这两种类型的细胞都是人体所需的，如同我们扩建或修缮房子时通常必须敲倒旧墙建造新墙一样，这两种细胞必须协同工作，才能使骨骼实现生长和修复。当一块骨骼正常生长时，成骨细胞比破骨细胞更活跃，否则骨骼就不会变厚。但是随着年龄增长，骨骼生长会减慢或停止，成骨细胞产生的新骨会减少，其最大的功用在于调节骨骼的修复，如图 10-1 所示。在此过程中，成骨细胞会先向破骨细胞发出信号，要求其把特定位置的旧骨挖空，然后成骨细胞会用健康的新骨填充这些孔洞。

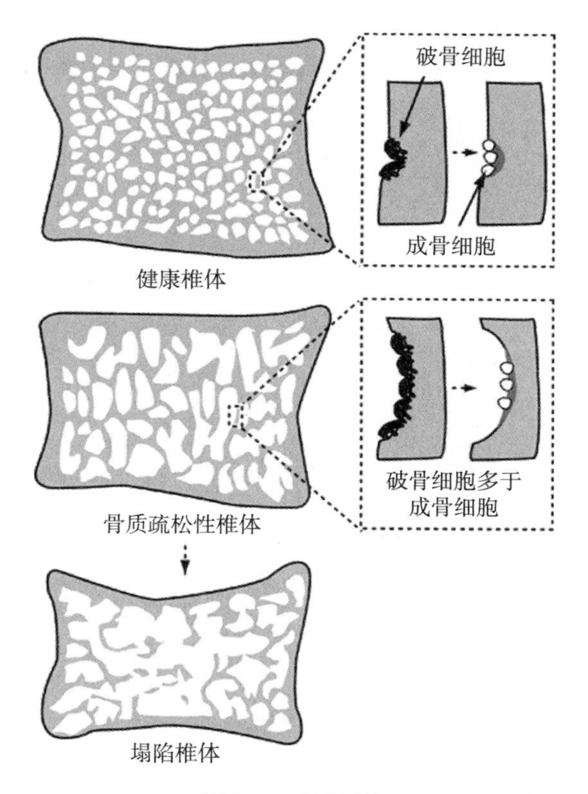

图 10-1 骨质疏松

一个正常椎体的横截面示意图（上图），椎体中充满松质骨。图片右侧详细显示了吸收旧骨的细胞（破骨细胞）清除旧骨，然后由形成新骨的细胞（成骨细胞）来替代建构新骨的过程。当骨的吸收超过骨的替换时，就会发生骨质疏松，导致骨量流失，骨密度降低（中图）。最终，脊椎会变得薄弱，因无法支撑身体的重量而塌陷（下图）。

在正常情况下，破骨细胞清除掉多少旧骨，成骨细胞就替换多少新骨。然而，当破骨细胞活跃度超过成骨细胞时，就会导致骨质疏松。这种不平衡会使骨骼变得更薄、更多孔，这对松质骨而言是一个严重的问题，松质骨是某些骨骼的必要填充，如脊椎、关节。这种类型的骨质由大量微小、质轻的杆状和板状物组成。生长中的骨骼能产生数以百万计的此类支撑物，但不幸的是，骨骼停止生长后就丧失了制造这些支撑物的能力。此后，当过分热心的破骨细胞清除或切断某个支撑物后，它就永远不会再生或修复了。随着一个又一个支撑物被破坏，骨骼就这样被永久地削弱了，直到有一天它的安全系数太低，骨折就会发生。

从这个角度来看，骨质疏松基本上是由破骨细胞的吸收相对太多，而成骨细胞的骨质沉积相对太少引起的。随着年龄的增长，这种不平衡作用导致骨骼变得脆弱，紧接着就会发生骨折。在触发破骨细胞数量超过成骨细胞的所有年龄相关因素中，雌激素不足是最重要的。雌激素的诸多作用之一就是开启成骨细胞，使其制造新骨，并关闭破骨细胞，避免其清除旧骨。当女性绝经后，雌激素水平急剧降低，这种双重作用就成为不利因素。突然间，成骨细胞速度减慢，而破骨细胞变得更加活跃，导致骨量快速流失。因此，给绝经后的女性补充雌激素，即雌激素替代疗法，能减缓甚至阻止她们体内的骨量流失。男性也有这方面的风险，但总体而言低于女性，因为男性能在骨骼中将睾酮转化为雌激素。老年男性不会经历绝经期，但是随着他们体内的睾酮水平下降，相应产生的雌激素减少，所以也会面临骨折风险升高的状况。

在使得骨质疏松成为现代失配性疾病的各种因素中，其中影响最大的是体力活动，其对保持骨健康十分有利。首先，骨骼的形成主要是在 20 岁之前，在年轻时进行大量的负重活动，特别是在青春期，可提高骨量峰值。如图 10–2 所示，年轻时常常久坐不动的人在步入中年时，骨量显著少于年轻时体力活动较多的人。体力活动还会随着年龄的增长持续影响骨骼健康。数十项研究证明，高水平的负重活动可以大大降低老年人的骨量流失率，有时甚至能阻止或在一定程度上逆转。人们现在成长和老化的方式使这一问题更加恶化了，尤其是女性。狩猎采集时期的女性青春期开始的时间通常比发达国家的女孩晚三年，这使得她们能多出几年时间发育出强壮、健康的骨骼，以承受岁月的侵蚀。当然，一个人的寿命越长，其骨骼就越脆弱，越容易骨折。

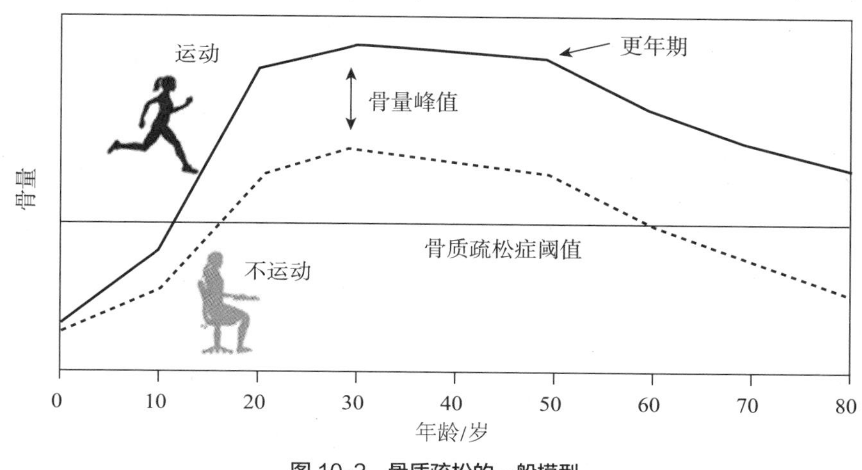

图 10-2　骨质疏松的一般模型

缺乏体力活动的人在成长期的骨量一般也较少。峰值骨量出现后，每个人都会开始丢失骨量，尤其是绝经后的女性。缺乏体力活动的人丢失骨量的速度较快，并会较早跨过骨质疏松的门槛，因为他们开始时的峰值骨量就较少。

除了体力活动和雌激素，导致骨质疏松风险提升的另一个主要因素是饮食，尤其是钙。身体的正常运作需要大量的钙，骨骼的职责之一就是作为这种重要矿物质的储备池。如果食物中钙不足会导致血钙水平快速下降，那么激素就会刺激破骨细胞重新吸收骨质，恢复钙平衡。如果被吸收的骨组织没有得到新骨来替代的话，这种反应就会削弱骨骼。因此，饮食中永久性缺乏钙的动物和人，骨骼发育都会比较薄弱，并且在年老时会较快地流失骨量。

此外，现代以谷类为主的饮食结构往往会导致严重缺钙：现代饮食中的钙含量仅为典型狩猎采集者饮食的 1/2 ～ 1/5，成年美国人中只有少数人从饮食中摄入了足够的钙。并且，低水平的维生素 D 和膳食蛋白往往会加剧这一问题，因为前者有助于肠道吸收钙，而后者也是合成骨组织所必需的。如果你担心骨质疏松，那么请记住，仅摄入足够的钙和维生素 D 并不能预防或逆转这种疾病。你仍然需要给骨骼施以一定的负荷，以刺激成骨细胞对钙的吸收和利用。

总而言之，即使有大量的钙、维生素 D 和蛋白质，数百万年的自然选择仍未能让我们的骨骼在没有充足体力活动的前提下发育成熟。此外，在晚近年代以前，女性要到 16 岁才进入青春期，这样她们就多了几年时间来发育出较大、较强壮的骨骼。基因变异也发挥了关键性作用，使得有些人更容易患骨质疏松。但是，与许多其他失配性疾病一样，如果我们的环境变化没有这么大，那么携带这些基因的人的患病风险就会比较低。

这一流行病的最大问题之一是：在这种疾病往往因为骨折被诊断出来的时候，已经太晚而无法预防了。在这一点上，最好的策略是阻止这种疾病进一步发展，防止再次发生骨折。医生通常会建议将膳食补充剂、适度运动和药物相结合。绝经后女性服用雌激素补充剂的方法也非常有效，但是这些补充剂会提升心脏病和癌症风险，迫使医生和患者必须权衡骨质疏松相对于其他疾病的风险。而已经开发出的一些可降低破骨细胞活性的药物也常常有令人不快的副作用。

因此，骨质疏松是一种失配性疾病，某种程度上是人们提早进入青春期和寿命延长的附加产物。那些年轻时体力活动较多且摄入钙质较多的人往往拥有较强壮的骨骼，因此也较能抵御骨质疏松。此外，如果他们在年龄渐长后仍然保持体力活动，同时摄入足够的钙，那么他们的骨量流失速度会慢得多。绝经后的女性始终面临着较高风险，但如果从青年到老年期经受了符合正常进化过程的压力，那么将有助于她们的骨骼发展出足够的安全系数。从这方面看，骨质疏松是进化不良的一个常见实例，因为除非我们成功地鼓励人们更注意锻炼身体，多吃富含钙的食物，尤其是年轻女孩，否则我们将不可避免地面临这种致人衰弱、代价高昂的不必要疾病的发病率继续上升。

不明智的智齿

在大学四年级时，我的下巴疼了好几个月。我试图忽略不适症状，并通过服用止痛药来应对，直到一次常规洗牙时，我的牙医让我立刻去看正畸医生。

X光照片显示，我的智齿正不明智地要萌发出来，但我的口腔内没有足够的空间。它们先是在牙槽骨中打转，堵在其他牙齿的根部。所以，跟大多数美国人一样，我接受了口腔手术，以拔除这些不受欢迎的牙齿。除了疼痛，阻生智齿还会把其他牙齿推离正确的位置，最终导致神经受损，有时还会导致严重的口腔感染。在抗生素发明以前，这种感染可能危及生命。进化是如何又是为什么把我们的头部设计得如此糟糕，不为我们全部的牙齿留下足够的空间，把你我置于痛苦之中，甚至是死亡的风险中呢？在青霉素和现代牙科出现之前，人们对阻生智齿又是如何处理的？

其实进化并不是一个差劲的设计师。如果你看过很多近现代的头骨就很快会明白，阻生智齿是进化失配的另一个例子。我工作的博物馆收藏有数千颗来自世界各地的古代头骨。大多数来自近几百年前的头骨对牙医来说简直是噩梦：它们大都遍布龋洞和感染痕迹，牙齿被挤进下颌骨，并且近1/4都有阻生智齿。前工业时代的农民的头骨中也随处可见龋洞和各种痛苦的脓肿留下的印记，但其中只有不到5%有阻生智齿。相比之下，大部分狩猎采集者的牙齿生长状态近乎完美。显然，牙医和正畸医生在石器时代是没必要存在的职业。

数百万年来，人类并没有在智齿萌出上遇到什么问题，在这个古老的系统中，基因与咀嚼带来的机械负荷相互作用，使得牙齿和颌骨一起实现了正常生长，但食物制备技术的创新搅乱了这个系统。事实上，阻生智齿的流行与骨质疏松有许多相似之处。如果你不通过行走、跑步，以及其他一些活动来给骨骼施以足够的压力，那么你的四肢和脊柱就不会变得足够强壮；同样的道理，如果不通过咀嚼食物来给你的面部提供足够的压力，那么你的颌骨就不会长得足够大，给牙齿提供足够的空间，于是你的牙齿与颌骨就会不相匹配，这就是其中的原理。

每次咀嚼，肌肉都会用力把你的下齿向上齿方向带动，以咬碎食物。假如有人曾经不小心把手指卡在另一个人的嘴里，那么他就能感受到人类口腔强大的咬合力，足以把骨头咬碎。这些力量不仅能咬碎食物，还会给面部带来压力。

事实上，这种咀嚼会引起颌骨变形，就像行走和奔跑时的腿骨变形一样。咀嚼动作需要你反复发挥这些力量。

典型的石器时代饮食可能需要咀嚼上千次，尤其是带软骨的牛排之类难咬的东西。反复的巨大力量会使颌骨长得较粗大，以逐渐适应饮食需要，如同奔跑和打网球会使你的腿骨和手臂变粗一样。换句话说，儿童期咀嚼坚硬难咬的食物有助于人们的颌骨长得粗大强壮。为了验证这一假设，我和我的同事分别使用营养相同，但是硬度不同的饮食来饲养蹄兔[①]。与咀嚼较柔软食物的蹄兔相比，咀嚼较坚硬食物的蹄兔发育出了显著较长、较厚和较宽的颌骨。

咀嚼食物产生的机械作用力不仅可以帮助颌骨长到合适的大小和形状，还能帮助牙齿在颌骨内正确就位。颊齿的形状有尖端有凹陷，就像小型的杵和臼一样。每次咀嚼期间，肌肉会以高准确度将下齿拉向上齿，使下齿的尖端完美地贴合到上齿的凹陷中，反之亦然。因此，要有效地咀嚼，你的上下牙齿就需要正确的形状，并且处于完全正确的位置。

牙齿的形状主要受基因控制，但牙齿在颌骨中的正确位置则受咀嚼力的严重影响。当咀嚼时，你施加在牙齿、牙龈和颌骨上的力量会激活牙床内的骨细胞，然后后者会将牙齿送到正确的位置。如果你咀嚼得不够，那么你的牙齿就有更大的可能对不齐。用磨碎的柔软食物喂养的实验用猪和猴子会发育出形状异常的颌骨，牙齿在其中排列异常，不能很好地对齐。矫正医生正是利用相同的机制：使用外力推、拉和旋转牙齿，用牙箍把人们的牙齿拉直并排列整齐。牙箍基本上就是金属带，能对牙齿施加恒定的力量，把牙齿拉回它们应该在的位置。

重要的是，你的颌骨和牙齿通过许多过程一起生长、互相贴合，这些过程不仅包括咀嚼力，一定程度的咬动和细嚼对这个系统的正常工作也是必不可少的。如果小时候没有足够用力咀嚼，那么你的牙齿就不会长在正确的位置，颌骨也不会长到有足够的空间以容纳智齿。因此，现在许多人需要正畸医生把他

---

① 大象的一种小而可爱的亲戚，咀嚼动作与人类相似。

们的牙齿排列整齐，还需要口腔外科医师拔除他们的阻生智齿，因为过去几百年里人类的基因并没有改变很多，但我们的食物却变得如此柔软，加工程度如此之高，以至于我们咀嚼的力量和频次都不够了。

想想你今天吃了什么？可能都是一些高度加工的食物：煮成浓汤、磨成细粉、捣烂成泥、反复搅拌，或者切成小块，然后烹制到柔和松软，一口就能吞下。由于有了搅拌机、研磨器和其他机器，你整天都可以吃到完美的食物，如燕麦粥、浓汤、蛋奶酥，根本不需要咀嚼。正如第 4 章所讨论的，烹煮和食物加工是重要的创新，使得牙齿在人属的进化期间变得较小较细，但晚近年代以来，我们把食物加工推向了极端，以至于儿童常常咀嚼不够，无法促进颌骨正常生长。如果你试着像穴居人一样吃几天：只吃烧烤的猎物和简单切成大块的蔬菜，不吃任何磨成细粉、煮成浓汤、慢慢煮烂，以及使用现代加工技术软化的食物。你的下颌肌肉会感到疲劳，因为它们不习惯于那么辛苦地咀嚼。

不出意外，只要正畸医生往人们嘴巴里一看，柔软的现代饮食造成的后果就再清楚不过了。例如，在最近改吃西方饮食的澳大利亚原住民家庭中，较年轻的一代与他们吃传统食物长大的长辈相比，颌骨较小，且有严重的牙齿拥挤问题。事实上，在过去的几千年里，人类的面部在对身材大小进行校正后，已经缩小了 5% ～ 10%，这个缩小的幅度跟我们在用煮熟软化的食物饲养的动物身上观察到的基本一致。

尽管我认为咬合不正和阻生智齿都是进化失配带来的问题，其原因我们还不能预防，但是放弃口腔正畸，强迫孩子咀嚼坚硬难咬的食物，却是非常荒谬的。如果家长试图通过这种办法来省下口腔正畸费用的话，我只能想象他们会遭遇孩子的大吵大闹和其他问题。不过，我想我们可以鼓励孩子多嚼口香糖，来减少口腔正畸问题。许多成年人认为嚼口香糖不雅观、令人讨厌，但牙医们早就知道，无糖口香糖可以降低龋齿发生率。另外，有一些实验显示，嚼坚硬树脂材料口香糖的儿童颌骨长得较大，且牙齿较整齐。尽管还需要更多的研究佐证，但我预测咀嚼较多口香糖有助于下一代既能吃到松软的蛋糕，又能正常地长出智齿来。

“脏一点”的好处

对许多人来说，微生物就是病菌：这些看不见的有害小虫会让人生病，使东西腐烂。它们越少越好！所以我们辛辛苦苦对房子、衣服、食物、身体进行消毒，我们所用的各种杀菌“武器”包括肥皂、漂白粉、蒸汽和抗生素。很多父母也试图阻止他们的孩子把各种脏东西放进嘴里，这看起来是一种自然本能，似乎不可能阻止，就像我女儿在幼年时对砂砾有着特殊的嗜好。很少有人会质疑“越清洁就越健康”的说法，父母、广告商及其他人都不断提醒我们：这个世界充满着危险的细菌。这样的说法并不是全无理由。巴氏消毒法、卫生设施和抗生素所拯救的人数超过了任何其他医学进步。

然而从进化的角度来看，晚近时代以来试图将身体及其接触的一切物品都消毒的做法不仅是不正常的，而且有时甚至可能带来有害的后果。一个原因在于，你并不完全是“你”。你的身体是一个微生物群的宿主：数万亿其他生物自然栖息在你的肠道、呼吸道、皮肤和其他器官上。根据一些估计，体内外来微生物的数量是人体细胞数的 10 倍之多，这些微生物加起来重达数斤。数百万年来，我们一直在伴随着这些微生物以及许多种类的蠕虫共同进化，这也解释了为什么人体内的微生物群大多是无害的，甚至负责一些重要的功能，比如帮助消化，清洁皮肤和头皮。我们和这些生物之间互相依存，如果消灭了它们，那么我们自己也会成为受害者。幸运的是，抗生素和抗寄生虫药物不会杀死整个微生物群，但过度使用这些强大的药物确实会消灭一些有益的微生物和虫类，而它们的消失可能会导致新的疾病。

不给所见的每件物品消毒，也不过度使用抗生素和其他类似药物，其中一个原因与本章有关，某些微生物和虫类在帮助给免疫系统施加适当压力方面起着重要作用。正如骨骼生长需要压力一样，免疫系统也需要细菌才能正常成熟。如同身体的任何其他系统一样，免疫系统的发育需要与环境互动，以便使其能力与需求相匹配。对有害的外来入侵者免疫反应不足可能意味着死亡，但过度反应也存在危险，无论是以过敏反应还是自身免疫性疾病的形式，过度反应均指免疫系统错误地攻击人体自身的细胞。

此外，与其他系统一样，生命中最初几年对于免疫系统的训练效果特别重要。当婴儿离开相对受到保护的母体子宫环境，首次面对残酷的世界时，会遭到一些新病原体的攻击。像其他婴儿一样，你小时候可能也经历了无数次小感冒和胃肠道问题的困扰。这些感冒造成了痛苦，但它们帮助你发育出了具有适应性的免疫系统，其中你的白细胞学会了识别各种各样的外来病原体并将它们杀死，比如有害的细菌和病毒。如果你接受母乳喂养，那么你母亲的乳汁也守护了你的健康，因为母乳中富含抗体和其他保护因子，提供了一把免疫学大伞。狩猎采集者的婴儿哺乳期通常为 3 年左右，当他们在这个遍布病菌和虫类的世界中生长时，这段时间可以给他们尚未成熟的免疫系统提供很多帮助。农业时代的人们给孩子断奶的时间比较早，他们创造了含有较多有害病原体的环境，同时又削弱了孩子的免疫防御。

有一定量的脏东西是正常的，并且对于免疫系统的健康发育是必要的，这种观点被称为“卫生假说”，这个假说是由戴维·斯特拉奇（David Strachan）首先提出来的，对我们看待许多疾病都产生了革命性的影响，从炎症性胃肠病和自身免疫性疾病到某些癌症，甚至是孤独症。其最初的应用是推测为何免疫系统有时会导致过敏。不同于本章讨论过的前几个例子，过敏的发生不是由于相对于需求的能力不足。相反，过敏是免疫系统对花生、花粉或羊毛等正常情况下无害的物质过度反应时发生的有害炎症反应。

很多过敏反应是轻微的，但大家都知道，它们也可能非常严重，甚至危及生命。最可怕的过敏反应之一是哮喘发作，此时肺部气道周围的肌肉收缩，气道壁水肿，造成呼吸困难甚至无法呼吸。其他过敏反应还包括引起皮疹、眼睛发痒、流鼻涕、呕吐等。过敏和哮喘在发达国家人口中的发病率正在提升，这个趋势特别麻烦，也同样提示着进化不良。自 20 世纪 60 年代以来，哮喘和其他免疫相关疾病在高收入国家的发病率已增加了两倍多，同时感染性疾病的发病率却在下降。例如，过去 20 年里，美国和其他富裕国家的花生过敏发病率增加了一倍。遗传改变和诊断水平提高并不能解释这些最近快速发生的变化趋势，因此，它们的原因必然有部分是与环境有关的。对某些我们与之共同进化的细菌和虫类的暴露不足，有没有可能是罪魁祸首？

为了探讨过度清洁为什么以及如何导致了牛奶或花粉这些原本无害的物质触发潜在的致命过度反应，让我们先简单回顾一下你的免疫系统是如何保护你的。每当外来物质进入你的身体，就会有特殊的细胞消化入侵者，然后在其表面显示片段（也叫抗原），就像圣诞树上的装饰品。然后，存在于全身的辅助性 T 细胞，就会被吸引过来，与抗原发生接触。

通常情况下，辅助性 T 细胞能够容忍抗原，不会有所作为。不过，辅助性 T 细胞偶尔也会认为某种抗原有害。当发生这种情况时，辅助性 T 细胞有两种选择。一是募集巨大的白细胞，白细胞可以吞噬并消化任何携带该抗原的物质。这种细胞性反应在清除体内被病毒或细菌感染的整个细胞时效果最好。另一种选择对于抗击血液或其他体液中游动的入侵者更为有效，即由辅助性 T 细胞激活能针对外来抗原产生特异性抗体的细胞。

抗体有几种，但过敏反应几乎总是涉及 IgE 抗体，也称为 IgE 免疫球蛋白。当这些抗体与抗原结合时，它们会进一步吸引其他免疫细胞，后者会对显示出该抗原的任何物质发动全面攻击。在所部署的武器中包括了组胺这样的化学物质，它们会引起炎症，引发皮疹、鼻涕或肺部气道阻塞。它们还会触发肌肉痉挛，导致哮喘、腹泻、咳嗽、呕吐以及其他不适症状，帮助你把入侵者排出体外。

抗体会保护你免遭许多致命病原体的侵犯，但当它们不适当地瞄准常见的无害物质时，就会引起过敏。这种情况发生时，第一次的反应通常为轻度或中度。然而，你的免疫系统有记忆，当你第二次遇到相同的抗原时，针对抗原产生特异性抗体的细胞会静静地等待着，随时准备扑过去。激活后的细胞快速自我克隆，并产生特别针对该抗原的大量抗体。一旦扣动了这个扳机，你的攻击细胞就会像一群暴怒的杀人蜂一样做出反应，造成可能致人死亡的大规模炎症反应。因此，从这个角度看，过敏反应是由被误导的辅助性 T 细胞引起的不恰当免疫反应。辅助性 T 细胞为什么会错误地将无害的物质判定为不共戴天的敌人？这种反应与细菌和虫类暴露不足可能有什么关系？

过敏的原因有很多种，但发育早期的异常无菌环境可以从几个方面解释为什么过敏变得更为普遍了。第一种假说与不同的辅助性 T 细胞有关。大多数细菌和病毒会激活 1 型辅助性 T 细胞，后者会募集白细胞，白细胞会像大鱼吞食小鱼一样摧毁受感染细胞。相反，2 型辅助性 T 细胞会促使抗体的产生，抗体会激活上文所述的炎症反应。

当某些感染，如甲型肝炎病毒，刺激 1 型辅助性 T 细胞时，它们会抑制 2 型辅助性 T 细胞的数量增加。最初的卫生假说认为，因为人类历史上的大多数时间里都在不断抗击轻微感染，所以他们的免疫系统总是忙于应付细菌和病毒，从而限制了 2 型辅助性 T 细胞的数量。自从漂白粉、消毒术、抗菌肥皂把我们的环境变得更加少菌后，儿童免疫系统中游弋的 2 型辅助性 T 细胞就更无所事事了，从而增加了这些细胞中的某个犯下严重错误，误将无害物质当作敌人来瞄准的可能性。一旦发生这种情况，过敏就会发生。

最初的卫生假说受到了很多关注，但并不能完全解释人们为什么对很多物质的过敏变得越来越普遍了。首先，虽然 1 型辅助性 T 细胞有时会调控 2 型辅助性 T 细胞，但这两种类型的细胞通常是一起工作的。其次，在过去几十年里，我们几乎消灭了多种病毒感染，如麻疹、流行性腮腺炎、风疹和水痘，而所有这些感染都会激活 1 型辅助性 T 细胞。但患上这些疾病并不能避免过敏的发生。

另外一种观点被称为“老朋友假说”，认为许多过敏和其他不适当免疫反应出现得越来越多,是因为与我们相伴的微生物群变得严重异常。数百万年来，我们与无数微生物、虫类以及其他在环境中无处不在的微小生物生活在一起。这些微生物并不是完全无害的，但较具有适应性的方法可能是容忍它们、控制它们，而不是用全面的免疫反应与它们对抗。想象一下，如果你总是生病，总是不断与你体内微生物群中的每一个细菌发动大战，那么你的生命将是多么悲惨、多么短暂！我们的免疫系统和与我们共同进化的病原体有充分的理由生活在一种类似冷战的均衡状态中，互相保持克制。

从这个角度而言，许多不适当的免疫反应，如过敏，在发达国家可能会变得越来越普遍，因为我们破坏了自身的免疫系统与许多“老朋友”共同进化而来的长期平衡状态。拜抗生素、漂白粉、漱口水、污水处理厂和其他形式的卫生措施所赐，我们不会再遇到各种各样的小虫和细菌。不需要对付这些虫类和细菌以后，我们的免疫系统就会变得反应过度，陷入麻烦，就像游手好闲的青少年一样，没有一个建设性的管道让他们发泄压抑的能量。

“老朋友假说”解释了为什么暴露于来自动物、灰尘、水和其他来源的各种细菌，与过敏发生率较低有关。另外，这个假说可能还有助于解释暴露于某些寄生虫有时有助于治疗自身的免疫性疾病，如多发性硬化、炎症性胃肠病等，而这方面的证据也越来越多。在不太遥远的未来，你的医生开给你的处方中可能会出现某些虫类或粪便。

总之，我们有很好的理由相信，哮喘和其他过敏是失配性疾病，在这类失配性疾病中，是由于与微生物接触太少导致了失衡，从而矛盾性地导致对原本无害的外来物质产生过度反应。不过，免疫系统的作用方式远比上面的描述要复杂得多，毫无疑问，其他因素也发挥了关键作用，其中很多是遗传性的。例如，双胞胎对同一种过敏原产生过敏反应的可能性比较大。虽然导致过敏的基因不太可能在出现频率方面快速增长，但其他干扰免疫系统的环境因素更常见了，比如污染，以及我们的食物、水和空气中的各种有毒化学物质。

卫生假说和“老朋友假说”认为，我们治疗一些免疫功能紊乱的方法有时也是一种进化不良。重点关注过敏反应的症状很重要，有时甚至能救命，但我们还需要更好地处理其原因，才能做到事先预防。使孩子们暴露于适当的微生物群，也许他们罹患危及生命的过敏和某些自身免疫性疾病的风险就能降低一些。就像孩子们需要适当种类的食物和锻炼一样，他们还需要在消化道和呼吸道中拥有适当种类的微生物。此外，当他们生病并需要使用抗生素时，也许抗生素的处方后面应该始终跟着益生菌的处方，以便让微生物老朋友恢复起来，帮助保持免疫系统有事可做。

没有压力就没有成长

压力太小导致能力不足或不当的废用性疾病普遍存在。我确信你还可以想到一些属于同一大类的其他失配性疾病：维生素和其他营养素缺乏、睡眠过少、背部肌肉衰弱、缺乏足够的日晒等。也许“没有压力就没有成长”这个原则最明显的例子就是：只有多参加体力活动，才能保证良好的身体状态。跑步、徒步旅行、游泳这些剧烈的体力活动需要肌肉获取更多的氧气，所以需要呼吸得更用力，从而出现心率加快、血压上升、肌肉疲劳等。这些压力在人体的心血管、呼吸和肌肉骨骼系统中触发了多种适应性反应，可以提高它们的能力。心肌增强、增大，动脉在生长过程中变得更有弹性，肌肉中的纤维增加，骨骼变粗。

不过，这个具有高度适应能力的系统也有另一面，那就是长时间不活动造成的问题。自然选择从没有让人体适应于在病理性异常的低活动条件下生长。此外，通过减少不必要的体力而从节约能量角度实现的进化适应，导致那些整天坐在沙发上看电视的人们出现健康状况严重下降的状况，如肌肉萎缩、动脉变硬等。许多研究显示，体力活动较多的人与缺乏体力活动的人相比，寿命较长、年老时健康状况较好的可能性更高。

许多废用性的失配性疾病也是进化不良所致，因为我们没有解决它们的病因，从而使得它们继续流行，甚至变得更糟。这里讨论的例子，如骨质疏松、阻生智齿、过敏，都符合进化不良的失配性疾病的特点。首先，我们在治疗或应对它们的大部分症状方面相当精熟，但我们在预防它们的病因方面做得很少，而这部分是因为无知。其次，上面讨论的失配性疾病一般都不影响人们的生殖健康，一个例外是某种极端的未经治疗的过敏反应。骨质疏松、牙齿不好、患有某些过敏的人也可以活很多年。最后，对于所有这些疾病，失配的环境原因与生理效应之间的关系是渐进、模糊、延迟、边缘性或间接的，并且其中许多疾病在某种程度上是由我们所推崇的文化因素促成的，比如食用美味的加工食品、尽量减少劳动以及保持清洁。

事实上，这些问题有许多是源于避免压力和混乱的常见基本欲求。孩子们经常喜欢在较脏的地方奔跑和玩耍，但随着年龄的增长，他们通常不会再享受这种乐趣。成人需要尽可能轻松和清洁，这可能是适应造成的。然而，只有到了晚近时代，才有少数幸运儿能够把这些偏好拓展到极端的程度，创造出轻松、舒适，以及穴居人无法想象的清洁环境。

不过，光是能够过上无比清洁和舒适的生活，并不意味着这种生活对我们有利，尤其是对儿童而言。为了正常生长，身体的每个部位都需要通过与外界的交互而经受适当的压力。就像不要求孩子进行批判性推理会阻碍他们的理性发展一样，不给予孩子的骨骼、肌肉和免疫系统以压力，将导致这些器官的能力无法匹配对他们的要求。

废用性疾病的解决方案并不是回到石器时代。晚近时代的许多发明让生活变得更美好、更方便、更有滋味，也更舒适。如果没有抗生素和现代卫生设施，这本书的很多读者可能不会活到现在。放弃这些以及其他进步是不明智的，但是重新考虑我们应该在多大程度上，何种契机下使用、允许、建议这些进步，对我们将是有益的。关于最常见的废用性疾病，有一个好消息是：应对它们的努力通常是类别问题，而不是程度问题，体力活动尤为如此。

大多数父母鼓励孩子锻炼身体，而大多数学校对体育水平的要求只是中等。我们没有弄清多少运动量是足够的，也不知道怎样能让人们多参加体力活动，尤其是当人们年老时。但是多少灰尘算足够，而又不会太多呢？你能想象公共服务公告鼓励父母们让他们的孩子吃灰尘吗？但是，我可以想象这样一个世界：在这里，抗生素治疗导致人们紧接着要去看消化科医生，消化科医生会在给他们的处方里开出虫类、细菌或经过特殊加工的排泄物，以恢复患者的肠道生态。

总之，人类的身体不像布鲁克林大桥那样是经过工程设计的，而是经过进化而适应于与环境的交互成长的。由于这些交互经过了数百万代的自然选择，每个人的身体都需要适当且足够的压力来调整其能力。“没有压力就没有成长”这句古老的格言真是千真万确。放任我们的孩子忽视这句格言会导致有害的反馈回路，通过这种反馈回路，骨质疏松这类问题会变得越来越流行，尤其当人们的寿命变得更长时。

也许有一天我们会发明神奇的药物，用于解决这些问题，但我对这种可能性抱有怀疑。无论如何，我们已经知道如何通过饮食和运动来防止或降低其发生率和强度，而饮食和运动会带来无数其他的好处和乐趣。我们怎样让人们改变他们的习惯，进而改变他们的身体，是结语部分的主题。在我们进入那个主题之前，我想先讨论一下最后一类失配性疾病，这类疾病会导致一系列问题，部分是由于我们应对它们的方式，这类疾病就是由新奇事物带来的疾病。

THE STORY OF THE HUMAN BODY

11

新奇和舒适背后的隐患

日常生活中的新事物为何会伤害我们

畅销书《天生就会跑》引起了人们对“赤脚跑”的关注。实际上，赤脚跑能更好地保护我们的脚；青少年时期缺乏足够强烈和多种多样的视觉刺激，是导致近视的重要原因，眼镜的普及化和时尚化，让自然选择对近视患者的作用发生了缓冲；腰背痛也是一种进化失配，因为我们总是贪恋舒适的椅子和柔软的床榻。

> 纵观每个人一生的各个阶段，你总会发现他在沉迷于新的蓝图借以提升对自身的慰藉。
>
> ——亚历西斯·德·托克维尔，《论美国的民主》

危险无处不在，但为什么这么多人明知如此，还故意从事着可能有害而且能够避免的行为呢？典型的例子是吸烟。今天有超过10亿人心甘情愿地吸烟成瘾，尽管这些人知道吸烟会危害他们的健康。由于种种原因，数百万人从事着其他明显不自然和有潜在危险的活动，比如晒人工日光浴、滥用麻醉品或蹦极跳。

对于环境中的许多危险化学品，我们也心甘情愿地把疑虑搁置在一边。我会购买用可疑物质制造的油漆、除臭剂之类的产品，我怀疑其中一些有毒，甚至会导致癌症，但我还是宁愿不调查，也不相信政府的监管会像我希望的那样严格。一个例子是亚硝酸钠，它是一种用来保存食物的化学物质，可以防止肉毒杆菌中毒，可以使肉看起来显现诱人的红色，但它也与癌症有关。美国政府在20世纪30年代强制降低亚硝酸钠水平后，胃癌发病率显著下降，但为什么我们仍然允许食物中含有少量亚硝酸钠呢？我们为什么还允许建筑商使用含有已知致癌物甲醛的刨花板来建造房屋呢？我们为什么允许一些公司用已知会导致疾病和死亡的化学物质污染我们的空气、水和食物呢?

对于这些难题，没有简单的答案，但有一个得到过充分论证的主要因素是:我们评估成本效益的方式。我们习惯上会把短期内的成本效益看得重于未来的成本效益，经济学家将这种行为称为双曲贴现，这使得我们在对待长期目标时能够多一些理性，而对待我们即刻的欲望、行为和乐趣时，则稍欠理性。因此，我们能够容忍潜在有害的东西，甚至从中找到乐趣，因为它们在现下给我们的生活带来的提升，超过了我们对其最终代价或风险的判断。

剂量往往在这些判断中起关键作用。基于对便宜肉类、便宜木材的长期健康风险与短期经济利益的估计，美国政府允许食物中含有少量的亚硝酸钠、刨花板中含有少量的甲醛。我们每时每刻都在接受其他不那么微细的权衡取舍。有一定比例的人死于汽车污染物和车祸，这显然是我们愿意为汽车而付出的代价。美国大多数州支持赌博，因为赌博可以带来收入，尽管社会会为赌博相关的成瘾和腐败付出代价。

关于为什么人类有时会做一些有潜在危害的新奇事情，我认为还有其他更深层次的进化论解释。其中主要的是，我们实际上不认为许多新奇的行为是有害的，因为我们不认为它们是新奇的，我们在心理上愿意把我们周围的世界看作是正常的，因此也是良性的。我从小到大都认为，上学、乘汽车或乘飞机旅行、吃罐头食品、看电视，这些都是传统的、普通的事情。我还有一个从小到大都有的想法是，人们有时候出车祸是正常的，正如我认为人们死于流感或饥饿是不正常的。

形成习惯本身就是一种习惯，质疑自己的一切行为可能导致巨大的痛苦。因此，虽然理性的人应该或可能对自己的行为或环境提出质疑，但我不会这样做。粉刷房子的墙壁是标准的做法，我们认为油漆中含有潜在危害的化学物质只是一种住在房子里而不可避免的潜在副作用。历史告诉我们，普通人可以对正常情况下不可想象的可怕行为习以为常，这也是哲学家汉娜•阿伦特(Hannah

Arendf）所说的“平庸之恶”。进化的逻辑表明，对于不健康的新奇行为以及我们环境中的类似方面，当它们经常发生时，人们就会感到习以为常。

把我们周围的世界当作正常而接受下来，人类这一固有的倾向可能具有潜在的消极影响，会以意想不到的方式导致失配和进化不良。环顾你的周围，你看这本书的时候可能正在坐着，并且在借用人造光线阅读文字。也许你正穿着鞋子，房间里的空气可能加热过或冷却过，也许你还正喝着一瓶汽水。你的祖母可能会觉得这种情况是正常的，但包括你坐着看书这件事在内，所有这些现代条件对于人类来说没有一个是正常的，这些环境条件如果过量的话都有潜在的危害。

为什么？因为我们的身体对于阅读、久坐、喝汽水这些新奇事物来说，都还没能很好地适应。这不算什么新闻。就像大家都知道吸烟有害健康一样，我们也知道太多酒精对肝脏不好，吃糖太多会导致龋齿，缺乏体力活动会使身体变差。但是，当得知我们日常做的许多其他事情如果过量也存在潜在危害时，我想大多数人都会大吃一惊，其实原因都是一样的：我们的身体并没有很好地适应它们。

这就引出了人为什么经常做一些新奇却有潜在危害的事情的第二种进化论解释：我们经常把舒适误认为幸福。谁不喜欢享受安逸的状态呢？不用长时间劳作，不用坐在坚硬的地面上，也不会感到太热或太冷，这真是太爽了。现在，我是坐在椅子上写这些字的，因为坐着比站着更舒服，我屋子里的温度被设定为舒适宜人的20℃。上午晚些时候，我会穿上鞋和外套去上班，在那里我可以乘电梯到办公室所在的楼层，不用费力爬楼梯。然后，在一天中剩下的时间里，我可以在另一间有空调的房间里舒服地坐着。我的食物都不用花什么力气就能买到或吃到，淋浴的水温适中，我今晚将会睡在柔软而温暖的床上。如果偶然感到头痛，我可能会吃些药物来缓解疼痛。

就像我的大多数人类伙伴一样，我以为任何舒适的东西对我来说一定是好东西。从某种程度上来说，这是真的。伤脚的鞋子就像太紧的衣服一样，通常都不太好。但是越舒适就越好吗？当然不是。大多数人都怀疑过软的床垫可能导致背部问题，并且每个人都知道，好逸恶劳是不健康的。但是，让人追求舒适的本能凌驾于更好的判断之上是人的天性，比如我们常常暗示自己："我就乘一次电梯"，并且我们往往无法认识到，某些日常生活中正常的舒适发展到极端就会有害。而且舒适还是有利可图的，我们整天都能看到和听到各种产品的广告，它们唤起的正是我们显然无法满足的对舒适的渴望。

日常生活中有些不正常但是很舒服的东西确实很新奇，但又可能对健康不利，这方面的例子有很多。本章只着重讨论前面提到的三种行为，这些事情你可能现在正在做：穿鞋、阅读和端坐。这些行为可能会促进进化不良的恶性循环，因为它们有时导致的进化失配，如足部异常、近视、背痛，激发了对症疗法的发明，如矫形器、眼镜、脊椎手术，但是我们在预防这些问题发生方面做得很糟糕。其结果是，这些疾病变得十分普遍，以至于大多数人认为它们是正常的，是难以避免的。但它们不一定是不可避免的，并且解决方案并不是放任它们的原因不去解决，恰恰相反，我们应该从进化的角度来看待什么才是正常的，以帮助我们设计更好的鞋子、书籍和椅子。

关于鞋的"理智与情感"

我有时会赤脚跑步，多年来已经习惯于被人大声提醒："不疼吗？""小心狗屎！""别踩到玻璃！"我特别喜欢看到遛狗的人做出这种反应。出于某种原因，他们认为让他们的狗不穿鞋子走路和奔跑是可以接受的，而人做同样的事情就是不正常的。这些反应和其他一些反应特别反映出了我们对自己的身体是多么陌生，以至于产生了对新奇和正常的扭曲看法。毕竟，人类已经赤脚行走和奔跑了几百万年，并且许多人现在仍然在这样做。当人们从大约45 000年前开始穿鞋时，他们的鞋子按今天的标准来看是极为简陋的，没有厚厚的缓震鞋跟，没有足弓垫，也没有其他常见的功能。已知最古老的草鞋可以追溯到10 000年前，就是把薄薄的鞋底用麻绳绑在脚踝上；现存最古老的鞋子可追溯到5 500年前，基本上类似于北美印第安人的鹿皮鞋。

在发达国家，鞋子可谓无处不在，在那里，赤脚常被视为异端、粗俗或不卫生。很多餐馆和企业不会为赤脚的顾客提供服务，并且人们普遍认为舒服、支持性良好的鞋子是有利于健康的。在关于赤脚跑步的争议中，认为穿鞋比赤脚更好、更正常的心态尤为明显。2009年，一本畅销书《天生就会跑》（*Born to Run*）点燃了对这个话题的热议，这本书中介绍了墨西哥北部一个偏远地区举行的一场超级马拉松比赛，书中还提出，跑鞋会引起损伤。

一年后，我和我的同事发表了一项研究，讨论了赤脚的人为什么可以以及如何在坚硬的地面舒适地跑步：通过一种避免冲击的着地方式，就可以不需要鞋子提供缓冲（下文将详细介绍）。自那以后，很多充满激情的公开辩论开始出现。而且，正如经常发生的情况一样，最极端的观点往往最引人关注。一个极端是赤脚跑步的热情拥趸，他们痛斥鞋子的有害性，认为没有必要穿鞋；另一个极端是赤脚跑步的激烈反对者，他们认为大多数跑步者应该穿合适的鞋子以避免损伤。一些批评人士还嘲笑赤脚跑步运动无非是“跑步圈又一场昙花一现的风潮而已”。

作为一位进化生物学家，我发现这两种极端的观点都有着令人难以置信和具有启发性的地方。一方面，考虑到几百万年来人类都是赤脚的，所以必然可以得出结论：穿鞋子是一种晚近时期才出现的新时尚。另一方面，人们不同程度地使用鞋子也有几千年了，而且没有出现明显的害处。在现实中，鞋子有好处，但也需要付出代价，而这一点我们往往没有考虑到，因为穿鞋已经变得跟穿内衣一样正常和普遍了。此外，大多数鞋子都非常舒适，特别是运动鞋。大多数人都会认为任何舒适的鞋子肯定也是健康的。但这个假设真的成立吗？

除了时尚的考虑，鞋子最重要的功能是保护你的脚底。赤脚的人和其他动物的脚是通过角蛋白组成的胼胝来实现这个功能的，角蛋白是一种可塑性较强的毛状蛋白质，犀牛角和马蹄也是由这种蛋白质组成的。当你赤脚行走时，脚部的皮肤会自然生成胼胝。每年春天，当天气足够暖和后，我打赤脚的时间就会相应延长，脚底的胼胝也就会长出来；每到冬天，当我不再赤脚时，它们又会消退。这样一来，不穿鞋就会产生一种依赖循环：没有胼胝时赤脚会受伤，于是你就会穿鞋，这样又会抑制胼胝的形成。

毫无疑问，鞋底的保护性能强于胼胝，但厚底鞋的缺点是它们会限制感官知觉。你的脚底具有丰富、广泛的神经网络，可以为大脑提供有关脚下地面的重要信息，从而激活关键的本能反应，当你感觉脚下有尖锐、不平坦，或热的东西时，可以帮助你避免伤害。任何鞋子都会干扰这种反馈，鞋底越厚，你得到的信息就越少。事实上，即使是袜子也会削弱这种稳定性，这也解释了为什么武术家、舞者和瑜伽练习者宁愿赤脚以提高他们的感官知觉。

在鞋子对脚起缓冲作用的所有部分中，鞋跟起的作用最大。脚跟是行走时身体冲击地面的第一个部分，而对鞋子来说就是鞋跟，有时奔跑时也是如此。这种碰撞会在地面上快速形成一个作用力的高峰（见图 11-1），被称为峰值冲击力。峰值冲击力在行走时可能与你的体重相当，而奔跑时可高达体重的三倍。由于每一种作用力都会产生相等的反作用力，因此峰值冲击力会把冲击波向上传送，经过腿部和脊柱，快速到达头部，整个过程在奔跑时的传递时间在1/100 秒内。

脚跟猛烈着地可能会让你感觉好像在被人用锤子击打。幸运的是，脚跟处的软组织垫可以吸收这些力量，足以保证赤脚行走的舒适性，但在坚硬的路面上长距离赤脚奔跑时脚跟着地会很痛，如混凝土或沥青路面。因此，大多数跑步鞋都有着弹性材料制造的缓震鞋跟，可以减缓每次冲击达到高峰的速度，使得脚跟舒服地着地，不那么容易受伤（见图 11-1）。这些鞋子也能使行走变得更舒适。

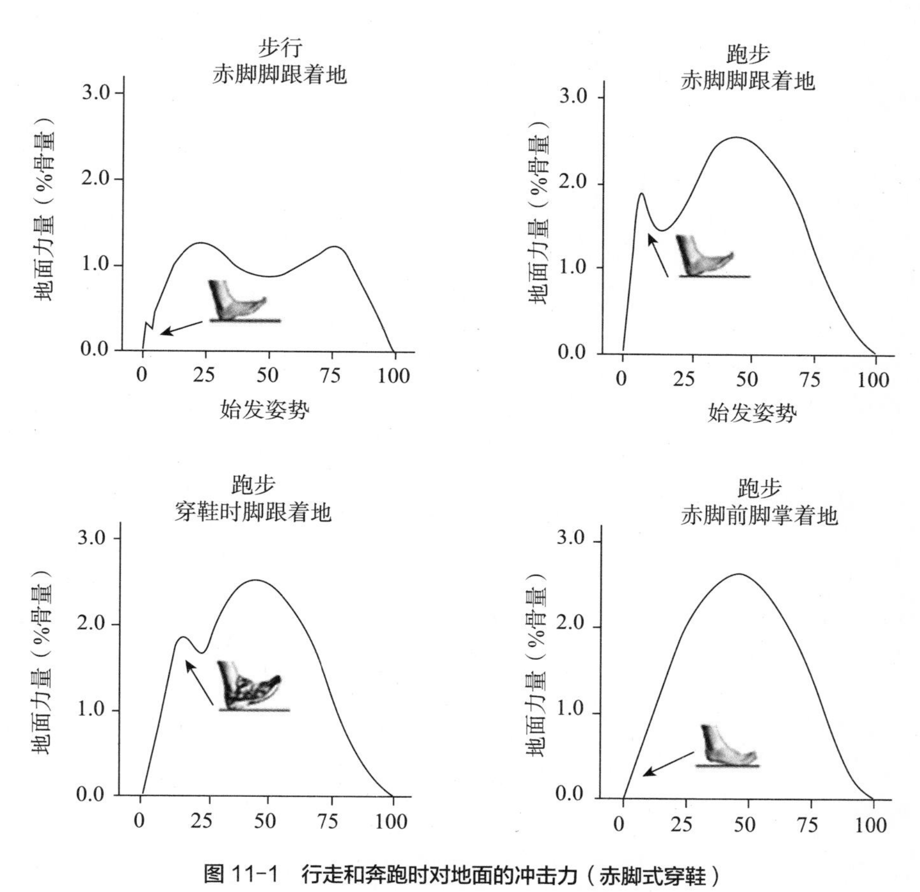

图 11-1　行走和奔跑时对地面的冲击力（赤脚式穿鞋）

从图中可以看出，行走状态下，人们通常是脚跟着地的，这时会产生一个小的峰值冲击力。在赤脚奔跑时，脚跟产生的峰值冲击力则要大得多，也快得多。而在跑步状态下，缓震鞋能大大减慢冲击力达到峰值的速度，前脚掌着地（无论穿鞋还是赤脚）则不会产生峰值冲击力。

不过，习惯赤脚的人知道，他们并不需要靠脚跟缓震来避免在坚硬路面行走和奔跑时的不适。赤脚行走时，人往往会比较轻地用脚跟着地，这样可以减轻峰值冲击力；在奔跑时，如果你先用前脚掌着地，然后再把脚跟落下，实际上可以避免任何峰值冲击力。你只要赤脚跳一下，就能体会到这种感觉，不如现在就试一下吧。我敢打赌，你自然会用脚的前脚掌先着地，然后才是脚跟，这样可以使着地变得柔和轻巧，也更安静。然而，如果你强迫自己先用脚跟着地，那么这个冲击就会很响很重，也会很痛，如果你要尝试的话一定要小心。

同样的原则也适用于奔跑，因为奔跑实际上就是两条腿交替跳跃。用前脚掌，有时也可以是脚掌中部轻柔着地，可以不需要任何缓震垫就能在坚硬的路面上快速奔跑，因为这个过程不会产生任何明显的峰值冲击力。就脚部感觉而言,这样的着地方式不会产生冲击。因为疼痛是一种避免有害行为的进化适应，所以就不会奇怪为什么许多体验过赤脚或穿薄底鞋跑步的人在坚硬或不平整路面长距离奔跑时往往会采用前脚掌或脚掌中部着地，并且许多习惯穿跑步鞋以及通常会用脚跟着地的人在被要求在坚硬路面上赤脚跑步时，会改用前脚掌着地。当然，有些赤脚的人也会用脚跟先着地，尤其是在短距离或松软路面上慢跑时，但当他们感到疼痛时，就不会采用这种方式奔跑了。世界上最好最快的跑者中，有很多人即使在穿鞋跑步时也是前脚掌先着地的。

确切地说，我不认为先用脚跟着地就是不自然的或是错误的。相反，为什么赤脚和穿鞋的跑者有时更喜欢脚跟着地，尤其是在松软的路面上？这是有一些原因的。脚跟着地可以让你很容易加大步伐，并且对小腿肌肉的力量要求较低。因为当前脚掌先着地时，脚跟轻轻落下会使小腿肌肉拉长，这样它们收缩时就必须用力。脚跟着地对跟腱的要求也比较低。许多鞋子的厚鞋跟也增加了放弃脚跟着地的难度。

我的观点是，当你穿着缓震鞋脚跟着地时，你的身体就不再能获得原本有助于调节步态用以改变冲击力的感官反馈。因此，如果穿着缓震鞋、用糟糕的跑姿奔跑，那么着地时就很容易形成冲击，每一步都是在相当沉重地冲击地面。由于有了缓震鞋跟，这些峰值冲击力并不会造成伤害。但如果你用这种方式每周跑 40 千米，那么每条腿每年都会承受上百万次重击，这些重击可能会带来伤害。艾琳·戴维斯（Irene Davis）等人的研究显示，跑步时如果产生较高较快的峰值冲击力的话，那么跑步者的脚部、小腿、膝盖、腰背部发生劳损的可能性就会显著升高。我和我的学生发现，采用脚跟着地的哈佛大学越野队队员的受伤风险比用前脚掌着地的队员高出一倍之多。关键在于，无论采用前脚掌着地还是脚跟着地的方式，着地时都应该轻柔，而赤脚奔跑时你就没那么多选择了。

鞋子的设计还包括其他一些增加舒适性的功能，这些也会影响你的身体。包括跑鞋在内，很多鞋子都有足弓垫用以支撑足弓。正常足弓看起来像个半圆顶，行走时会自然地变平伸展，以帮助脚步绷直，并将身体重心转移到第一跖骨。奔跑时，足弓会变得更为塌陷，如同一个存储和释放能量的巨型喷泉，帮助将你推离地面（详见第 3 章）。

人的脚上大约有十多条韧带，并有四层肌肉将形成足弓的骨骼维系在一起。就像颈托能减少颈部肌肉支撑头部所耗费的力量一样，鞋子的足弓垫能减少脚部的韧带和肌肉维系足弓所耗费的力量。因此，许多鞋子都内置了足弓垫，因为后者能减轻足部肌肉要做的诸多工作。鞋子还有一个省力的设计是硬鞋底，它可以让脚部肌肉不用那么费力地将身体向前上方推，这也是在沙滩上行走时脚很容易疲劳的原因。在向前的方向上看，大多数鞋子还有一个向上弯曲的鞋底，这个弯曲叫作鞋头翘度，功能在于当每一步结束，脚趾前推的时候，可以让肌肉少花力气。

足弓垫和硬而弯曲的鞋底无疑带来了舒适性，但它们也可能导致一些问题。其中最常见的是扁平足，这里是指足弓未发育或永久性塌陷。约 25% 的美国人有扁平足，因此这些人更容易感到不适，有时甚至会发生损伤，因为塌陷的足弓改变了脚的工作方式，导致了踝关节、膝关节，甚至是臀部的不适当运动。有些人的基因也可能使他们容易发生扁平足，但大多是因为脚部肌肉较弱，否则这些肌肉会帮助构成和维系足弓的形状。有些研究对习惯赤脚和穿鞋的人进行了比较，结果发现赤脚的人几乎从来没有扁平足，并且他们的足弓形状要一致得多，既不高也不低。我研究过很多人的脚，也几乎从未在习惯赤脚的人中见过扁平足，这进一步增强了我的观点：扁平足是一种进化失配。

穿鞋可能导致的另一个常见相关问题是足底筋膜炎。你有没有在早晨起床时或者跑步后体会过尖锐的灼痛？这种疼痛来自足底筋膜炎症，足底筋膜是脚底的一层肌腱样组织，它能与肌肉一起共同作用使足弓绷直。足底筋膜炎有多种致病原因，不过该病发生的一种机制是足弓的肌肉变得薄弱，无法维持足弓的形状，筋膜必须对这些薄弱的肌肉进行代偿。筋膜并不十分适合较大的压力，所以会发生炎症，出现疼痛。

当你的脚疼痛时，你的整个身体都会感到不适，所以大多数脚痛的人都渴望得到治疗。不幸的是，我们只是过多地通过缓解症状来帮助这些不幸的人，而不是纠正其问题的根源。强壮而灵活的双脚才是健康的，但很多医生的治疗不是让患者的脚更健康，而是开出矫形器处方，并建议患者穿带有足弓垫和硬鞋底的舒适鞋子。这些治疗方法确实能有效地缓解扁平足和足底筋膜炎症状，但如果长期使用的话，它们可能产生一个有害的反馈回路，因为它们不能预防问题的发生，反而最终会让脚部的肌肉变得更加薄弱。因此，佩戴矫形器的人会变得越来越依赖于这些器具。

从这一点来看，我们治疗脚的问题或许应该采用同治疗身体其他部位一样的方式。如果你扭伤或损伤了颈部或肩部，你可能会用颈托或肩托来暂时缓解疼痛，但医生很少会开具永久性的颈托或肩托。相反，你会尽快停止使用颈托或肩托，并且往往会通过物理治疗来恢复肌肉本身的力量。

因为导致劳损的力量来自你的身体运动，所以还有一种未得到充分利用的预防和治疗形式，那就是观察人们行走和奔跑时的实际运动方式，以及他们的肌肉对这些运动的控制程度。虽然有些医生会检查劳损患者的步态，但是大多数医生只是通过开一些药物、矫形器或缓震鞋来对症治疗。一些研究发现，运动控制型鞋能限制脚向内（旋前）或向外（旋后）转，但对于降低跑者的受伤率没有任何效果。另外一项研究发现，跑者穿着昂贵的缓震鞋实际上更可能会受伤。可悲的是，每年都有 20% ～ 70% 的跑者出现劳损，没有证据表明这个发生率在过去 30 年里随着制鞋技术的复杂化在下降。

鞋子其他方面的功能也会导致失配。你会不会经常穿着外表好看却不舒服的鞋子？数百万人，甚至可能有数十亿人都曾穿着尖头或高跟的鞋子。这样的鞋子可能很时尚，但它们并不健康。尖头鞋会使脚的前端不自然地蜷缩，造成拇趾囊肿、脚趾错位及槌状趾等常见问题。高跟鞋能展示漂亮的小腿，但它们会破坏正常的姿势，永久性缩短小腿肌肉，并使跖骨、足弓，甚至是膝盖部位都承受异常的压力，从而导致损伤。人们往往认为整天把脚包在皮革或塑料中是卫生的，但这实际上形成了一个温暖、多汗、缺氧的环境，这个环境是许多真菌和细菌的天堂，它们会导致恼人的感染，比如足癣。

简而言之，我们在进化过程中适应于赤脚就是很多人患有足部疾病的原因。结构最简单的鞋已经存在了数千年之久，但是一些现代的鞋类设计出于舒适和时尚的目的，反而可能严重干扰脚部的自然功能。我觉得我们不必完全抛弃鞋类，相反，有越来越多的鞋类消费者面对这些失配，开始改穿结构最简单的鞋子，这些鞋子没有鞋跟、硬鞋底、足弓垫，也不是尖头。观察这些人的脚部问题是否会有所改观将是件有意思的事，而且我们迫切需要了解，脚部肌肉薄弱的人要如何去适应穿着结构最简单的鞋类所面临的较高的肌肉要求。

我也觉得鼓励婴儿和儿童赤脚是有利于健康的，并应确保儿童穿着结构最简单的鞋类，以使他们的脚能够正常发育而变得强壮。然而，可悲的是，如今大多数脚部有问题的人只是通过矫形器，甚至是更舒适的鞋子、手术、药物，以及在本地药房足部护理部能买到的一系列其他产品来治疗脚痛的症状。只要我们继续用感觉舒适、看似正常的鞋包住我们的脚，那么相关科室的医生和其他治疗现代脚病的人就会不断忙下去。

患近视的人为何越来越多

阅读之于心灵，犹如运动之于身体，并且由于阅读是一种必不可少的普通活动，因此我们很少考虑阅读文字的实际生理活动。即使你正在采用塞缪尔·戈德温（Samuel Goldwyn）“局部透视，贯穿全文”的方法阅读本书，你还是会长时间盯着一大串黑白文字看，而且这些文字离你的眼睛可能只有一个手臂的距离。当你的眼睛从字里行间掠过时，它们的焦点还是在书页上。有时当我全神贯注于一本真正的好书时，我会一连几小时感觉不到自己的身体和周围的世界。但是如此近距离地盯着面前的文字或别的任何东西看几小时是不自然的。书写首次发明于约 6 000 年前，印刷机发明于 15 世纪，而普通人长时间阅读是到 19 世纪才成为司空见惯的事。今天，发达国家的人们更是花费大量的时间专注地盯着电脑屏幕。

这种专注带来了许多好处，但它也可能带来视力不佳的后果。如果你是近视眼，那么你聚焦于近处的事物是没有问题的，比如书或电脑屏幕，但远处（通常超过 2 米）的每一样东西都是模糊的。在美国和欧洲，7 ～ 17 岁儿童中几乎有 1/3 患有近视，需要佩戴合适的眼镜；在某些亚洲国家，近视人口的比例更高。近视极为常见，以至于戴眼镜被认为是完全正常的，甚至是时尚的。但有证据显示，近视曾经非常罕见。来自全球各地的研究表明，狩猎采集者和自给农业人群中的近视率还不到 3%。此外，在欧洲人中，除受过良好教育的上层阶级外，近视曾经很罕见。

1813 年，詹姆斯 · 韦尔（James Ware）指出：“女王的卫兵中有许多人患有近视，但是在 10 000 名近卫步兵中患近视的人不到 6 个。”在 19 世纪后期的丹麦，近视的发生率在非熟练工、海员和农民中低于 3%，但在工匠中为 12%，在大学生中为 32%。近视患病率的类似变化也见于转变为采用西方生活方式的狩猎采集者。20 世纪 60 年代的一项研究检测了阿拉斯加州巴罗岛上因纽特人的视力。老年人中只有少于 2% 的人有轻度近视，但是大多数年轻成年人和学龄儿童患有近视,有些甚至是重度。关于近视是现代病的证据是合理的,因为很可能直到晚近时代之前，近视都是一种严重的不利条件。在过去，远视力差的人可能猎杀动物或有效采集食物的能力也较差,并且他们发现掠食动物、蛇和其他危险的能力也较差。具有致近视基因的人可能在年轻时就会死去，生下的孩子也比较少，所以这种性状一直很罕见。

近视是一种复杂的性状，是由许多基因和多个环境因素之间的大量相互作用所导致的。但由于人类基因在过去几个世纪里没有改变很多，晚近时代近视在世界范围内的流行必然主要是由于环境的改变。在所有已经确定的因素中，最常被认定为罪魁祸首的就是近距离工作:长时间聚精会神地注视近处的影像,如缝纫、阅读书本或屏幕上的单词。

在对 1 000 多个新加坡儿童进行的一项研究发现，对性别、种族、学校以及父母的近视程度进行控制后，每周阅读两本书以上的儿童患重度近视的风险是普通孩子的 3 倍多。但还有些研究发现，户外活动时间较少的青少年更有可能患近视，而与他们的阅读量多少无关。因此，一个相关但更重要的原因可能是儿童和青少年时期缺乏足够强烈和多样的视觉刺激。而另外一些因素的因果关系没有得到很好的支持，但也值得进一步研究，包括富含淀粉的饮食以及青少年早期的快速生长。

为了研究近视的病因，并对我们治疗这个疾病的方法进行重新评价，让我们首先考虑一下正常情况下眼睛聚焦的机制。聚焦的过程包括两个主要步骤（见图 11-2）。第一步发生在眼角膜，即覆盖在眼睛前面的透明层。因为角膜像放大镜一样是自然弯曲的，所以它能使光束发生折射，改变光束的方向，使光线穿过瞳孔从而落到眼球的晶体上。第二步，发生于晶体的精细聚焦，晶体是一个衬衫纽扣大小的盘状透明体。像角膜一样，晶体也是一面凸透镜，这样它就能把来自角膜的光线聚焦到眼球后部的视网膜上。在那里，专门的神经细胞会将光变成一连串的信号，发送到大脑并转化为可感知的图像。然而，与角膜不同的是，晶体可以通过改变其形状来改变它的焦点。这些改变是通过瞳孔后方数百条悬吊晶体的细小纤维来完成的。

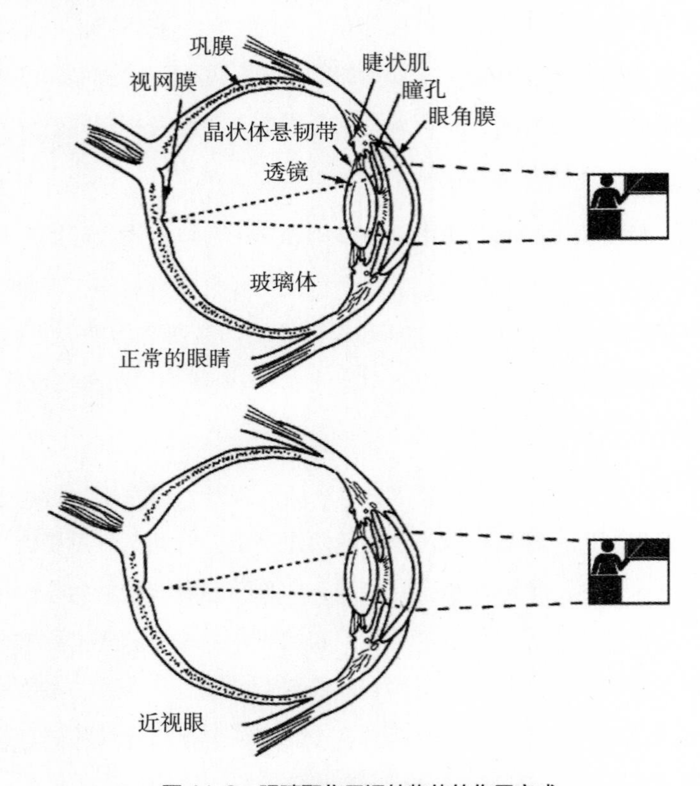

图 11-2　眼睛聚焦于远处物体的作用方式

在正常的眼睛（上图）里，光线先到达眼角膜，然后受到晶体（可通过睫状肌收缩而得到放松）的折射，聚焦于视网膜的后部。而近视时折射距离（下图）过长，导致远处物体的焦点不能到达视网膜。

正常晶体的凸面很凸，但那些纤维可以像拉着晶体的弹簧一样把它拉平。在这种被拉平的状态下，晶体会将来自远处物体的光聚焦在视网膜上。然而，为了将来自近处且相对较大物体的光聚焦在视网膜上，晶体就需要变得更凸。当附着于每条纤维上的细小睫状肌收缩时，晶体所受的拉力减轻就会回到较凸的自然形状，这种现象叫作调节。换句话说，当你阅读这些文字时，每个眼球中都有数以百计的微小肌肉正在收缩以使纤维松弛，从而保持晶体的弧度，将来自近处书页或屏幕上的光线聚焦在视网膜上。如果你抬头眺望远方，那些肌肉就会放松，纤维就会收紧从而将晶体拉平，这样就可以聚焦于远处的物体。

许多亿年的自然选择使眼球的结构达到了完美的地步。通常情况下，眼球的聚焦效果极佳，以至于我们大多数人都把清晰的视觉当作理所当然。但是，与任何一个高度复杂的系统一样，细微的变化就可能损害其功能，近视也不例外。大多数情况下，近视发生于眼球变得过长时，如图 11-2 所示。当这种情况发生时，晶体可通过收缩睫状肌使晶体凸度加大，从而仍可聚焦于近处物体。但是，当眼球过长的人试图通过放松睫状肌而聚焦于远处物体时，晶体被拉平后的焦点却不能达到视网膜上，结果就是，一切远处物体（通常超过 2 米）都失去了焦点，有时甚至达到了可怕的程度。不幸的是，近视的人罹患其他眼疾的风险也较高，如青光眼、白内障、视网膜脱落和视网膜退行性病变。

人们可能会假设，像近视这样普遍的重要问题会得到较好的了解；但长时间近距离工作或室外视觉刺激缺乏导致眼球过长的机制仍不明确。有一个提出已久的假说认为，数小时聚焦于近处物体会增加眼内压力，从而拉长眼球。假说的主要内容为：当你盯着近处的某物时，比如本页书，睫状肌必须持续收缩，其他肌肉会使眼球向内转（辐辏反射），以保持双眼视觉。由于睫状肌和使眼部转动的肌肉都固定在眼睛的外壁（巩膜），因此它们必然会挤压眼球，导致玻璃体内压力升高，导致眼球变长。一项在猕猴眼球玻璃体内植入传感器的实验发现，当猴子被迫注视近处物体时，测得的压力出现了明显提升。虽然目前我们还没有在人体内进行过直接压力测定，但当人类注视近处物体时，眼球的拉长确实非常轻微。因此有人提出：发育状态下的儿童的眼球壁尚未完全成熟，如果他们一直盯着近处物体看的话，眼球壁会被拉伸太多，以致眼球永久性变长，尽管这种拉伸非常轻微，但足以导致近视。极端、不间断的近距离工作也可能在成年人中导致这一结果。如那些因工作需要眼睛长时间贴在显微镜镜头上的人往往会发生进行性恶化的近视。

近距离工作假说存在争议，也从未在人类身上得到过直接验证。其他动物实验结果显示，异常视觉输入可引起近视，与近距离工作一样，这也是近距离工作假说不能解释的。一组研究人员在研究大脑如何感知视觉信息时偶然发现了这一现象，他们注意到眼睑被缝合的猴子出现了眼球异常拉长现象，比正常状态长了 21%。研究人员对此感到非常好奇，就进一步研究了这一现象。实验结果显示，猴子的近视并非由过度的近距离工作引发，而是由于缺乏正常的视觉输入（如果猴子在实验室里看到的景象可以被认为是正常的话）。

更晚一些的研究则用实验手段引发了猫和鸡的视觉模糊，证实了近视可由失焦图像引起的假设，因为后者在某种程度上干扰了正常的眼球生长。另外，待在室内时间多于室外的儿童发生近视的可能性更高。导致这种异常生长的机制目前尚不得而知，但这些多方面的证据引出了一个假说：正常眼球变长需要多种混合的视觉刺激，比如多种强度的光线和不同的颜色，而不是室内环境或书页那种单调而微弱的颜色。

无论环境因素是如何促进近视的，这个问题已经存在了几千年，虽然过去比现在发生得要少。公元 2 世纪的医生盖伦已经诊断出了这种疾病，据说是由他提出了“近视”这个术语。但在眼镜于文艺复兴时期被发明出来之前，患近视的人并没有得到太多的帮助，他们不得不忍受着这种缺陷。

自那以后，经过许多创新，包括本杰明·富兰克林（Benjamin Franklin）在 1784 年发明的双光眼镜，眼镜得到了不少改进，变得更加精细。今天，眼球明显过长的人在技术手段的辅助下可以看清远处的物体，但这不由得令人怀疑：现在近视是否会对人的生殖健康产生什么不利影响？从这方面来看，自然选择对近视患者的作用方式受到了眼镜的缓冲。眼镜正在变得更轻、更薄、用途更多，甚至还会隐而不见，如隐形眼镜，它们本身已经成为许多文化进化的焦点。眼镜的式样不断变化，诱使患近视的人在短短几年内就会购买新的眼镜，既是为了看清物体，也是为了看起来更时尚。

在近代的文化进化与眼镜的聚焦作用的重要性结合后，引发了一个有趣的假说：眼镜造成的共同进化。这里需要注意的是，当文化的发展事实上刺激了自然选择对基因的作用时，就会发生这种进化，比如这个经典的范例：饮用农场动物的奶有利于乳糖耐受基因的普及（详见第7章）。眼镜引起共同进化的假说很难验证，但我们可以想象得出，眼镜因为在过去几百年里变得负担得起而开始普遍化，所以对导致近视有害的基因的选择变得宽松了。如果是这样，那么我们就可以假定，近视患病率逐渐升高，并且已经独立于原本也会导致近视的环境因素。但考虑到近视患病率的迅速升高，这一假说不太可能成立。

还有一种更极端，坦率地说是令人不安的观点：眼镜的发明给许多人带来了极大的好处，以至于眼镜事实上使得对间接导致近视的智力基因进行间接自然选择成为可能。1958年，一项广受讨论的研究发现，美国近视儿童的智商显著高于视力正常的儿童，此后这种相关性在其他地方如新加坡、丹麦和以色列也得到了重现。相关性并不是因果关系，但人们提出了很多假说来解释这些相关性。一种可能性是因为眼球大小和脑容量密切相关，眼镜使得有利于较大脑容量的自然选择成为可能，也就是有利于较大的眼球，后者更容易患上近视。如果是这样，那么近视的高发生率可能是自然选择偏向较大脑容量的一个附属产物。这个假设可能是错误的，其原因有很多，其中最重要的一个是：人类的大脑容量事实上自冰河时期以来就已经减小了（详见第4章），而且反推冰河时期脑容量较大的人类容易近视这点也令人无法相信。

另一种假说是，有些影响智力的基因也会影响眼球的生长，或有益于智力的基因在染色体上位于致近视基因的附近。如果是这样的话，那么眼镜的发明不仅去除了所有不利于近视的自然选择，而且还使得有利于智力的自然选择成为可能，导致既聪明又近视的人比例升高。我对这一假说持怀疑态度，因为读书较多的孩子本来就更容易近视，也可能近视的儿童由于无法看清远处的物体，只能花较多时间待在室内，从而读更多的书。在以上任何一种情况下，近视儿童的阅读量都会多于视力正常的儿童，从而在IQ测试中表现较佳，因为

IQ 测试对阅读较多的儿童有利。

有关近视我们还有很多需要了解,但有两个基本事实已经很清楚了。首先,近视是一种过去罕见的进化失配，但在现代环境下加剧了。其次，即使我们不完全了解哪些因素会导致儿童的眼球拉长太多，但是我们知道如何用眼镜来有效治疗近视的症状。眼镜是一种简单的透镜，可以在光波到达眼球之前使其发生折射，使焦点后移从而到达视网膜。眼镜使得近 10 亿近视患者可以看得更清楚，而且随着更多国家的经济发展速度加快，这个数字肯定还会上升。眼镜跟鞋子一样，现在已经非常普及了，它们已经从毫无吸引力——“男人从不和戴眼镜的女孩调情”，变得要么不引人注意，要么成为时尚配饰。

近视的高患病率加上我们使用眼镜的这种用来治疗近视的症状而不是其病因的方式引出了一些假说，用来解释我们如何促进了这种疾病的进化不良。一个有争议的观点是，眼镜实际上使问题恶化了，这个观点主要基于近距离工作导致近视的理论。如果眼部肌肉收缩是引起近视的首要因素，那么使用矫正眼镜，使所有远处物体看起来如同在近处一样清晰，就等同于建立了一个正向的反馈循环。但并不是所有的证据都符合这一理论，虽然这一理论得到了一些研究的支持，这些研究显示，在给近视儿童佩戴阅读眼镜后，近视的进展程度出现了明显减轻。

另一个观点是基于视觉剥夺假说，这种观点认为，眼镜既不能预防也不会加重近视，但它们可能使儿童把很多时间花在阅读或其他不能提供足够视觉刺激的室内活动上，而这些行为增加了近视的风险，从而间接促进了导致近视的其他因素。一个显而易见的解决办法是鼓励这些儿童花更多时间在户外活动上。另一种可能的方法是用令人兴奋的电子书取代枯燥的印刷书页，这些电子书在色彩和亮度上具有强烈的变化，极富视觉刺激，但这仍将挑战年轻的眼睛。如果用明亮的光线和动态的形象把儿童书籍投射到远处的墙上，会不会奏效呢?而把室内环境的照明变得更加明亮和多彩也可能会有帮助。

关于近视，我们还有很多需要了解，但人们为何会近视，如何变得近视，以及我们如何帮助近视患者等问题突显出了进化不良的一些典型特征。首先，同许多进化失配一样，近视是由家长在不知情的情况下以非达尔文式的方式传给孩子的。虽然某些基因可能使一些孩子易患近视，但无论是导致近视还是父母传给孩子的首要因素都是环境方面的，甚至眼镜有时也可能使问题恶化。其次，我们或许具备了足够的近视预防知识，但是到目前为止对近视的预防还很少受到注意。我觉得，如果眼镜不那么有效，也不那么有魅力的话，那么我们在预防近视方面的工作肯定会更起劲。

舒服的椅子不宜久坐

20 世纪 20 年代末，密歇根州两位富有进取心的年轻男子举办了一场比赛，为他们发明的软垫躺椅征名。从包括 Sit-N-Snooze 和 Slack-Back 等在内的多份提案中，他们选择了 La-Z-Boy，这家公司至今仍在生产同名的豪华座椅。他们现在的座椅模型具备 18 种“舒适级别”，带有独立的移动靠背和脚凳，再加上“各种体位下的腰椎支持”。如果额外付钱，那么你还可以添加功能，比如振动按摩马达，帮助人们上下椅子的倾斜座位以及杯托，等等。

但是，用购买 La-Z-Boy 椅子同样的价钱，你可以购买到卡拉哈里沙漠或世界其他遥远地方的往返机票，不过在那里你很难找到椅子，更遑论那些带有软垫，可调节靠背、脚凳的椅子了。但这并不意味着你找不到任何可以用于坐的东西。狩猎采集者和自给农民会通过努力工作以获取可供食用的每一大卡热量，并且他们很少会出现能量过剩。当辛勤工作却只能获得有限食物的人有休闲机会时，他们会明智地坐下或躺下，这样比站着能少消耗很多能量。然而，当他们“坐下”时，他们通常是蹲着，或者是盘腿或伸着腿在地上休息。即使有所谓的椅子，往往也只是凳子，仅有的靠背则是树木、岩石和墙壁。

对于阅读本书的人来说，坐在一张舒服的椅子上是一件完全正常和令人愉快的事情，但进化的观点告诉我们，这种方式是不正常的。但是不健康的是椅子吗？我在写这些文字的时候，是否应该放弃办公椅而选择站着写，甚至使用带跑步机的办公桌？那你是否应该蹲着读这些文字？我们是否应该抛掉我们的床垫，像我们的祖先一样睡在硬草席上呢？

不用担心！我并不是要让你为坐在椅子上而感到不安，说实话，我也无意扔掉我屋子里的椅子。但对于在椅子上坐多长时间，我们是有理由要去关注的，特别是如果你一天中的其他时间也没有体力活动的话。一个主要问题与能量平衡有关（详见第 9 章）。你在办公桌前每坐一小时，都比站着少消耗 20 大卡热量，因为坐着时不需要绷紧腿部、背部和肩部肌肉，你完全把自己的体重转交给椅子来支撑了。一天站 8 小时就会多消耗 160 大卡热量，相当于行走半小时。连续几周甚至几年下来，以坐为主和以站为主之间能量消耗的差异简直大得惊人。

在舒适的座椅上连坐数小时引起的另一个问题是肌肉萎缩，尤其是很难保持负责维持躯干稳定的背部和腹部核心肌肉。就肌肉活动而言，坐在椅子上和躺在床上没有太大区别。人们通常能认识到，长期卧床休息对身体有许多有害的影响，包括心脏变弱、肌肉退化、骨量流失，以及组织炎症水平升高。长时间坐在椅子上休息具有几乎相同的效果，因为这种姿势也不需要运用任何腿部肌肉来支撑体重，如果椅子有靠背、头枕、扶手，可能也不需要上半身的很多肌肉来支撑身体。这就是 La-Z-Boy 牌椅子如此舒服的原因。

向前瘫坐或向后蜷缩在椅子上所需要的肌肉工作也少于笔直的坐姿，但是我们要为这种舒适付出代价。肌肉长时间活动不足会导致肌肉纤维流失，尤其是提供耐力的慢肌纤维，从而导致肌肉退化。长年累月以不良姿势坐在舒适的椅子上，再加上其他久坐不动的习惯，会使得躯干和腹部肌肉变得虚弱，很容易迅速疲劳。相比之下，蹲着或坐在地上，甚至坐在凳子上，都需要更多的肌肉控制，需要背部和腹部的诸多肌肉参与，这有助于维持肌肉力量。

久坐引起的另一种萎缩是肌肉缩短。当关节保持长时间静止时，不再被拉伸的肌肉就会变短，这就解释了为什么穿高跟鞋会导致小腿肌肉缩短。椅子也不例外，当你坐在一张标准的椅子上时，你的臀部和膝盖会弯曲成直角，这个姿势会使跨过你髋关节前面的屈髋肌缩短。因此，连坐几小时就可能导致屈髋肌缩短。如此一来，当你站立时，缩短的屈髋肌就会绷紧，从而使骨盆前倾，导致腰椎曲线过度弯曲。接着，大腿后侧的腘绳肌就必须收缩，以对抗前屈，骨盆会向后倾斜，造成平背姿势，这种姿势又会使你的肩膀向前拱起。幸运的是，有效的拉伸可以增加肌肉的长度和灵活性，所以在椅子上久坐的人经常站起来做做拉伸是个好主意。

也有假说认为，在椅子上久坐引起的肌肉不平衡会加剧世界上最常见的健康问题之一：腰背痛。根据你居住的环境和你所做的工作，你发生腰背痛的可能性为 60% ～ 90%。有些腰背痛是由结构性问题引起的，比如椎间盘退行性病变或脊柱损伤等意外创伤；不过，大多数的腰背痛都被诊断为“非特异性”的，这是医学上对那些原因不明问题的委婉说法。尽管已经进行了几十年的深入研究，但我们仍然无法有效地诊断、预防和治疗腰背痛。因此，许多专家下结论说，腰背痛是进化对人类腰椎的非智能设计造成的几乎不可避免的后果，自从人类约在 600 万年前直立起来时就受制于这个诅咒。

但是这个结论真的成立吗？当前，腰背痛是导致能力丧失的最常见原因，每年需要耗费数十亿美元的治疗费用。今天，我们拥有止痛药、热敷垫，以及其他缓解背痛的方法，虽然可惜在很大程度上没有效果，但是请想象一下，严重的背伤对旧石器时代的狩猎采集者会有何影响呢？即使我们的祖先只是感到疼痛，背部的损伤也肯定会降低他们采集、狩猎、逃避掠食动物、供养后代，以及其他影响繁殖成功率的工作能力。因此，自然选择可能筛选出了那些背部不太容易受损的个体。

如第 1 章所讨论的，针对妊娠相关生物力学要求的自然选择有可能解释，为什么女性拥有能将其腰椎曲线遍布多截椎体的进化适应，并且女性的关节相比男性得到了更有力的加强。增强脊椎的自然选择也可以解释为什么今天的人类往往有五截腰椎，比早期人族少一截，如直立人。也许腰椎这个结构在进化上比我们所认识的要适应得好得多。如果是这样，那么今天腰背痛的高发病率是不是进化失配（我们的身体不能很好地适应于我们使用它们的方式）的一个典型实例呢？是否我们就是没有很好地适应于久坐和其他形式的活动不足呢？

不幸的是，腰背痛是一个极其复杂的多因素问题。尽管人们仍在加紧努力寻找关于其病因及预防措施的简单答案，但至今没有得出确切的结论，现状令人感到受挫。旨在确定发达国家人口腰背痛与特定因素之间相关性的研究大多未能发现任何确凿影响因子，如基因、身高、体重、静坐时间、不良姿势、振动、参与体育运动，甚至频繁提举重物。

然而，对世界各地腰背痛发生率的全面分析发现，腰背痛在发达国家的发生率是欠发达国家的两倍；在低收入国家中，城市中的发病率是农村地区的两倍。例如，腰背痛在西藏农村折磨着约40%的农民，但是在印度的缝纫机操作工中发病率为68%，其中很多人将他们感受到的疼痛描述为“持久且无法忍受”。这两类人群都没有躺在La-Z-Boy椅子里，但总的趋势是经常搬运重物和从事其他“伤腰”工作的人受的背伤少于那些连续长达数小时坐在椅子上弯腰对着机器的人。

如果考虑到腰背痛的跨文化模式，再加上对背部功能进化的认识，就会有线索提示，腰背痛在一定程度上是一种进化失配，尽管其诱因有很多种。要考虑的关键问题是：从进化的角度来看，在目前为止研究过的人群中，没有一类人群在以正常方式使用他们的背部。虽然目前还没有人对狩猎采集者中的腰背痛发生率进行过定量分析，但采集者很少坐在椅子上，他们从来不睡软床垫，而是经常背着重物在负重行走，并且他们还在从事挖掘、攀爬、准备食物、奔跑等活动。他们也会从事连续长达数小时的艰苦工作，如用锄头锄地或提举重物，这些工作会对背部形成反复的负荷。

换句话说，狩猎采集者对背部的使用是适中的。强度既不像自给农民那么高，也不像久坐的办公室职员那样轻微。

迈克尔・亚当斯（Michael Adams）及其同事提出了一个腰背痛的重要风险模型，如图 11-3 所示，狩猎采集者就落在这个图的接近中间位置。根据这一模型，健康的背部需要在背部的使用量和背部的功能表现之间取得适当的平衡。健康、正常的背部需要有相当程度的灵活性、力量和耐力，以及某种程度的协调和平衡。由于以坐为主的人往往背部力量薄弱且不够灵活，所以当他们的背部在压力状态下进行异常运动时，就更容易发生肌肉拉伤、韧带撕裂、关节损伤、椎间盘突出等损伤，以及其他引起疼痛的问题。

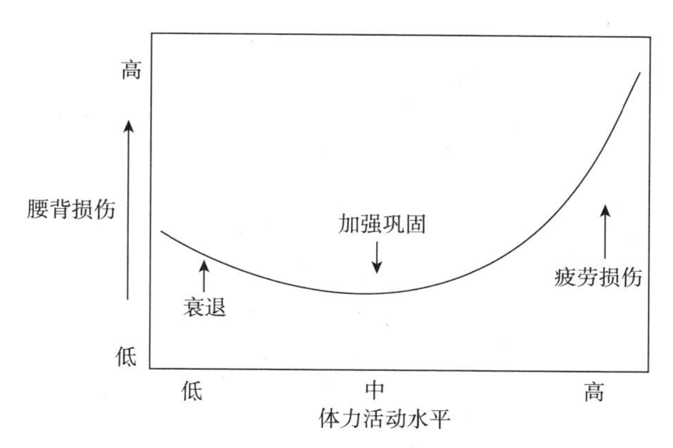

图 11-3　体力活动水平与背部损伤之间的关系模型

体力活动水平极低和极高者的受伤风险都较高，但原因并不相同。

如预测的那样，发达国家腰背痛患者的慢肌纤维比例往往较低，这意味着他们的背部发生疲劳较快，并且他们的核心肌肉力量也较弱，髋关节和脊柱的灵活性较差，运动模式异常程度也更高。与这些患者相对的另一些人，他们在生活中需要进行大量抬举重物和其他带来较大压力的活动，这些活动给背部的肌肉、骨骼、韧带、椎间盘和神经造成了反复的压力性损伤。为此，连续数周锄地和收割庄稼的农民与经常搬运重物的家具搬运工，都会受到背部损伤的困扰，但导致他们受伤的一系列原因，与那些整天弯腰坐在计算机前或缝纫机前的人是截然不同的。

简而言之，在你使用背部的方式与背部的健康状况之间可能存在着一种平衡。正常的背部得不到椅子的宠爱，反而整天都在被不同程度地使用着，即使在睡觉时也是如此，不过强度都在适中的范围内。进入农业社会对人类的背部来说可能是个坏消息。由于有了舒服的椅子、购物车、拉杆箱、电梯以及成千上万种节省劳力的设备，现在我们面临着相反的问题。

我们从对背部的过度使用中被解放了出来，却又陷入了背部薄弱和不灵活的痛苦。随之而来的场景实在是太常见了：在数月甚至数年的时间里，你的背部都可能不会感到疼痛，但你的背部是薄弱的，因此很容易受到损伤。然后有一天你弯腰去捡一个袋子，或睡姿不太舒服，又或者在大街上摔倒，只听见啪的一声，你的背部瞬间就受伤了。接着去医生诊室就诊就会得到一个非特异性腰背痛的诊断，再加上一些减轻疼痛的药物。问题是，腰背痛一旦开始，往往就会进入一个恶性循环。人的自然本能就是在背部受伤后休息，然后避免那些会给背部带来压力的活动。然而，休息过多只会削弱肌肉，使你更容易再次受伤。幸运的是，提高背部力量的治疗，包括低冲击有氧运动，似乎是改善背部力量的有效方法。

舒适的尺度

美国国内班机几乎每个座位前面的口袋里都有一本杂志，如《空中商城》(*SkyMall*)，主要内容是推销一些奇特的产品，这些产品的设计很多都是为了提高舒适度，包括减震鞋、充气垫以及在寒冷夜晚的水池边能让人们保持温暖的户外加热器。有时在长途飞行结束后，我女儿和我会来场比赛，争相在杂志中找到那些最离奇的产品，而最后获选者往往是各种为宠物增加舒适感的发明。我最喜欢的是升降式喂食碗，这样一来，可怜的小狗就不需要伸长脖子去够地上的食物和水了。这些产品和无数其他产品证明我们这个物种似乎有着难以满足的欲望，不仅包括增加我们自己的舒适感，而且也包括我们的宠物。

人们通常会臆想，并且到处发放的广告也在这么说：任何让你感觉更舒服的东西肯定都是好的，而人们也会花费大量金钱购买这些产品，以避免感到太热或太冷，避免爬楼梯、举重物、扭转身体、站立以及其他活动。在过去的几代人中，我们对舒适和身体愉悦的渴望，激发了许多了不起的新发明，使一些企业家发了财。但同时，这些创新中的一部分会导致能力的丧失，尤其对那些不能控制对舒适追求的人来说更是如此。

自旧石器时代以来，人类做出了数量惊人的创新发明，给人体创造了新奇的刺激，相对于如此大量的发明，那些增强舒适感的机器当然只是冰山一角。就像自然选择会淘汰有害突变并促进适应一样，文化的进化最终会筛选出较好的创新，而淘汰掉那些不那么有用甚至有害的。创造手斧、星盘，还有屏幕上飘着颗粒的黑白电视机的时代都已经过去了，更不用提用鲸须制成的束身胸衣和那些使头部变形的捆绑物了。

但文化选择的运行标准并不总是与自然选择相同。自然选择只选择有利于提高生物体生存和繁殖能力的新突变，而文化选择可能仅仅因为新型行为受人欢迎、利润丰厚，或鉴于其他有利因素，就对其产生促进作用。穿鞋、阅读、坐椅子显然就是这样被选择出来的，因为它们能带来很多好处和乐趣，但它们也会造成进化失配，这些进化失配很容易符合进化不良的特征，尤其是我们善于治疗脚部、眼部和背部问题的症状，但是我们在预防它们的原因上却没有什么作为。这些问题都不会影响人的寿命、幸福，也不影响生育大批后代。这些失配仍然普遍存在，甚至正在变得更糟，部分是因为它们能带来很多好处。

许多创新，包括那些专门为舒适和方便而设计的产品，并不总是有益于人体健康，认识到这一点并不意味着我们需要回避所有的新产品和技术。然而，从进化的角度来看人体能告诉我们：一些新奇的产品可能导致进化失配。数百万年的进化并未能使我们的身体适应于应对许多现代技术，至少对于极端的数量或程度不能适应。想想本章重点介绍的三个例子：穿鞋、阅读和坐椅子，这些直到晚近时代才为人所知的日常行为本身是无害的，甚至经常能带来好处。然而，对它们的过度依赖却会引起各种各样的问题，只是因为它们引起的损害需要极长时间才能逐渐累积起来，使得其中的因果关系变得模糊，所以我们往往无法认识到它们的害处。

你可以试试将日常衣食住行所用的过量却会导致失配性疾病或损伤的东西全部列举出来。这里有几个例子。现在的床垫很多都柔软而舒适，但是如果太软、太舒适的话，可能会削弱你的背部；灯泡，使你可以在室内待更长时间，但也使你丧失了明亮的阳光，影响你的视力和心情；抗菌肥皂能杀死浴室里的病菌，但也可能促进新型细菌的进化，而这些新型细菌可能使你病得更严重；如果不降低音量，你用来听音乐的耳机可能造成听力损失。隐蔽更深的危险是那些表面上能使你的生活更轻松，但实际上使你变得虚弱的东西：自动扶梯、垂直电梯、拉杆箱、购物车、自动开罐器等。这些设备对那些已经受损的身体来说是很棒的助手，但对于健康的身体来说却具有潜在的危害。而多年不必要地过分依赖这些节省劳力的设备可能会加速衰老。

对于新奇和舒适带来的疾病，解决的方法不是抛掉这些现代科技带来的便利，而在于不仅治疗问题的症状，更要解决病因，阻止进化不良的循环。回到本章前面提出的观点：我们没有必要完全放弃鞋子，相反，我们也许能够通过鼓励人们更经常地打赤脚，尤其是儿童，以及穿结构更简单的鞋子，来避免一些足部问题（这一假说尚未得到验证）。阅读显然也是一个美妙的现代发明，我们既不能也不应加以劝阻。我们可以通过让儿童以不同的方式阅读并多去户外，来预防或减轻一些近视病例。扔掉房子和办公室里的每张椅子，只能站立或蹲着也是没有必要的，但我们也许应该给办公室职员多提供一些站立式办公桌。

当然，由于很多原因，这些和其他的变化并不是那么容易做到。其一，谁不喜欢舒适和方便？创造让生活更轻松、更愉快的产品，然后说服人们购买和使用它们，可以带来数十亿美元的收益。我们不需要放弃所有新奇的事物，从进化角度厘清什么是正常和舒适的，可以帮助启发我们，使我们在掌握充分信息的基础上保持怀疑态度，从而帮助我们创造出更好的鞋子和椅子，以及床垫、书籍、眼镜、灯泡、房屋、城镇和城市。那进化逻辑如何能帮助我们实现这种转变呢？这将是“结语”部分的重点。

THE STORY OF THE HUMAN BODY

结 语

用进化逻辑创造人类健康的美好未来

农业革命之后自然选择并未停止，仍在使人们适应于饮食、细菌和环境的改变。但是，文化进化的速度和强度大大超过了自然选择。我们所继承的身体在很大程度上仍然适应于过去数百万年间的各种不同环境。此外，进化不良的恶性反馈回路仍广泛存在。既然问题的产生遵循着进化逻辑，我们也只有遵循进化逻辑才能创造出人类健康的美好未来。

> 当我们对这些斗争加以思考的时候，可以聊以自慰的是，我们完全可以相信自然界的战争并非没有间歇，恐惧是感觉不到的，死亡总是迅速降临的，而强壮、健康、快乐的物种总会生存下来并进行繁殖。
>
> ——查尔斯·达尔文，《物种起源》

有一个流行的笑话，讲的是一群八旬老人在讨论他们的健康问题。"我的眼睛太不济了，都看不清东西了。""我脖子上的关节炎太严重了，脑袋都不能转了。""我吃的心脏病药物让我头晕。""是的，这就是我们活这么久的代价，但至少我们还可以开车！"

在不止一个层面上，这个笑话显然反映的是现在的情况。过去几千年的文化进化大大改变了人体所处的环境，虽然有时会变得更糟，尤其是最初，但主要是在向好的方向发展。由于农业、工业、卫生等方面的新技术的出现，社会结构的改善，以及其他文化的发展，我们有了更多的食物、更多的能量、更少的工作，以及其他一些好东西，这些大大丰富和改善了我们的生存状况。现在有数十亿人把长寿和健康当作理所当然的事。事实上，如果你有幸出生在一个富裕的、治理良好的国家，你可以期望活到七八十岁，并很少会患上严重的传染病，也不必从事重体力劳动，还拥有很多美味的食物，并生出同样健康、娇宠的孩子。对那些不太幸运的人来说，这一预测听起来则像是一则终身假期的广告。

老实说，人类健康和福祉所获得的最大改善来自科学进步密集涌现的时代，这个时代开始于过去几百年前，且至今仍在继续。在所取得的进步中，有许多解决了农业革命的有害后果。如我们所看到的，虽然农民比起狩猎采集者来说有了更多的食物，可以养育更多的孩子，但是他们的劳动强度也更大了，他们遭遇的饥荒、营养不良和感染性疾病也更多。在过去的几代人中，我们找到了如何征服许多传染病的办法，但这些传染病都是在农业确立以后才变得普遍的。天花、麻疹、鼠疫甚至疟疾等疾病要么已经被消灭，要么已经能够通过适当的措施加以预防或治愈。

同样，人们在永久性城镇和城市定居后逐渐增多的营养不良性疾病和不良卫生条件今天在世界上一些地区仍然存在，而这些都是由于糟糕的管理、社会不平等以及无知造成的。随着民主、信息化和经济进步席卷全球，人们长得越来越高，寿命越来越长，繁衍也越发昌盛。当然还有不可避免的权衡取舍，因为每个人都一定会死于某种原因。如果人们没有在年轻时死于腹泻、肺炎或疟疾，则意味着有较大可能在老年时死于癌症或心脏疾病。同样，由于身体积累了多年的磨损，年龄的增长也会不可避免地导致日益衰老，即使汽车和其他技术仍能让我们随意走动。

我们身体的进化之旅也远未结束。农业时代以来，自然选择并未停止，而是在继续进行，直至今天仍在进行着，使人们能够适应于饮食、细菌和环境的改变。但是，文化进化的速度和强度大大超过了自然选择的速度和强度，并且我们所继承的身体在很大程度上仍然适应于我们在数百万年时间所处的各种不同的环境条件。

这种进化的最终结果是，我们成了脑容量大、含有中等量脂肪的两足动物，能相对快速地繁殖，但需要很长时间才能发育成熟。我们还适应于经常从事耐力性的体力活动，如经常性地长距离行走和奔跑，经常攀爬、挖掘和负载东西。

我们进化适应于食用多样化的饮食，包括水果、块茎、野味、种子、坚果，以及其他一些糖类、简单碳水化合物、低盐高蛋白食物、复杂碳水化合物、纤维素和维生素含量高的食物。人类也不可思议地适应了制造和使用工具、有效沟通、密切合作、不断创新以及利用文化来应对各种挑战。这些非同寻常的文化能力使得智人迅速播散到了整个地球，然后非常矛盾地停止了狩猎采集。

在我们创造的新环境和我们继承的身体之间，主要的交换代价就是失配性疾病。适应是一个微妙的概念，并没有哪一种环境是人体特别适应的，但人体的生物学机制仍然无法完全适应生活在高人口密度、遍布人为污秽的永久定居点中。我们也没有充分适应于身体过于闲适，饮食过饱，过于舒适，过于清洁，等等。尽管晚近以来我们在医学和卫生方面取得了很大进步，但还是有太多的人罹患了许多过去罕见或未知的疾病。这些疾病中的慢性非传染性疾病越来越多，其中很多是由于文明的进步超过了人体的适应能力所致。

数百万年来，人类挣扎在能量的平衡线上，如今却有数十亿人因为摄入热量增加，尤其是大量的糖，以及体力活动减少而变胖。我们的腹部积累了过多的脂肪，而健身活动却在减少，于是以心脏病、2 型糖尿病、骨质疏松、乳腺癌和结肠癌为主的“富贵病”就增加了。在美国，2 型糖尿病的发生率在青少年当中也呈现出上升趋势，其中近 25% 患有前期糖尿病、糖尿病或带有导致心血管疾病的其他危险因素。经济进步还带来了更多的污染及其他有潜在危害的环境变化（太多、太少、太新），这些都会促进失配性疾病发生率的上升，比如某些癌症、过敏、哮喘、痛风、乳糜泻、抑郁等。而下一代美国人将有可能成为第一代寿命短于其父辈的人。

正在发生的这种流行病学转变导致死亡率降低、患病率升高，这不仅仅是富裕国家的问题，世界上其他地方也面临着同样的趋势。例如，印度人口的期望寿命已经取得显著的进步，但现在 2 型糖尿病正如海啸般向该国的中产阶层袭来，预计病例数将从 2010 年的 5 000 万增加到 2030 年的 1 亿多。经济发达国家由于中青年人慢性疾病医疗费用增加已经出现了问题，例如糖尿病将使平均医疗费用增加一倍。而那些不那么富裕的国家将要如何应对呢?

我们现在面临的是一种矛盾情况：人体在很多方面变得越来越好，但在另一些方面却变得越来越差。要了解这一悖论以及相应的对策，需要从进化的角度来考虑两个相关的过程。第一个过程已经在上文做过总结，即不断变化的环境使我们越来越容易罹患进化失配所致的各种疾病。了解失配出现的原因对于找出防治的办法至关重要，这就突显了第二个过程的重要性：进化不良的恶性反馈回路。尽管有很多失配性疾病是可以预防的，但我们往往不能解决其致病的环境因素，当我们通过文化将同样的致病环境条件传递给我们的后代时，就会让疾病继续流行，甚至加剧。

这种反馈循环有一些明显而重要的例外，即感染性疾病，随着微生物学和现代卫生设施的发展，我们已经有了成熟的技术来预防这些疾病。在有良好政府管理的情况下，由营养不良引起的疾病现在也少见了。但由于第 9 章至第 11 章列出的种种原因，我们似乎无法将同样的预防逻辑应用于能量摄入过多、生理压力不足和其他新型环境问题导致的许多疾病。这些失配性疾病是最有可能使你付出大笔费用，乃至使你残疾或死亡的。例如，美国每年的医疗费用支出超过两万亿美元，接近该国国内生产总值的 20%，并且据估计，我们需要治疗的疾病中大约有 70% 是可以预防的。

总之，虽然在过去的 600 万年中，人类的身体已经走过了很长一段路，但这段旅程远未结束。未来会怎样呢？我们就这样凑合着过下去吗？我们会不会成功地开发出新技术，最终治愈癌症，解决肥胖的流行，使人类活得更健康、更快乐？或者我们的未来会不会像电影《机器人总动员》里描述的那样：人类膨胀成了一个长期积弱的肥胖种族，只能依赖药物、机器和大公司才能生存下去？进化的视角能否帮助人体勾画出更好的未来？很明显，这个戈尔迪之结没有单一的解决办法，所以让我们用进化的视角来看看每一种选择吧。

方法 1：发挥自然选择的威力

1209 年，一支天主教军队在一次消灭异端邪说的行动中，在法国的贝济耶市屠杀了 1 万～ 2 万人。据报道，由于无法区分信徒与异教徒，刽子手们被告知“把他们都杀光，让上帝来做出选择”。幸好，这种无情的屠杀是罕见的，但经常有人问我：自然选择是否会以同样冷酷的方式解决我们现在面临的健康问题？自然选择会不会将身体不能应对现代环境的人淘汰掉，使我们这个物种能更好地适应垃圾食品和体力活动不足？

这里需要重复一下前几章一直在说的：直到今天，自然选择仍然在继续运作。这是因为自然选择基本上是两种现象的必然结果，而这两种现象至今仍然存在：遗传变异和繁殖成功率差异。正如自然选择必然作用于某些对感染性疾病免疫力低下的人，想必也会有人在基因上较难适应当今物质丰富而体力活动不足的环境。如果他们的后代存活较少，那么他们的基因不就从基因库里去除了吗？同样，那些能较好地抵御体力活动不足、现代饮食以及各种污染物所致疾病的人，不是更有可能把这些有益基因传递下去吗？

我们不能忽视这些想法。根据 2009 年的一项研究，较矮胖的美国女性生育率略高。如果这种选择趋势持续极长时间（这很不明确），那么未来的世代真的可能会变得较矮较胖。此外，感染性疾病仍然可能具有很强的选择力。当下一场致命的瘟疫大流行最终出现时，免疫系统中携带某些抵抗力的人将会具有重要的身体优势。也许有些基因有助于抵御常见的毒素、皮肤癌或其他环境病因，自然选择也可能有利于携带这些基因的人。未来的遗传筛查技术能够让父母人工为其后代选择能提供优势的特性，这一点在假说上存在可能性。

人类的进化并没有结束，但是，除非发生重大变化，否则自然选择以戏剧性的重大方式让人类这个物种适应常见失配性非感染性疾病的可能性就十分渺茫。一个原因在于，这些疾病中有许多对生育能力的影响极其微小，甚至没有影响。例如，2 型糖尿病患者一般在生育以后才会患有 2 型糖尿病，并且即使在发病以后，仍有许多年可以得到良好的控制。另一个原因在于，自然选择只能作用于影响繁殖成功率，并且能通过遗传从父辈传递给后代的变异。一些与肥胖有关的疾病可能会影响生殖功能，但这些疾病受到较强的环境因素影响。最后，虽然文化有时会刺激自然选择，但它也具有强大的缓冲作用。每年都会有大量新的产品和治疗方法被开发出来，使常见的失配性疾病患者能够更好地处理他们的症状。无论自然选择如何运作，它的速度都太过缓慢，以至于我们在有生之年无法测量。

方法 2：在生物医学研究和治疗上加大投入

1795 年，孔多塞侯爵预测，医学最终会无限地延长人的生命。直至现在，还有一些聪明人在鲁莽、过度乐观地预测：一定会出现令人眼花缭乱的新突破，来阻止衰老、战胜癌症以及治愈其他疾病。例如，我的一位朋友提出，有一天我们将可以用抑制脂肪细胞的化合物来对食物进行基因修饰。他想象出了一种经过特别生物工程改造的松饼，认为可以将其作为预防肥胖的早餐。即使可以研制出这样的松饼，即使它没有危险的副作用，我还是认为它会弊大于利，因为吃这种松饼的人会失去体力活动和合理饮食的动机。结果只能是，他们并不能获得良好饮食和运动带来的许多身体和心理收益。

快速治愈复杂疾病可能是危险的科幻小说情节，但现代医学科学几十年的发展也给失配性疾病带来了无数有益的治疗，可以拯救生命、减轻痛苦。毋庸置疑，我们必须不断投资于基础生物医学研究，以促进其进一步进展，但我预计这种进展是缓慢的、渐进的。目前，大多数可用药物的效果有限，而且伴有不良的副作用；在对非感染性疾病的治疗中，只有少数能提供真正的治愈，大多数只能减轻症状，或降低死亡或患病的风险。例如，没有一种药物或手术方法能永久治愈 2 型糖尿病、骨质疏松或心脏病。在治疗成年 2 型糖尿病患者的药物中，许多药物对于患有该病的青少年患者并不那么有效。对年龄和人口规模进行调整后，我们会发现，尽管投入巨大，但是许多种癌症的死亡率自20世纪50年代以来几乎没有任何变化。孤独症、克罗恩病、过敏以及许多其他疾病仍很难治疗。我们还有很长的路要走。

对于慢性失配性疾病，尤其是与病原体无关的疾病，我并不期待在不久的将来能有重大生物医学突破的另一个原因是，这些疾病的病因不容易有效地聚焦。有害的细菌和病虫可以通过卫生措施、接种疫苗或抗生素来将其击败，但是由不良饮食习惯、缺乏体力活动、衰老引起的疾病有着复杂的病因，涉及许多存在因果关系的因素，无法用简单的治疗方案来解决。

有一些基因已经被确定为许多种慢性疾病的致病因素，这些基因的数量与类型之多令人吃惊，并且它们中很少能对任何一种特定疾病产生强烈影响。在现实中，这就意味着任何使你的邻居更易患糖尿病、心脏病或癌症的基因突变都是罕见的，而且与可能影响你或你的后代的突变不太可能是一样的。此外，即使我们可以设计出以这些罕见基因为靶点的药物，这些药物的影响也是有限的。因此，我们不能指望医学科学来设计一些非常有效的治疗方法来治愈大多数非感染性失配性疾病。巴斯德的方法对这些疾病而言行不通。

还有一个潜藏的困境，这类疾病许多都在某种程度上可以通过环境改变和行为改变来预防，有时是很大程度上，但前者难以实施，后者难以坚持。良好的传统饮食和运动不是起死回生的灵丹妙药，但数十项研究明确地证明，它们可以极大地降低最常见的失配性疾病的发生率。例子有很多，这里仅举其中一个：一项涉及52个国家三万名老人的研究发现，采用整体健康的生活方式，即食用富含水果和蔬菜的饮食、不吸烟、适度运动、不过量饮酒，可使心脏病的发病率降低大约50%。

已经有研究证明，减少致癌物质的暴露，例如烟草和亚硝酸钠，可以降低肺癌和胃癌的发病率；减少其他已知致癌物质的暴露，如苯和甲醛，有可能降低其他癌症的发病率（需要更多的证据支持）。预防是真正强大的药物，但人类物种一贯缺乏政治或心理上的决心，缺乏为了我们自己的最大利益而采取预防性行动的决心。

有一个值得我们思考的问题是：对于常见的失配性疾病，何种程度的对症治疗会挤占我们对预防的注意力和资源，从而产生促进进化不良的效果？在个人层面上，如果我知道我能获得医疗服务以治疗不健康饮食和运动不足所致疾病的话，我是否更有可能做出这些不健康的选择？从社会这个更广泛的层面来说，我们分配给治疗疾病的钱是否来自削减的预防经费？

我不知道这些问题的答案，但以任何客观标准衡量，我们对预防的重视和投入的资源都是不够的。为了领会这个经费的规模，我们来看一项有良好对照的大型长期干预研究。这项研究显示，成年美国人的体能状况不佳，但当他们的体能水平改善以后，他们的心血管病发生率也相应降低了一半。因为治疗一位患心脏病的美国人需要多花费 18 000 美元，所以可以估计，只要说服多于 25% 的人口改善体能，每年光是心脏病的医疗费用就能额外节省 580 亿美元。分析一下这个数字，580 亿美元大约是美国国家卫生研究院（NIH）整个年度研究预算的两倍。

美国国家卫生研究院的预算中只有 5% 被投入对疾病预防的研究。要促使多于 25% 的美国人改善体能状况或教会他们如何做，没有人确切知道要花多少钱，但一项 2008 年的研究估计，在基于社区的项目中为每人每年花费 10 美元，以增加体力活动、禁止吸烟和改善营养，在 5 年内就能每年为美国省下 160 多亿美元的医疗费用。这一数值的精确性值得商榷，但我的观点是：不管你如何看待这一问题，对促进健康和长寿而言，预防从根本上来讲是更好的、更符合成本效益的方式。

大多数人都同意我们在预防方面投入不足，但他们也猜想，要让健康的年轻人避免提升自己未来患病风险的行为是件困难的事情。想想吸烟吧，这种行为导致的可预防死亡比任何其他的主要危险因素都要多，其他重大的因素有：

体力活动不足、不良饮食习惯、酒精滥用。自 20 世纪 50 年代以来，经过长期的法律诉讼，鼓励戒烟的公共卫生措施终于使得吸烟的美国人口比例下降了一半。但仍有 20% 的美国人在吸烟，2011 年因吸烟导致的过早死亡人数达 443 000 人，并且产生了每年 960 亿美元的直接费用。同样，大多数美国人都知道他们应该多参加体力活动并保持健康饮食，但只有 20% 的美国人达到了政府建议的体力活动水平，遵循政府建议膳食指南的连 20% 都不到。

有很多不同的原因导致我们不能很好地说服、推进和鼓励人们多按照进化的目的来使用自己的身体（稍后详细介绍），但其中一个因素可能是：我们目前仍然在跟着孔多塞侯爵的脚步，等待期望中的下一次突破。出于对死亡的恐惧和对科学的希望，我们会花费数十亿美元试图弄清楚如何使患病器官再生、寻找新的药物、设计人造器官来代替本身的衰竭器官。我绝不是建议我们应该停止在这些领域和其他领域的投资。恰恰相反，我们应该花更多的钱！但是对于失配性疾病我们不能仅仅是治疗，更应该预防，否则就会促进有害的反馈回路。具体而言，这意味着健康保险计划应该把更多的钱花在预防上，而这最终将节省治疗的费用。此外，公共卫生预算不应该减少预防医学研究的资金来资助对疾病治疗的研究。不幸的是，美国国家卫生研究院在预防医学投入上的微小比例说明，他们正在这样做。

另一个因素是金钱。在美国和其他许多国家中，医疗行业部分是营利性的。因此，其中存在着强烈的动机去投资或推广那些能够减轻疾病症状的治疗手段，比如抗酸剂和矫形器，人们必须常年频繁地购买这些产品。另外一种赚大钱的方式是多采用昂贵的治疗方法，比如外科手术，而不是便宜的预防性治疗，如物理治疗。预防医学也被利润扭曲了。举例来说，节食，一个在美国和其他地方估值数十亿美元的产业，主要是因为大多数的饮食方案没有效果，超重的人们愿意不断地在新的饮食计划上花大钱，而这些饮食计划中的许多都被说得太好了，都不像是真的。

归根结底，原因在于现在有太多人患有失配性疾病，并且促进预防的工作不太见成效，所以我们别无选择，只能继续投资并专注于失配性疾病的治疗，结果却占用了本应投入预防的时间、金钱和精力。这令人沮丧的分析使我们不得不思考这样一个问题：我们能不能在改变人们的行为方面做得更好？

方法 3：通过教育帮助人们理性选择

知识就是力量。因此，人们需要，也应该获得有用及可信的信息，以了解他们的身体是如何工作的，并且他们需要合适的工具来实现自己的目标。因此，公共卫生工作的基石是设计出对人们进行教育和赋予他们能力的方法，这样他们就能更好地使用和照顾自己的身体，并做出更合理的决策。

研究和不断试错使得公共卫生策略在过去几十年中快速演变。在 20 世纪 90 年代以前，公共卫生方面的大部分工作都集中于提供基本健康教育，这是基于掌握了正确的信息，就能够做出更明智的决策的看法。在我上高中的时候，老师给我们看了关于吸烟、毒品、无保护性行为的可怕统计数字，还给我们展示了一些吸烟者的肺部的恐怖图片。毫不奇怪，有关这些项目效果的研究显示，提供这种信息是必要的，但通常不足以产生持久的行为改变。

现在的公共卫生项目提倡“全场紧逼”的战术：不仅仅提供信息，而且还为人们提供在其社会环境中做出改变所需要的技巧。有效的公共卫生干预措施还需要启动在多个层面运作的项目：在医生和患者这样的个人层面，在学校和教堂这样的社群层面，并由政府通过公共媒体宣传、法规和税收来运作。但其他一些竞争因素限制了这些工作的效果。例如，美国的广告商每年花费数十亿美元用于向孩子们营销美味诱人但是不健康的食品。2004 年，2 ～ 7 岁之间的普通美国儿童在电视上能观看到 4 400 多则儿童食品广告，但只能看到约 164 则关于健康或营养的公益公告，相差高达 27 倍！

很多教育工作的成效也很一般，简直令人沮丧。在一家大型的美国大学进行的一项研究中，近 2 000 名学生被要求参加一个为期 15 周的健康课程，包括有关体力活动和健康饮食好处的信息。一半学生参加了现场讲座，另一半参加了在线课程。课程后的评估结果显示，学生们每日的中等强度活动水平增加了 8%，但剧烈活动减少了；他们吃的蔬菜和水果也增加了 4%，全谷类食物增加了 8% ～ 11%。参加在线课程的学生行为习惯的改变程度小于参加现场讲座的学生。其他研究也得出了类似结果。教育是必要的，但它能做的只有这么多。

不需要耗资数百万美元的研究就能知道，即使我们提高健康教育的质量和普及范围，也不应该对行为改变抱以不切实际的期望。如果我饿了，并且必须在巧克力蛋糕和芹菜之间做出选择，毫无疑问，我几乎总是会选择蛋糕。身体没有聪明到能够自然地引导人们去选择就当今富足条件而言的健康食物。相反，实验多次显示，儿童和成人都会本能地选择进化让我们喜欢的食物，如甜的、富含淀粉的、咸的、富含脂肪的食物；广告、广泛的可选范围、同侪压力、费用，这些因素强烈地影响着现代人选择食物的决策。体力活动也是如此。当我可以在乘自动扶梯或爬楼梯之间选择时，我几乎总是选择自动扶梯，跟大多数普通人没有什么不同。此外，购物中心里挂起精心设计的横幅和海报，鼓励人们爬楼梯而不是乘自动扶梯，只能增加 6% 的爬楼梯行为，跟大众媒体试图推动体力活动的宣传效果相似。

关于人们在健康问题上采取不理性行为的原因正日益成为创新性研究的课题。大量实验证明，人类的行为在很多方面超出了我们的意识控制范围。我们的反应来自本能。这些快速判断往往是常见的、重复性的、瞬时的决定，比如选择吃巧克力蛋糕还是芹菜，或者是选择爬楼梯还是乘电梯。虽然较为缓慢慎重的各种思考能够抑制这些本能，但是这种行为上的超越具有很大的难度。

例如，相对于当前回报的价值，比如再来一块饼干，我们总是会低估远期未来回报的价值，如老年时的健康，这种低估的程度会随着时间的推移而增强。

这些以及其他不健康的本能可能在物质稀缺的时代曾经有利于增加生存机会以及繁殖更多后代，只是到了晚近时代物质丰富的环境中才变成了负面的适应。换句话说，我们在不断做出不理性的决定，但这不是我们自己的过错。于是，这些自然的倾向使我们易于听信生产商和营销者，而他们轻易就可以利用我们的基本欲望：吃得太多、吃不适当的食物、运动太少。因为这些不健康的行为是根深蒂固的本能，所以很难克服。

知识就是力量，但光有知识还不够。我们大多数人都需要信息和技巧，还需要强化战胜基本欲望的动机，才能在充满丰富食物和省力设备的环境中做出更有利于健康的选择。

方法 4：改变环境

如果你担心肥胖的流行、慢性非传染性疾病在全世界的快速上升、医疗费用增加，以及你家人的健康，那么就请问一下自己，你是否同意以下三项陈述：

※ 在可预见的未来，人们将继续罹患失配性疾病。

※ 未来的医学科技进展将继续提高我们诊断和治疗失配性疾病症状的能力，但是不会对真正可以治愈的方法产生太多影响。

※ 教育人们了解饮食、营养和其他健康促进方法的努力，对于人们在当前环境中的行为是有效的。

如果你同意这些结论，那么最后剩下的选项就是通过预防来促进健康的方式改变当前的环境，但如何才能做到呢？

我们来做一个思想实验，试想一下，有位狂热追求健康，又对医疗费用特别看重的暴君控制了你所在的国家，他强迫人们对日常生活进行彻底改变。碳酸饮料、果汁、糖果和其他高糖食物都被禁止了，被禁的还有薯片、白米饭、白面包以及其他的简单碳水化合物。快餐店老板和吸烟者、醉酒者，以及任何用已知的致癌物或毒素污染食物、空气、水的人都会被送进监狱。农民种植玉米将不再得到补贴，并且必须用青草或干草喂牛。每个人都被强制要求每天做一组俯卧撑、每周剧烈运动两个半小时、每晚睡8小时，并且经常要用牙线洁牙。

尽管这看起来可能有益健康，但是好在这种法西斯国家健康营不可能实现，而且在伦理上也是错误的，因为人类有权决定如何对待自己的身体。但几乎可以肯定的是，许多常见的失配性疾病将会变得较为罕见，一些癌症的发病率也会降低。自由比身体健康更珍贵，但我们能否有效地改变我们的环境，同时又尊重人们的权利？

我认为，进化角度能在两项原则的基础上提供一个有用的框架。第一，由于所有疾病都是由基因与环境的相互作用所致，并且我们不能重新设计我们的基因，因此预防失配性疾病的最有效途径是再造我们的环境。第二，人体在达尔文所称的“生存竞争”中经过了数百万代的进化适应，当时的条件跟现在相差极大。在晚近时代以前，人类别无选择，只能以自然选择决定的方式行事。我们的祖先通常被迫吃着自然健康的饮食，被迫获得了充足的体力活动和睡眠，他们也没有椅子坐，并且很少在拥挤、肮脏、易导致传染病传播的永久定居点生活。因此，进化并没有使人类总是选择有利于健康的行为方式，人类的行为是为自然所迫。换句话说，进化的观点提示我们：人类有时需要外力来帮助自己。

人类需要鼓励，有时甚至是强迫，才会去为自己的最佳利益做事，这个逻辑用于儿童时毫无争议，因为没有人会指望儿童会做出理性的决定，儿童也不一定应该为超出他们控制的情况（包括不良父母）而接受惩罚。为此，各国政府都禁止向未成年人出售酒精和烟草、要求家长为孩子进行免疫接种，并强制在学校进行体育教育。很多学校现在都在禁止碳酸饮料或其他不健康的食物，各国政府也对强迫儿童在工厂里长时间工作加以禁止。因为伦理、社会和现实的原因，这些以及其他许多法律都被普遍视为可接受的，并且从进化的角度看它们也是合理的。某些类型的强迫可以保护儿童免受环境中新奇有害因素方面的伤害，因为儿童对此没有自我保护的能力。

那么成年人呢？我不是一个哲学家、律师或政治家，但请允许我分享我的观点：这本质上就是具备进化论知识的“自由派家长主义”，或“温和的家长主义”。同许多人一样，我认为成年人有权按自己的意愿做事，只要他们不伤害其他人。我有权吸烟，只要你不会吸入我吐出的烟雾，或者为我支付治疗肺癌的医疗费用。我也有权敞开肚皮吃甜甜圈、喝碳酸饮料，只要我吃得下、付得起。同时，人类，包括我自己在内的有些行为方式并不符合我们的最佳利益，因为缺乏足够的信息，我们不能控制我们的环境，还会受到他人的不公平操控，最重要的是，我们没有很好地适应于控制对过去曾经稀缺的舒适和热量的深层欲望。因此，政府应当起到一个合理的作用，以使所有人受益，即帮助每一个人为了自己的最佳利益做出理性判断及决定。

换句话说，政府有权利，甚至可以说是责任，来促使公民做出理性的行为，有时甚至是强行推动，同时保留我们自行选择不理性行为的权利。政府亦有责任确保我们拥有做出理性决定并保护自己免受会导致不公平操控的信息的干扰。这一原则有一个无可争议的例子：不应该允许食品生产者向消费者隐瞒他们生产的食品中含有哪些有害的化学物质。此外，政府不应该阻止公民吸烟，但它应告知公民吸烟的危险性、通过激励措施使公民不吸烟，并因公民吸烟给他人带来的负担而对其课以重税。正如谚语所言：“你可以自由地去做你所希望的，只要我不必为它付出。”

如果你同意社会应通过“温和的家长主义”，利用其影响力来改变我们生活的环境，从而促进健康，那么问题就不在于是否要采取行动，而在于如何行动，以及行动到何种程度。

我们来从儿童着手加以论证，因为如上所述，对儿童的生长环境加以管控相对没有争议，因为儿童往往不能根据自己的最佳利益做出理性的决定。此外，儿童时期糟糕的体能状况、肥胖、接触有害化学物质，对以后的健康结果有着强烈的负面影响。因此，强制要求学校开展更多的体育教育显然可以作为一个起点，通过运动来强调体能的重要性。

美国军医总负责人建议，儿童和青少年每天应有一小时体育活动时间，但只有少数美国学生达到了这个活动量。例如，一项对 500 多所美国高中的研究发现，只有大约一半学生参加体育教育，只有极少数人达到了美国军医总负责人所建议的体力活动量的一半。那么大学呢？大多数高校过去会要求体育教育，但现在已经很少这样做了。以我执教的哈佛大学为例，该校在 1970 年放弃了体育课要求，对哈佛学生的调查显示，只有少数人每周参加三次剧烈运动。

关于儿童要考虑的一个更有争议的管制领域是垃圾食品。我们应该禁止向未成年人出售和提供酒类饮料，这几乎是一个普遍的共识，因为葡萄酒、啤酒以及烈酒会让人上瘾，并且过度饮酒对他们的健康而言是毁灭性的。摄入过量的糖与酒有什么不同吗？碳酸饮料、含糖饮料和其他富含糖分的食品也会令人上瘾，食用过量有害健康，从进化的角度来看，限制向儿童销售这些食品有什么不同呢？那么快餐又如何呢？这些工业化生产的食品如果少量食用且食用次数较少的话，风险很小，但过度食用还是会引发疾病，并且人们对它们的嗜好也会达到上瘾的程度。所以，在校园内禁止或限制炸薯条和碳酸饮料的消费跟要求孩子们扣上安全带有什么不同呢？就此而言，在校外限制这些食品出售跟限制儿童可以观看的电影类型，又有什么不同呢？

管控儿童的行为可能还可以接受，尽管会不受欢迎，特别是对食品工业及其说客而言，但成年人是另一回事，因为他们有得病的权利。此外，我们通常会给予公司权利，让他们销售消费者想要的产品，如香烟和椅子，而不管它们是否有益健康。但事实上，这些权利有许多例外情况。在美国，不但贩卖迷幻剂 LSD（麦角酸二乙酰胺）和海洛因是非法的，销售未经高温消毒的牛奶和进口的哈吉斯（苏格兰国菜肉馅羊肚）也是非法的。

根据“温和家长主义”的精神，更明智更公平的方法是颁布法规，以帮助人们能够根据切身利益进行合理判断，并做出选择。

由于对商品征税的强制性低于直接禁售，因此第一步或许是向蓄意做出有害健康并影响他人选择的那些人征税或收费。在这一点上，对碳酸饮料或快餐征税与对研究征税有什么不同吗？我确信你能想到很多推进措施，甚至是强硬措施，有助于让现代环境变得更有利于促进预防。其中一个办法或许是管控垃圾食品广告，就像我们对烟酒所做的那样。每一大瓶碳酸饮料上都贴有一个标签，上面写着：“美国军医总负责人警告：摄入过多糖类会导致肥胖、糖尿病和心脏病。”

另一个办法是要求食品包装的标签上明确无误地标出食品的成分及其含量，并禁止在营销中将极易致肥胖的高糖食品称为“不含脂肪”。或许我们可以要求在建筑物中多设楼梯，少设电梯。但更有效的助推是对那些行为方式会促进疾病的个人或公司停止予以奖励或激励。这个逻辑意味着我们应该停止补贴种植大量玉米的农民，避免这些玉米被制成高果糖玉米糖浆，或被用于喂养肉牛和制成其他不健康食品。

简而言之，如果文化进化能使我们陷入这种不利的境地，难道就不能带我们脱离困境吗？数百万年来，我们的祖先依靠创新与合作，获得了足够的食物，帮助照顾彼此的孩子，在充满敌意的环境中生存下来，如沙漠、寒带草原和丛林。而在今天，我们需要不断创新和合作，以新的方式，如避免食用太多食物，尤其是过量的糖和工业化加工食品，在城市、郊区和其他非自然环境中生存下来。因此，我们需要政府和其他社会机构站在我们这一边，因为进化从未使我们学会选择健康的生活方式。

大多数人得病不是因为他们自己的过错；相反，他们在年老时患上慢性疾病，是因为他们生长在鼓励、引诱，有时甚至是强迫他们生病的环境中。对于很多类似的疾病，我们只能治疗症状。如果我们不想成为一个越来越依赖于药物和昂贵科技来对付可预防疾病的物种,那么我们就需要改变当前生活的环境。其实，我们是否能够继续负担寿命延长、人口增长、慢性疾病增加这些当前的综合趋势造成的支出，已经成了一个现实的问题。

今天的文化进化进程正在逐渐以一种形式的强迫取代另一种强迫，我认为得出这个结论是合理的。数百万年来,我们的祖先就必须摄取自然的健康饮食，保持体力活动。文化的进化，尤其是自从人类开始从事农业以后，改变了我们的身体与环境的相互作用方式。许多人今天仍然生活在贫困之中，并患有因卫生条件差、传染和营养不良造成的疾病。我们中那些幸运地生活在发达国家的人，躲过了这些苦难，我们现在能够选择减少体力活动，并且可以食用任何我们酷爱的食物。

事实上，对于一些人来说，这些习惯是一种默认设置。然而，那些选择或欲望常常使我们在其他方面罹患疾病，然后迫使我们治疗这些疾病的症状。现在，由于寿命延长和总体健康状况良好，所以我们对自己创建的这套体系大致满意，但我们可以做得更好。当我们制造并传递给子女的进化失配环境通过进化不良的恶性反馈回路增强时，我们就面临着不必要的可预防疾病风险的提升。

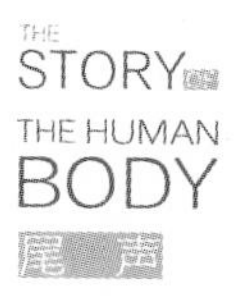

“种咱们的园地要紧”

有些人错误地认为自然选择意味着“最适者生存”，这一观念是由赫伯特·斯宾塞（Hebert Spencer）于1864年创造的，而达尔文从未使用过这个说法，而且他也不会去使用它。因为关于自然选择，较好的说法是“更适者生存”。自然选择不能创造完美；它只会淘汰那些不幸在适应程度上比不过其他个体的个体。当前，我们中间有很多人相信进化只属于过去，那么“更适者生存”在当今世界还有什么实际意义吗？

对这一问题的常见回答是：进化仍然很重要，因为它解释了为什么我们的身体是这样的，以及我们为什么会生病。请记住：“不以进化论，无以理解生物学。”人体进化史解释了我们的骨骼、心脏、肠道和大脑如何以及为何以现在的方式运作。进化还解释了我们如何以及为何在短短600万年中从非洲森林中的猿类，变成了迈着大步直立行走的两足动物，并且可以借助望远镜望向遥远的银河系，搜寻其他生命形式。这是神奇的600万年，我们这个物种在这些年间经历了多个关键性的进化转变，而这些转变没有一个是激烈的，全都是随着过去的改变而发生的偶然事件，并且更多的是由气候变化所驱动的。

从宏观上来看，如果说在人类进化过程中有一个最具变革性的适应的话，那一定是我们通过文化而不仅仅是自然选择进化而来的能力。今天，文化进化在速度上正在超过自然选择，有时甚至比自然选择更加精巧。人类在晚近时代的许多发明之所以被采用，是因为它们能帮助我们的祖先生产更多食物、利用更多能量，并生育更多的孩子。但是，这些文化创新无意中产生的附加产物，则是因为人群数量和人口密度变大、卫生设施不足、摄入营养物质较少导致的感染性疾病增加。文明也带来了极端的饥荒、独裁、战争、奴役和其他现代社会的不幸。不过近些年来，我们在纠正这些人为问题方面也取得了很大的进步，如当前发达国家的人要远比狩猎采集者富裕。

进化，或者说更适者生存，把我们带到了现在的境地，并且清楚地解释了身为21世纪人类的优势和劣势。但我们的未来会怎样呢？我们创造力无限的头脑能否让我们继续通过新技术来取得进展呢？又或者是使我们加速走向崩溃？对进化的思考能否帮助我们改善人类的境况呢？

如果说人类物种所具有的丰富繁杂的进化历史带给了我们一个最有用的教训，那么就是文化并不能让我们超越自身的生物学条件。人类进化从来就不是大脑对肌肉的胜利，我们应该对那些鼓吹未来将如何不同的科幻小说持怀疑态度。我们再聪明，也只能对我们遗传获得的身体做一些肤浅的改变，至于那些认为我们能够用工程技术把脚、肝细胞、大脑或身体其他部位造得比自然选择更好的想法，实在是自大到了危险的地步。

无论你是否喜欢，我们都是那种略胖、无毛、两足行走的灵长类动物，我们酷嗜糖、盐、脂肪和淀粉，但是我们的身体仍然只适应于包括富含纤维的水果和蔬菜、坚果、种子、块茎和瘦肉的多样化饮食。我们喜欢休息和放松，但是我们仍然拥有一个进化所得的适合耐力运动的身体，一天可以行走许多千米，并能经常奔跑，以及进行挖掘、攀爬和负重等活动。我们热爱各种舒适的设施，却未能很好地适应于整天坐在室内的椅子上，穿着具有支撑垫的鞋子，连续几小时盯着书本或屏幕看。因此，数十亿人患上了与富裕、新奇或废用相关的疾病，这些疾病过去非常罕见或根本不为人所知。后来，我们开始治疗这些疾病的症状，因为与治疗病因相比，这样做更容易、更有利可图、更急迫，而病因方面我们还有许多根本没有弄清楚。这种做法又使得文化和生物学之间的恶性反馈循环（进化不良）不断延续了下去。

也许这种反馈循环并没有那么糟糕。也许我们会达到一种稳定状态，在这种状态下，我们将把治疗与富裕、废用、新奇相关的可预防疾病的技术打造得完美起来。但是我对此表示怀疑，并且我认为坐等未来的科学家最终战胜癌症、骨质疏松或糖尿病也是愚蠢的。与其这样，不如立即开始更好地关注我们的身体如何以及为什么会以现在这样的方式运作。我们还不知道如何治愈大多数致死或致残的重大疾病，但我们知道如何降低其风险。按照进化规律来使用这遗传而来的身体，有时是可以预防这些疾病的。正如文化创新引起了许多失配性疾病，其他的文化创新也可以帮助我们预防这些疾病。而这样的做法需要将科学、教育和理性的集体行动结合起来。

这个世界不是最完美的，同样，我们的身体也不是最完美的。但它是我们拥有的唯一一个身体，值得我们去享受、培养和保护。人体的过去是由“适者生存”的自然规律塑造的，但是我们身体的未来取决于你现在如何使用它。在《老实人》一书中，伏尔泰批判了人类的自满和乐观。在书的结尾，主人公最终找到了和平，他宣称：“种咱们的园地要紧。”对此我想补充一句：“照顾好我们的身体更要紧。”

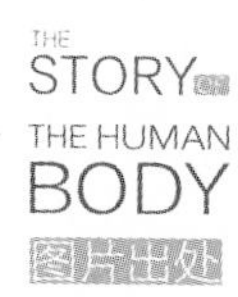

图 1-2：乍得沙赫人图像由米歇尔·布吕内（Michel Brunet）提供；始祖地猿由杰伊·马特内斯（Jay Matternes）于 2009 年绘制。

图 1-3：图片改编自 D. M. Bramble and D. E. Lieberman (2004). Endurance running and the evolution of *Homo*. *Nature* 432: 345-352.

图 1-4：图片改编自 J. Zachos et al. (2001). Trends，rhythms，and aberrations in global climate 65 Ma to present. *Science* 292: 686-693.

图 2-1：重建版权归约翰·古尔歇（John Gurche，2013）所有。

图 3-1：重建版权归约翰·古尔歇（John Gurche，2013）所有。

图 3-2：图片改编自 D. M. Bramble and D. E. Lieberman (2004). Endurance running and the evolution of *Homo*. *Nature* 432: 345-352.

图 4-2：弗洛勒斯人形象由彼得·布朗（Peter Brown）绘制。

图 7-1：图片由哈佛大学皮博迪博物馆（Peabody Museum）提供。

图 7-2：*Proceedings of the National Academy of Sciences USA* 104: 20753-20758；C. Haub (2011). *How Many People Have Ever Lived on Earth?* Population Reference Bureau.

表 8-1：数据来源于 W.P.T.James and E.C.Schofield（1990）。

表 8-2：数据来源于 *Nutrition in Clinical Practice*25:594-602.

图 8-1：数据来源于 R. Floud et al. (2011). *The Changing Body: Health, Nutrition, and Human Development in the Western World Since 1700*. Cambridge: Cambridge University Press; T. J. Hatton and B. E. Bray (2010).Long-run trends in the heights of European men，19th-20th centuries.*Economics and Human Biology* 8: 405-413; V. Formicola and M. Giannecchini (1999). Evolutionary trends of stature in upper Paleolithic and Mesolithic Europe. *Journal of Human Evolution* 36: 319-333.

图 8-2：图片改编自 R. Floud et al. (2011). *The Changing Body: Health, Nutrition, and Human Development in the Western World Since 1700*. Cambridge: Cambridge University Press.

图 8-3：图片改编自 A. J. Vita，et al. (1998). Aging，health risks，and cumulative disability. *New England Journal of Medicine* 338: 1035-1041.

图 11-3 ：图片改编自 M. A. Adams et al. (2002). *The Biomechanics of Back Pain*. Edinburgh: Churchill-Livingstone 一书的图 6.4。

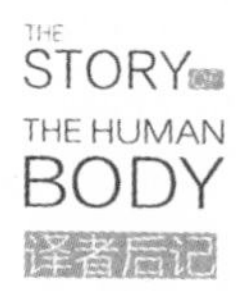

刚看到书名《人体的故事》，我还以为这是一本讲人体解剖或生理构造的科普书。

当然，这本书确实是关于人体健康的科普书，但角度却和我们常见的健康科普读物大不相同，因为它是从人类进化史的角度来讲述的。

作者丹尼尔·利伯曼是美国哈佛大学进化人类学教授。他发挥自己的专业特长，花了约一半篇幅介绍人类进化史，从南方古猿直到现代智人的农业时代、工业时代。

作者介绍了我们的祖先是怎样生活的，我们的身体是怎样在对环境的适应中变成现在这个样子的。他讲这些，是为了告诉我们，我们的身体在进化过程中还没有适应现代的生活方式：高热量的饮食、久坐不动的习惯等。而这种适应不良会造成现代流行的各种疾病，如糖尿病、心血管疾病等。当然，如果我们继续这样生活下去，也许再过若干年，我们的后代能够逐渐适应这种生活方式；但在此之前，人类会付出很大的健康代价。所以，从当代人的身体健康来讲，我们必须考虑什么样的生活方式才是最健康的。

在糖尿病病因的研究中，有一个“节俭基因”的假说。科学家推测，在人类几十万年的历史中，大多数时候都不像现代这样过着富足的生活，只有那些最能够节约能量、保存能量的人，才能够生存下来。于是，在现代人的身体里，仍然保存着节约能量、保存能量的遗传记忆，但由于现代的饮食提供了足够的能量，工作中消耗的能量却大大减少，所以能量过剩相关的疾病就盛行了起来。

2017 年 3 月，世界知名的医学专业期刊《柳叶刀》发表了一篇论文，这项研究发现，世界上心血管最健康的人是生活在南美洲亚马孙丛林里的提斯曼人。这个部落的人至今仍过着工业时代之前的生活，每天的体力活动时间达到 4 ～ 7 小时，高血压、高血糖、高血脂根本与他们无缘。但是他们那里传染病的发病率很高，没有清洁水源、没有排污管道、没有电……更没有 Wi-Fi，有多少现代人能适应这样的生活呢？所以，现实中的丛林和田园并没有想象中那么浪漫美好，对于绝大多数人来说，回到工业化之前的时代是不可能的，但是提斯曼人的生活方式，是不是能让我们反思一下自己的饮食和运动习惯呢？我想，这也是作者丹尼尔·利伯曼在本书中反复强调的。

我本人在以医学科普为职业以前，曾经当过医生，研究过糖尿病，因此很高兴看到这样一本书，从人类进化的角度来解释糖尿病和其他现代高发疾病的原因。更高兴的是，我有幸成为这本书的译者。

在本书翻译过程中，我得到了顾飞鸿先生、沈惠珍女士、高三其先生、高泳女士的大力帮助，再次表示感谢！另外要感谢的是本书的责任编辑简学先生，他的耐心与坚持给了我极大的鼓励！

当然，由于译者水平有限，翻译中难免出现错误，这个责任完全在我本人，万望读者见谅。

未来，属于终身学习者

我们正在亲历前所未有的变革——互联网改变了信息传递的方式，指数级技术快速发展并颠覆商业世界，人工智能正在侵占越来越多的人类领地。

面对这些变化，我们需要问自己：未来需要什么样的人才？

答案是，成为终身学习者。终身学习意味着具备全面的知识结构、强大的逻辑思考能力和敏锐的感知力。这是一套能够在不断变化中随时重建、更新认知体系的能力。阅读，无疑是帮助我们整合这些能力的最佳途径。

在充满不确定性的时代，答案并不总是简单地出现在书本之中。“读万卷书”不仅要亲自阅读、广泛阅读，也需要我们深入探索好书的内部世界，让知识不再局限于书本之中。

湛庐阅读 App：与最聪明的人共同进化

我们现在推出全新的湛庐阅读 App，它将成为您在书本之外，践行终身学习的场所。

- 不用考虑“读什么”。这里汇集了湛庐所有纸质书、电子书、有声书和各种阅读服务。
- 可以学习“怎么读”。我们提供包括课程、精读班和讲书在内的全方位阅读解决方案。
- 谁来领读？您能最先了解到作者、译者、专家等大咖的前沿洞见，他们是高质量思想的源泉。
- 与谁共读？您将加入优秀的读者和终身学习者的行列，他们对阅读和学习具有持久的热情和源源不断的动力。

在湛庐阅读App首页，编辑为您精选了经典书目和优质音视频内容，每天早、中、晚更新，满足您不间断的阅读需求。

【特别专题】【主题书单】【人物特写】等原创专栏，提供专业、深度的解读和选书参考，回应社会议题，是您了解湛庐近千位重要作者思想的独家渠道。

在每本图书的详情页，您将通过深度导读栏目【专家视点】【深度访谈】和【书评】读懂、读透一本好书。

通过这个不设限的学习平台，您在任何时间、任何地点都能获得有价值的思想，并通过阅读实现终身学习。我们邀您共建一个与最聪明的人共同进化的社区，使其成为先进思想交汇的聚集地，这正是我们的使命和价值所在。

浙江省版权局图字：11-2023-294

图书在版编目（CIP）数据

人体的故事 /（美）丹尼尔・利伯曼著；蔡晓峰译．— 杭州：浙江科学技术出版社，2023.10
ISBN 978-7-5739-0826-1

Ⅰ．①人…　Ⅱ．①丹… ②蔡…　Ⅲ．①人体—基本知识　Ⅳ．①Q984

中国国家版本馆 CIP 数据核字 (2023) 第 155661 号

书　　名　人体的故事
著　　者　［美］丹尼尔・利伯曼
译　　者　蔡晓峰

出版发行　浙江科学技术出版社
地址：杭州市体育场路 347 号　邮政编码：310006
办公室电话：0571-85176593
销售部电话：0571-85062597
E-mail:zkpress@zkpress.com
印　　刷　唐山富达印务有限公司

开　　本　710mm×965mm　1/16　　印　　张　25.5
字　　数　333 千字
版　　次　2023 年 10 月第 1 版　　印　　次　2023 年 10 月第 1 次印刷
书　　号　ISBN 978-7-5739-0826-1　　定　　价　109.90 元

责任编辑　柳丽敏　　责任美编　金　晖
责任校对　张　宁　　责任印务　田　文